计算机“十四五”精品教材

中文版 InDesign 2021 版式设计与制作实例教程

（微课版）

主　编　杨晓平　袁云波　王晓丽
副主编　刘启杰　王碧琳　刘　畅
　　　　郭轶卓　章立菁　王建兴

U0810775

哈爾濱工程大學出版社
Harbin Engineering University Press

内容简介

全书共14章，具体内容包括InDesign 2021基本操作、版式中文件的基本操作、设计的辅助工具与页面操作、绘制版式中的图形对象、选择与编辑版式中的对象、变换与管理版式中的对象、设置对象的颜色与效果、创建与设计文本版式、应用版面样式与对象库、创建与编辑表格版式、图文混排与图层管理、排版与制作书籍文档、打印与输出文件以及综合案例实战。

本书结构清晰、语言简洁，可作为各类计算机培训中心、中等职业学校、中等专业学校、职业高中和技工学校的首选教材，同时也可作为书籍排版人员、图像处理和版式设计人员的自学参考手册。

图书在版编目（CIP）数据

中文版InDesign2021版式设计与制作实例教程 ：微课版 / 杨晓平，袁云波，王晓丽主编. —哈尔滨 ：哈尔滨工程大学出版社，2022.6

ISBN 978-7-5661-3558-2

I. ①中… II. ①杨… ②袁… ③王… III. ①电子排版—应用软件—教材 IV. ①TS803.23

中国版本图书馆CIP数据核字（2022）第095158号

中文版 InDesign 2021 版式设计与制作实例教程（微课版）

ZHONGWEN BAN InDesign 2021 BANSHI SHEJI YU ZHIZUO SHILI JIAOCHENG（WEIKE BAN）

责任编辑 张 曦

封面设计 赵俊红

出版发行 哈尔滨工程大学出版社

社 址 哈尔滨市南岗区南通大街145号

邮政编码 150001

发行电话 0451-82519328

传 真 0451-82519699

经 销 新华书店

印 刷 唐山唐文印刷有限公司

开 本 787 mm×1 092 mm 1/16

印 张 16.5

字 数 422千字

版 次 2022年6月第1版

印 次 2022年6月第1次印刷

定 价 68.00元

http://www.hrbeupress.com

E-mail:heupress@hrbeu.edu.cn

前　言

InDesign 2021是目前应用得最广泛的版式排版与设计软件之一，主要用于各类平面设计、宣传册、书籍、报纸杂志等排版设计。本书立足于这款软件的实际操作及行业应用，完全从一个初学者的角度出发，循序渐进地讲解核心知识点，并通过大量版式设计的实例演练，让读者在最短的时间内成为InDesign 2021版式设计与制作高手。

为了帮助广大读者快速掌握 InDesign 2021的制作技术，我们特组织专家和一线骨干教师编写了《中文版 InDesign 2021 版式设计与制作实例教程》一书。本书主要具有以下特点：

（1）14章专题技术讲解。本书体系结构完整，由浅入深地对InDesign 2021基本操作、版式中文件的基本操作、设计的辅助工具与页面操作、绘制版式中的图形对象、选择与编辑版式中的对象、变换与管理版式中的对象、设置对象的颜色与效果、创建与设计文本版式、应用版面样式与对象库、创建与编辑表格版式、图文混排与图层管理、排版与制作书籍文档、打印与输出文件以及综合案例实战进行了全面细致的讲解，帮助读者从零开始到完全精通版式设计，并快速掌握InDesign 2021软件。

（2）99个专家指点。作者在编写本书时，将平时工作中总结的各方面 InDesign 2021的实战技巧、心得体会与设计经验等毫无保留地奉献给读者，不仅大大地丰富和提高了本书的含金量，而且方便了读者提升实战技巧与经验，从而提高学习与工作效率，学有所成。

（3）153个实战技巧放送。本书是一本操作性很强的技能实例手册，读者通过书中的实例可以逐步掌握软件的核心技能与操作技巧，从新手快速成长为行家里手。

（4）190多分钟视频演示。本书的技能实例全部被录制成带语音讲解的演示视频，时间长达190多分钟，重现书中所有技能实例的操作，读者既可以结合本书，也可以独立观看视频演示，像看电影一样进行学习，让整个过程既轻松又高效。

（5）470多款素材效果源文件和960多张图片全程图解。本书采用960多张图片，对软件的技术与实例的讲解进行全程式的图解，通过大量的辅助图片，让实例内容变得更加通俗易懂，使读者可以一目了然，快速领会所学知识，从而大大提高学习效率，且印象更加深刻、深远。

本书由杨晓平（云南机电职业技术学院）、袁云波（武夷山职业学院）和王晓丽（牡丹江医学院）担任主编，由刘启杰（武夷山职业学院）、王碧琳（河南应用技术职业学院）、刘畅（牡丹江医学院）、郭轶卓（黑龙江外国语学院）、章立菁（江西旅游商贸职业技术学院）和王建兴（江西应用技术职业学院）担任副主编。本书相关资料和售后服务可扫描封底微信二维码或登录网址www.bjzzwh.com 下载获得。

由于编者水平有限，书中难免存在疏漏和不当之处，敬请各位专家及读者不吝赐教。

编　者

目　录

第 1 章　InDesign 2021 基本操作

1.1　安装与卸载 InDesign 2021 软件........2
1.1.1　安装 InDesign 2021 软件..................2
1.1.2　卸载 InDesign 2021 软件..................3
1.2　启动与退出 InDesign 2021 软件........4
1.2.1　启动 InDesign 2021 软件..................4
1.2.2　退出 InDesign 2021 软件..................5
1.3　InDesign 2021 的工作界面................5
1.3.1　菜单栏..................6
1.3.2　工具箱..................8
1.3.3　浮动面板..................9
1.3.4　文档窗口..................10
1.3.5　状态栏..................11
1.4　InDesign 2021 的系统参数..............11
1.4.1　设置“界面”选项..................11
1.4.2　设置“文字”选项..................13
1.4.3　设置“排版”选项..................13
1.4.4　设置“单位和增量”选项..................14
1.4.5　设置“网格”选项..................15
1.4.6　设置“字符网格”选项..................15
本章小结..................16
课后习题..................16

第 2 章　版式中文件的基本操作

2.1　新建文件..................18
2.1.1　新建空白文件..................18
2.1.2　新建版面网格文件..................19
2.1.3　新建预设文件..................20
2.2　打开文件..................20
2.2.1　以正常文档打开..................21
2.2.2　以副本文档打开..................22
2.3　置入文件..................22
2.3.1　置入图片文件..................23
2.3.2　置入 Word 文档..................24
2.3.3　置入 Excel 文件..................24
2.3.4　通过 Bridge 置入文件..................25
2.4　保存文件..................26
2.4.1　保存新文件..................26
2.4.2　另存为新文件..................27
2.4.3　将文件存储为副本..................28
2.5　关闭文件..................29
2.5.1　通过命令关闭文件..................29
2.5.2　通过按钮关闭文件..................29
2.6　文件的其他操作..................30
2.6.1　导出文件..................30
2.6.2　恢复文件..................31
2.6.3　打包文件..................32
2.6.4　修改文档设置..................32
本章小结..................33
课后习题..................33

第 3 章 设计的辅助工具与页面操作

3.1 使用标尺......35

3.1.1 显示标尺......35
3.1.2 隐藏标尺......36
3.1.3 更改标尺原点......36
3.1.4 设置标尺单位......37

3.2 使用参考线......38

3.2.1 创建参考线......38
3.2.2 创建等距参考线......39
3.2.3 隐藏参考线......40
3.2.4 删除参考线......40

3.3 使用其他辅助工具......41

3.3.1 使用分栏线和边距线......41
3.3.2 使用文档网格和基线网格......42
3.3.3 使用文档布局网格......44

3.4 使用"附注"面板......47

3.4.1 添加附注......47
3.4.2 删除附注......48

3.5 页面的基本操作......48

3.5.1 熟悉"页面"面板......48
3.5.2 添加页面......49
3.5.3 插入多个页面......50
3.5.4 移动页面......52
3.5.5 删除页面......54
3.5.6 新建主页......55
3.5.7 将主页应用于页面......56

本章小结......57

课后习题......58

第 4 章 绘制版式中的图形对象

4.1 使用直线工具......60

4.1.1 绘制直线......60
4.1.2 调整直线的长度......62

4.2 使用矩形工具......62

4.2.1 绘制矩形......62
4.2.2 绘制正方形......64
4.2.3 精确绘制矩形......65
4.2.4 绘制圆角矩形......65

4.3 使用椭圆工具......66

4.3.1 绘制椭圆......66
4.3.2 绘制正圆......67
4.3.3 精确绘制椭圆......67

4.4 使用多边形工具......68

4.4.1 绘制多边形......68
4.4.2 精确绘制多边形......69
4.4.3 绘制星形图形......70

4.5 使用钢笔工具......70

4.5.1 绘制直线......70
4.5.2 绘制曲线......72
4.5.3 添加锚点工具......73
4.5.4 转换锚点工具......74
4.5.5 删除锚点工具......74

4.6 使用铅笔工具......75

4.6.1 绘制线条图形......75
4.6.2 绘制闭合图形......77

本章小结......78

课后习题......78

第 5 章 选择与编辑版式中的对象

5.1 选择与移动对象 80

5.1.1 选择对象 80
5.1.2 选择路径对象 81
5.1.3 选择多个对象 82
5.1.4 全部取消选择 83
5.1.5 移动对象 84

5.2 编辑对象的方法 85

5.2.1 复制与粘贴对象 85
5.2.2 直接复制对象 87
5.2.3 复制多个对象 88
5.2.4 原位粘贴对象 88
5.2.5 贴入内部对象 90
5.2.6 剪切对象 91
5.2.7 清除对象 92
5.2.8 还原与重做对象 93
5.2.9 编组与取消编组对象 95
5.2.10 锁定与解除锁定对象 96
5.2.11 隐藏与显示对象 98

本章小结 100

课后习题 100

第 6 章 变换与管理版式中的对象

6.1 变换对象 102

6.1.1 使用工具变换对象 102
6.1.2 精确变换对象 103
6.1.3 使用命令变换对象 104

6.2 旋转对象 104

6.2.1 自由旋转对象 105
6.2.2 顺时针旋转 90° 106
6.2.3 逆时针旋转 90° 108
6.2.4 将对象旋转 180° 108
6.2.5 水平翻转对象 109
6.2.6 垂直翻转对象 110

6.3 缩放对象 112

6.3.1 使用工具缩放对象 112
6.3.2 精确缩放对象 113

6.4 切变对象 114

6.4.1 使用工具切变对象 114
6.4.2 精确切变对象 115

6.5 再次变换对象 116

6.5.1 再次变换对象 116
6.5.2 逐个再次变换对象 118
6.5.3 再次变换序列对象 119
6.5.4 逐个再次变换序列 121

6.6 排列与对齐对象 122

6.6.1 置于顶层 122
6.6.2 前移一层 123
6.6.3 后移一层 125
6.6.4 置为底层 125
6.6.5 对齐对象 127
6.6.6 分布对象 129

本章小结 131

课后习题 131

第 7 章　设置对象的颜色与效果

7.1　颜色的类型与模式 133

7.1.1　了解颜色类型 133

7.1.2　了解颜色模式 134

7.2　使用“色板”面板 135

7.2.1　新建印刷色色板 136

7.2.2　新建专色色板 137

7.2.3　新建色调色板 138

7.2.4　新建渐变色板 139

7.2.5　新建混合油墨色板 142

7.2.6　复制颜色色板 143

7.2.7　删除颜色色板 144

7.3　使用“颜色”面板填充对象 146

7.3.1　设置单色填充图形 146

7.3.2　设置单色描边图形 147

7.4　使用“渐变”面板填充对象 149

7.4.1　使用渐变色板工具 149

7.4.2　使用渐变羽化工具 151

7.5　使用“描边”面板描边对象 153

7.5.1　设置描边起点与终点形状 153

7.5.2　设置描边样式 155

7.6　使用工具箱中的填色与描边功能 157

7.6.1　设置图形的填色效果 157

7.6.2　设置图形的描边效果 158

7.7　为对象添加效果样式 158

7.7.1　使用透明度效果 159

7.7.2　使用投影效果 160

7.7.3　使用内阴影效果 161

7.7.4　使用外发光效果 162

7.7.5　使用斜面和浮雕效果 163

本章小结 164

课后习题 165

第 8 章　创建与设计文本版式

8.1　创建文本对象 167

8.1.1　创建横排文本 167

8.1.2　创建垂直文本 168

8.1.3　创建路径文本 168

8.2　编辑文本对象 170

8.2.1　设置文本行距 170

8.2.2　设置文本字间距 171

8.2.3　设置文本着重号 171

8.3　设计文本框 172

8.3.1　调整文本框的形状 172

8.3.2　旋转文本框 173

8.3.3　填充文本框 174

8.3.4　对齐文本框 174

本章小结 175

课后习题 175

第 9 章 应用版面样式与对象库

9.1 应用对象样式 177

9.1.1 应用对象样式 177

9.1.2 应用表和单元格样式 178

9.2 应用字符样式 179

9.2.1 “字符样式”面板 180

9.2.2 应用字符样式 180

9.3 应用段落样式 181

9.3.1 “段落样式”面板 181

9.3.2 应用段落样式 182

9.4 载入字符和段落样式 183

9.4.1 载入字符样式 183

9.4.2 载入段落样式 184

9.5 应用对象库 185

9.5.1 创建对象库 185

9.5.2 添加对象到库 186

9.5.3 删除库中的项目 187

9.5.4 应用库中的项目 187

本章小结 188

课后习题 188

第 10 章 创建与编辑表格版式

10.1 创建表格对象 190

10.1.1 插入表格 190

10.1.2 添加表格内容 190

10.2 编辑表格对象 191

10.2.1 设置对齐方式 191

10.2.2 合并单元格 192

10.2.3 拆分单元格 193

10.2.4 插入行/列 194

10.2.5 删除行/列 194

10.3 设置表格样式 195

10.3.1 设置边框样式 195

10.3.2 设置行线样式 196

10.3.3 设置底纹样式 197

10.3.4 设置单行底纹 197

本章小结 198

课后习题 198

第 11 章 图文混排与图层管理

11.1 图文的混排操作 200

11.1.1 设置文本绕排类型 200

11.1.2 更改文本绕排位移 201

11.1.3 设置沿对象形状绕排 201

11.1.4 更改文本绕排选项 202

11.2 新建与管理图层 202

11.2.1 认识“图层”面板 203

11.2.2 新建图层 203

11.2.3 复制图层 204

11.2.4 调整图层顺序 205

11.2.5 隐藏或显示图层 206

11.2.6 删除图层 207

11.2.7 合并图层 208

本章小结 208

课后习题 209

第 12 章　排版与制作书籍文档

12.1　创建与管理书籍 211

12.1.1　创建书籍文件 211
12.1.2　添加与删除文档 211
12.1.3　保存书籍文件 212
12.1.4　打开书籍中的文档 212
12.1.5　调整书籍中文档的顺序 213
12.1.6　同步书籍中的文档 213
12.1.7　打印与输出书籍文档 214

12.2　制作页码与章节编号 215

12.2.1　添加页码 215
12.2.2　设置文档页码选项 216
12.2.3　自动更新页码 217
12.2.4　添加章节编号 219

12.3　制作目录和索引文件 219

12.3.1　创建目录 220
12.3.2　创建索引内容 221

本章小结 223

课后习题 223

第 13 章　打印与输出文件

13.1　文件的印前检查 225

13.1.1　打印文件的预检 225
13.1.2　定义配置文件 225
13.1.3　解决印前检查错误 226
13.1.4　设置印前检查选项 228

13.2　文件的打印与输出 228

13.2.1　设置打印机属性 229
13.2.2　打印预览 230
13.2.3　打印文档 230
13.2.4　打印小册子 230

13.3　导出为其他格式的文件 231

13.3.1　导出为 PDF 文件 231
13.3.2　导出为交互式 PDF 232
13.3.3　导出为 XML 文件 232

本章小结 233

课后习题 233

第 14 章　综合案例实战

14.1　展架设计：思慕西餐厅优惠广告 235

14.1.1　制作第一个展架背景 235
14.1.2　制作第二个展架背景 238
14.1.3　制作展架的广告文字 239

14.2　海报设计：奥奔汽车宣传海报 ... 241

14.2.1　制作汽车主图效果 242
14.2.2　制作局部展示效果 243
14.2.3　制作海报文字效果 245

14.3　书籍设计：手机摄影内容排版 ... 247

14.3.1　制作书籍双页版式 247
14.3.2　制作书籍扉页效果 249
14.3.3　制作书籍正文内容 251

本章小结 253

第 1 章
InDesign 2021 基本操作

1

InDesign 2021 是 Adobe 公司为专业排版设计领域而开发的软件，该软件具有强大的版式设计和图像处理等功能。在学习该软件之前，首先应对该软件进行系统的了解和学习，以便更好地在实际中进行操作。本章主要讲解 InDesign 2021 的基本操作，主要包括 InDesign 2021 软件的安装、卸载、启动、退出、工作界面组成以及系统参数设置等内容。

本章重点

- 安装与卸载 InDesign 2021 软件
- 启动与退出 InDesign 2021 软件
- InDesign 2021 的工作界面
- InDesign 2021 的系统参数

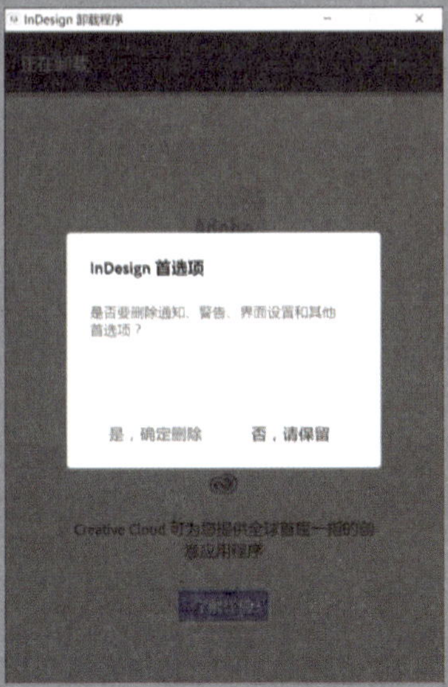

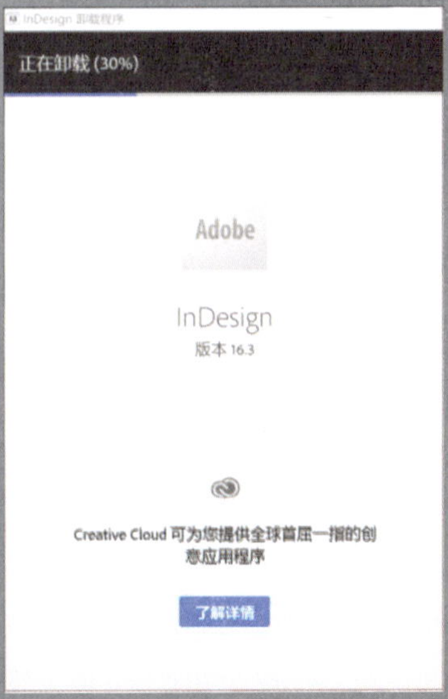

1.1　安装与卸载 InDesign 2021 软件

使用 InDesign 2021 进行排版与设计之前，首先需要将 InDesign 2021 软件安装到电脑中，本节主要讲解安装与卸载 InDesign 2021 软件的操作方法。

1.1.1　安装 InDesign 2021 软件

InDesign 2021 软件在 Windows 系统下，只适合 Windows 10 及以上的版本，不能安装在 Windows 7 系统中。下面介绍安装 InDesign 2021 软件的方法，具体操作步骤如下。

安装 InDesign 2021 软件

Step 01 将 InDesign 2021 软件下载到电脑中，打开相应文件夹，选择.exe 格式的安装文件，单击鼠标右键，在弹出的快捷菜单中选择“打开”选项，如图 1-1 所示。

Step 02 弹出“InDesign 2021 安装程序”对话框，单击“继续”按钮，如图 1-2 所示。

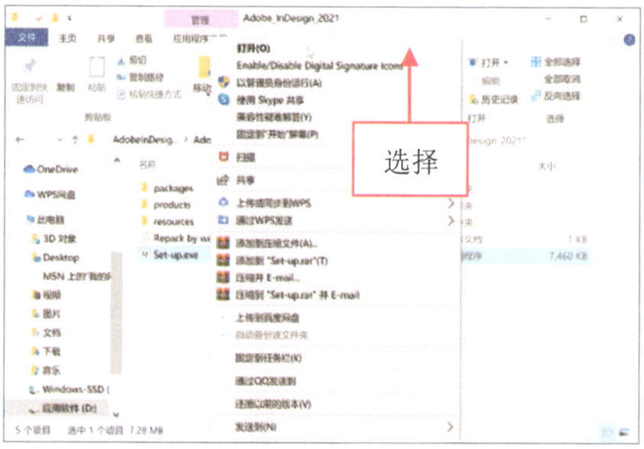

图 1-1　选择“打开”选项

图 1-2　单击“继续”按钮

Step 03 开始安装 InDesign 2021 软件，并显示安装进度，如图 1-3 所示。

Step 04 待软件安装完成后，弹出信息提示框，如图 1-4 所示，单击“关闭”按钮即可。

图 1-3　显示安装进度

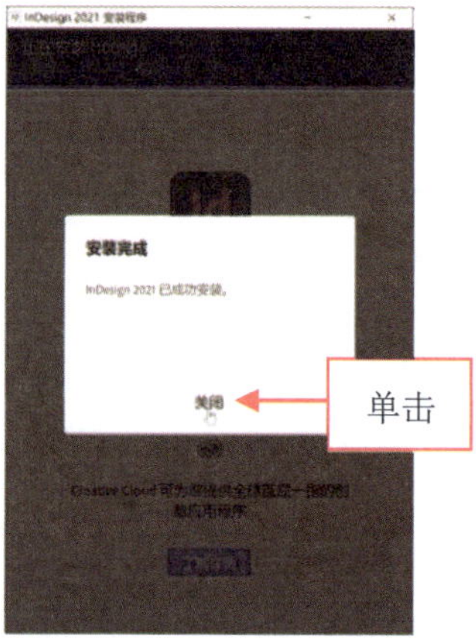

图 1-4　单击“关闭”按钮

> **▶ 专家指点**
>
> 在.exe 格式的安装文件上，双击鼠标左键，也可以启动安装程序，进入安装界面。

1.1.2　卸载 InDesign 2021 软件

卸载 InDesign 2021 软件

当不需要再使用 InDesign 2021 软件时，可以卸载该软件，以节省电脑磁盘空间，提高电脑的运行速度。下面介绍卸载 InDesign 2021 软件的方法，具体操作步骤如下。

Step 01 打开“控制面板”窗口，单击“卸载程序”文字链接，如图 1-5 所示。

Step 02 打开“程序和功能”窗口，在 Adobe InDesign 2021 软件上单击鼠标右键，在弹出的快捷菜单中选择“卸载/更改”选项，如图 1-6 所示。

图 1-5　单击“卸载程序”文字链接

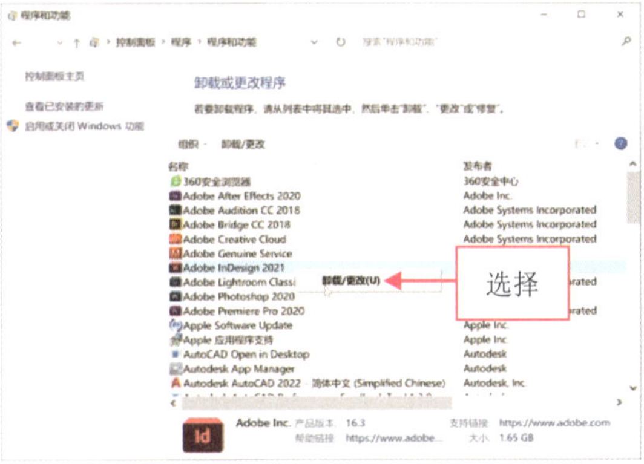

图 1-6　选择“卸载/更改”选项

Step 03 弹出“InDesign 卸载程序”对话框，如图 1-7 所示，单击“是，确定删除”按钮。

Step 04 开始卸载 InDesign 软件，并显示卸载进度，如图 1-8 所示，待软件卸载完成后，弹出信息提示框，单击“关闭”按钮，即可完成卸载操作。

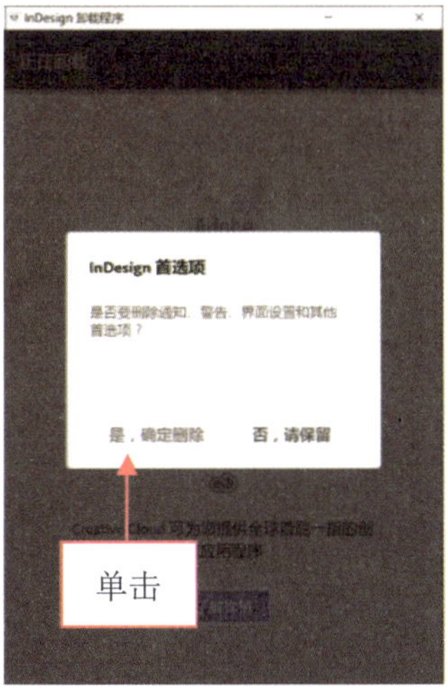

图 1-7　弹出相应对话框

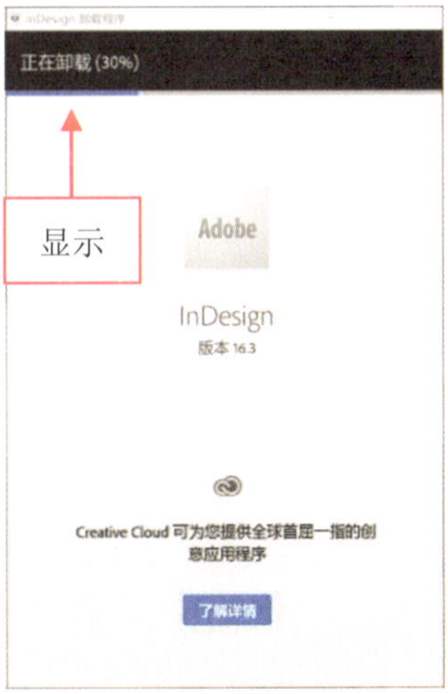

图 1-8　显示软件卸载进度

1.2　启动与退出 InDesign 2021 软件

用户安装好软件后，要使用 InDesign 2021 进行版式设计之前，首先需要启动 InDesign 2021 软件。本节主要向读者介绍启动与退出 InDesign 2021 软件的操作方法。

1.2.1　启动 InDesign 2021 软件

启动 InDesign 2021 软件

下面介绍启动 InDesign 2021 软件的方法，具体操作步骤如下。

Step 01　移动鼠标指针至桌面上的 InDesign 2021 图标上，单击鼠标右键，在弹出的快捷菜单中选择“打开”选项，如图 1-9 所示。

Step 02　弹出 InDesign 2021 程序启动界面，显示程序启动信息，如图 1-10 所示。

图 1-9　选择“打开”选项

图 1-10　显示程序启动信息

Step 03　稍等片刻，即可进入 InDesign 2021 工作界面，如图 1-11 所示。

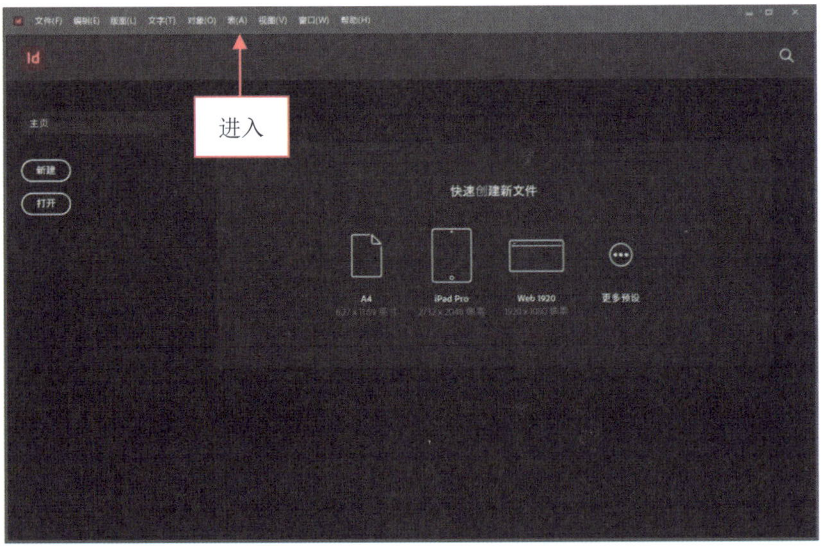

图 1-11　进入 InDesign 2021 工作界面

> **专家指点**
>
> 用户还可以通过以下两种方法启动 InDesign 2021 应用程序。
>
> ➢ 命令：单击"开始" | Adobe InDesign 2021 命令。
>
> ➢ 文件：双击.indd 格式的 InDesign 文件。

1.2.2　退出 InDesign 2021 软件

若用户完成了排版设计工作，则需要退出 InDesign 2021。可以在 InDesign 2021 工作界面的右侧，单击"关闭"按钮，如图 1-12 所示，即可退出 InDesign 2021 应用程序。

若在工作界面中进行了部分操作，之前也未保存，在退出该软件时将弹出信息提示框，如图 1-13 所示。单击"是"按钮，将保存文件并退出；单击"否"按钮，不保存文件并退出；单击"取消"按钮，取消退出操作。

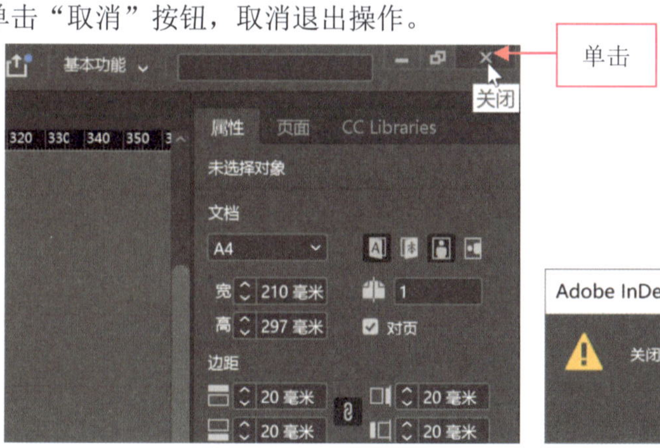

图 1-12　单击"关闭"按钮

图 1-13　弹出信息提示框

另外，在 InDesign 2021 工作界面的左上角图标上，单击鼠标右键，在弹出的快捷菜单中选择"关闭"选项，如图 1-14 所示，也可以快速退出 InDesign 2021 应用程序。

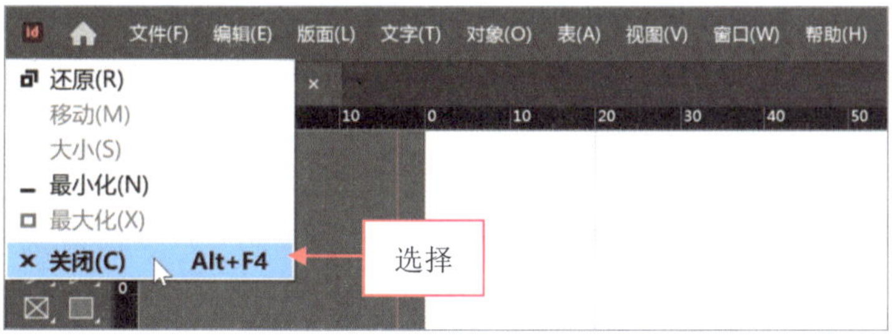

图 1-14　选择"关闭"选项

1.3　InDesign 2021 的工作界面

InDesign 2021 的工作界面默认状态下以深色显示，主要由菜单栏、工具箱、浮动面板、文档窗口以及状态栏等几个部分组成，如图 1-15 所示。

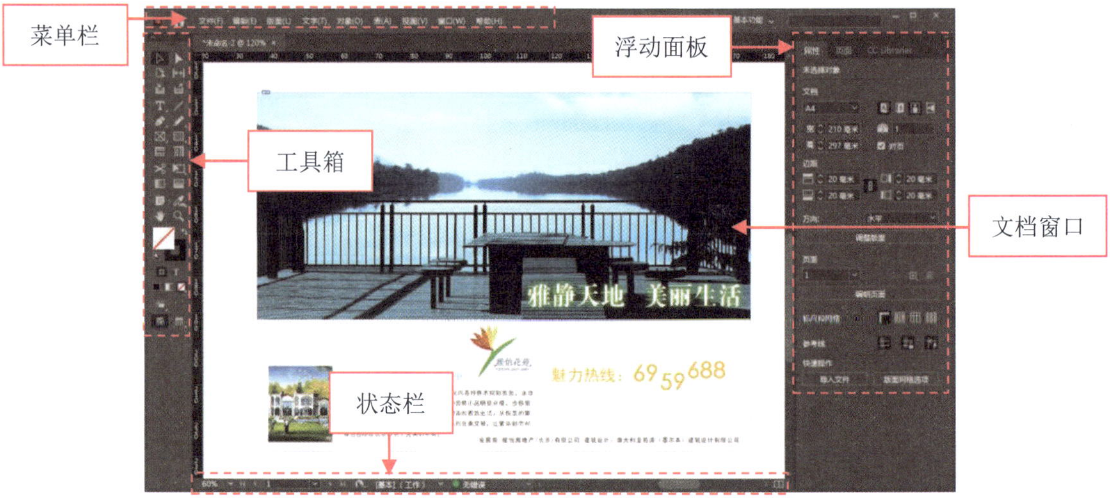

图 1-15　InDesign 2021 的工作界面

1.3.1　菜单栏

菜单栏位于整个工作界面的顶端，由“文件”“编辑”“版面”“文字”“对象”“表”“视图”“窗口”和“帮助”九个菜单命令组成，如图 1-16 所示。

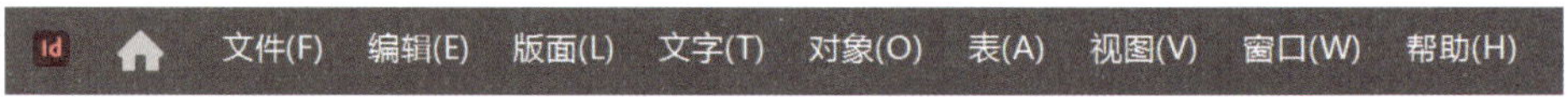

图 1-16　菜单栏

单击任意一个菜单项，都会弹出其中包含的命令，InDesign 2021 中的绝大部分功能都可以利用菜单栏中的命令来实现。菜单栏的右侧还显示了“最小化”按钮、“最大化”（还原窗口）按钮和“关闭”按钮，如图 1-17 所示，可以对 InDesign 2021 工作界面进行最小化、最大化以及关闭操作。

图 1-17　相关控制按钮

下面对菜单栏的各组成部分进行简单的介绍。

➢ 文件：单击“文件”菜单，可以在弹出的菜单列表中执行新建、打开、存储、关闭、置入、打包、打印以及退出等一系列针对文件的命令，如图 1-18 所示。

➢ 编辑：“编辑”菜单中的各种命令是对文档内容进行编辑的命令，包括还原、重做、剪切、复制、粘贴、清除、全选以及拼写检查等命令，如图 1-19 所示。

➢ 版面：“版面”菜单中的命令主要针对版面进行相关的设计工作，包括版面网格、页面、标尺参考线、转到页面、目录以及目录样式等命令，如图 1-20 所示。

➢ 文字：“文字”菜单主要用于对文字进行创建和设置，包括字体、大小、字符、段落、字形、文章、字符样式、路径文字以及文档脚注选项等命令，如图 1-21 所示。

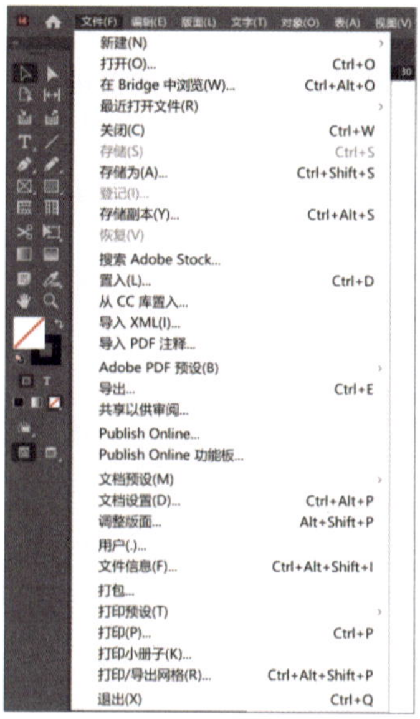

图 1-18　“文件”菜单

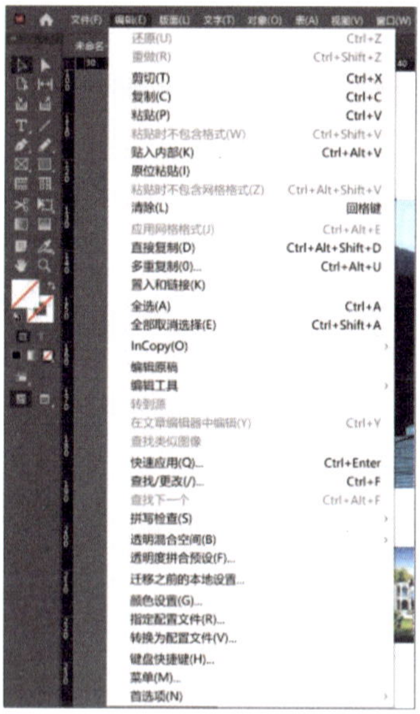

图 1-19　“编辑”菜单

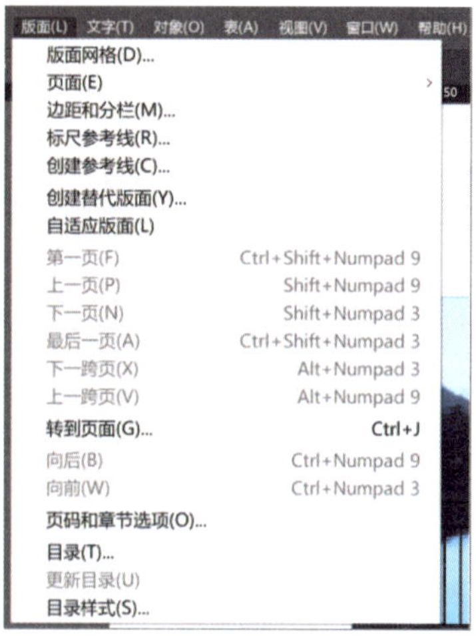

图 1-20　“版面”菜单

➢　对象：“对象”菜单主要用于编辑文档中的各种对象，包括变换、排列、选择、编组、锁定、隐藏、插入 HTML、效果、题注以及交互等命令，如图 1-22 所示。

➢　表：“表”菜单主要用于创建与编辑表格内容，包括创建表、表选项、单元格选项、插入、删除、选择、合并单元格、转换行以及编辑表头等命令，如图 1-23 所示。

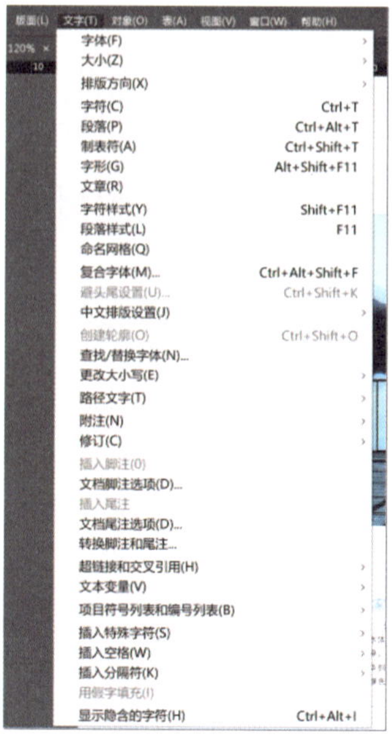

图 1-21　“文字”菜单

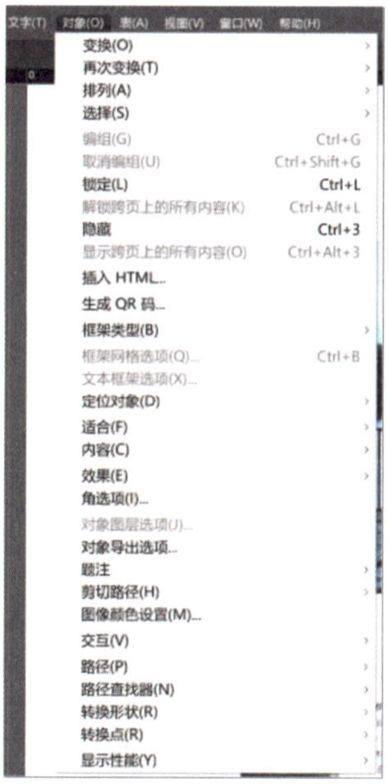

图 1-22　“对象”菜单

图 1-23　“表”菜单

➢　视图：“视图”菜单中的命令可对整个视图进行调整及设置，包括叠印预览、校样设置、校样颜色、放大、缩小、实际尺寸、屏幕模式以及显示性能等命令，如图 1-24 所示。

➢　窗口：“窗口”菜单主要用于控制 InDesign 2021 工作界面中的工具箱和各个面板的显示

或隐藏，包括工具、交互、控制、链接、描边、输出以及效果等命令，如图 1-25 所示。

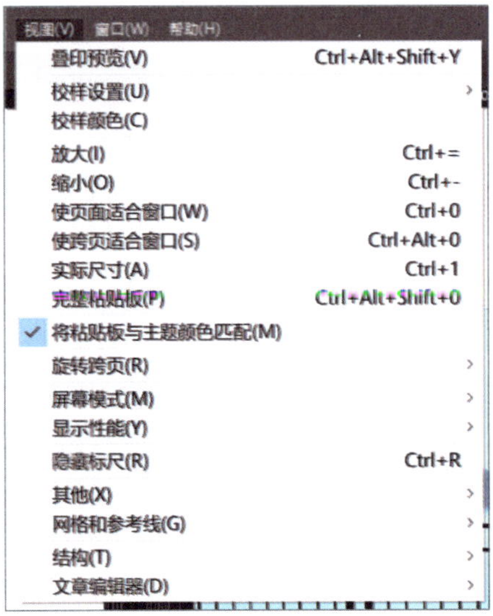

图 1-24 “视图”菜单

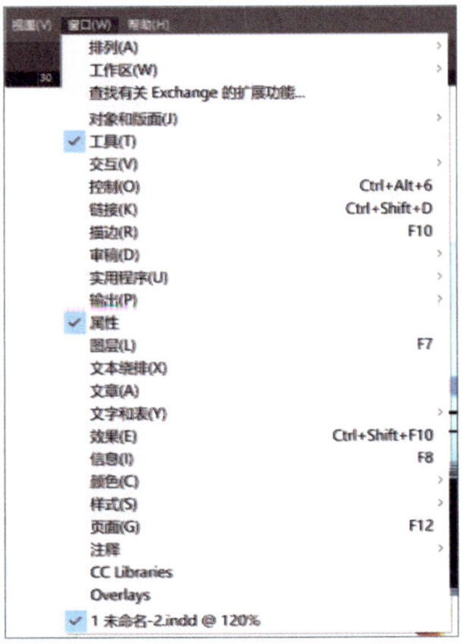

图 1-25 “窗口”菜单

➢ 帮助：“帮助”菜单中提供了使用 InDesign 的各种帮助信息。在使用 InDesign 的过程中，若遇到问题，可以查看该菜单，及时了解各种命令、工具和功能的使用，如图 1-26 所示。

图 1-26 “帮助”菜单

▶ 专家指点

如果菜单中的命令呈现灰色，则表示该命令在当前编辑状态下不可用；如果菜单命令右侧有一个三角形符号 ›，则表示此菜单包含子菜单，将鼠标指针移动到该菜单上，即可打开其子菜单；如果菜单命令右侧有省略号“…”，则执行此菜单命令时将会弹出与之有关的对话框。

1.3.2 工具箱

工具箱位于工作界面的左侧，要想在文档窗口中使用工具箱中的工具，只要单击相应的工具按钮即可。如果工具按钮的右下角有一个小三角形，则表示该工具按钮下还包含了其他工具，在该工具按钮上单击鼠标右键，或者按住该工具按钮不放，即可弹出其所隐藏的工具选项，如图 1-27 所示。

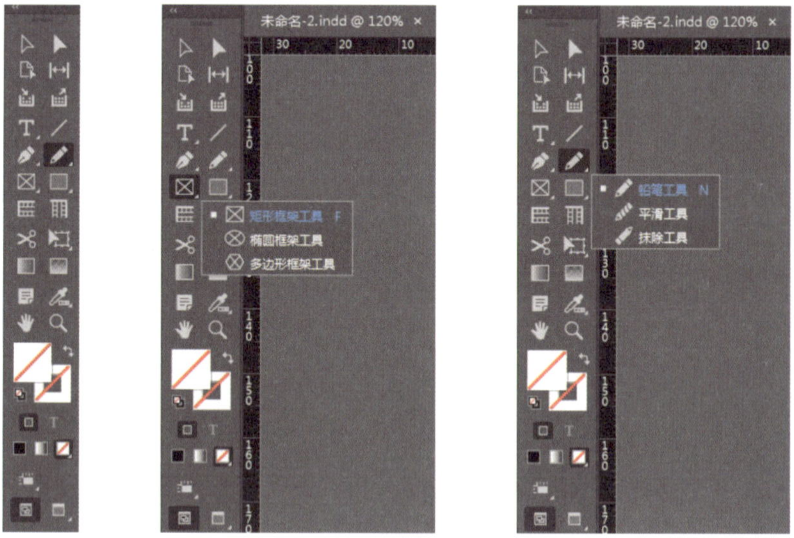

图 1-27　工具箱

工具箱中的一些工具用于选择、编辑和创建页面元素，而另一些工具用于选择文字、形状、线条和图形。可以改变工具箱的整体版面以适合用户选用的窗口和面板版面。默认情况下，工具箱显示为垂直的一列工具，也可以将其设置为垂直两列。但是，不能重新排列工具箱中各个工具的位置，可以拖动工具箱的顶端来移动工具箱的位置。

1.3.3　浮动面板

浮动面板位于文档窗口的右侧位置，默认情况下，几个面板放置在一起共用一个控制窗口，各面板被折叠隐藏起来，只显示其中某个面板的内容，如图 1-28 所示。比如单击“页面”标签，即可展开“页面”面板，如图 1-29 所示。

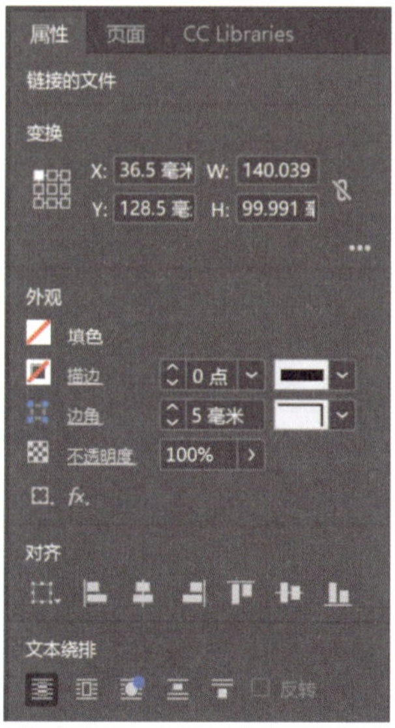

图 1-28　只显示某个面板

图 1-29　展开“页面”面板

▶ 专家指点

在 InDesign 2021 中，按【Tab】键可以隐藏工具箱和所有的浮动面板；按【Shift + Tab】组合键可以隐藏所有浮动面板，并保留工具箱的显示。

如果要显示其他的浮动面板，可以在“窗口”菜单下单击相应的命令，比如单击“描边”命令，此时“描边”命令前将显示一个对勾符号，即可弹出“描边”面板，如图 1-30 所示。

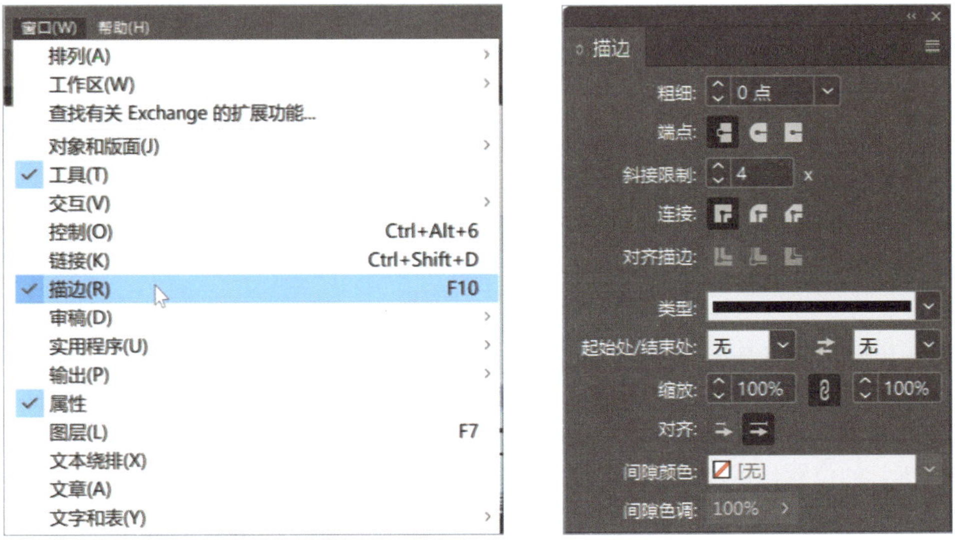

图 1-30　“描边”命令和“描边”面板

1.3.4　文档窗口

在 InDesign 2021 工作界面的中间，呈深灰色区域显示的即为文档窗口，在文档窗口中可以实现 InDesign 2021 中的功能应用，也可以对文档窗口进行多种操作，如改变窗口大小和位置等，如图 1-31 所示。

图 1-31　文档窗口

当打开一个文档时，工作区中将显示该文档的相关内容，文档窗口是编辑的主要区域，图形的绘制或图像的编辑都在此区域中进行。

当新建或打开多个文件时，图像标题栏的显示呈灰白色时，即为当前文档窗口，如图 1-32 所示，此时所有操作将只针对该文档窗口；若想对其他的文档窗口进行编辑，使用鼠标单击需要编辑的文档名称，即可切换至相应的文档窗口。

图 1-32 当前文档窗口

1.3.5 状态栏

状态栏位于文档窗口的最下方，用来显示有关文件状态的信息，如窗口的百分比显示、当前页面页数显示以及工作区的相关状态等，如图 1-33 所示，用户可以通过状态栏转至不同的页面内容。

图 1-33 状态栏

1.4 InDesign 2021 的系统参数

第一次运行 InDesign 2021 后，在编辑与操作文档之前，用户可以对该软件一些常用的系统参数进行相应设置和优化，比如调整界面颜色、设置文档大小以及调整文档网格等，以定制适合用户操作习惯的工作环境。

1.4.1 设置“界面”选项

在 InDesign 2021 中，用户可以根据需要优化软件的操作界面，这样不仅可以美化文档窗口，还可以在执行设计操作时更加得心应手。

安装好 InDesign 2021 软件后，默认情况下软件界面呈深灰色显示，印刷出来的颜色会比较深，不便于读者阅读和学习。因此，本书在编写时特意将工作界面的颜色调整为灰白色显示来进行讲解。下面介绍调整工作界面颜色的操作方法。

设置“界面”选项

Step 01 打开 InDesign 2021 工作界面，此时界面为深灰色显示，如图 1-34 所示。

Step 02 在菜单栏中，单击“编辑”|“首选项”|“界面”命令，如图 1-35 所示。

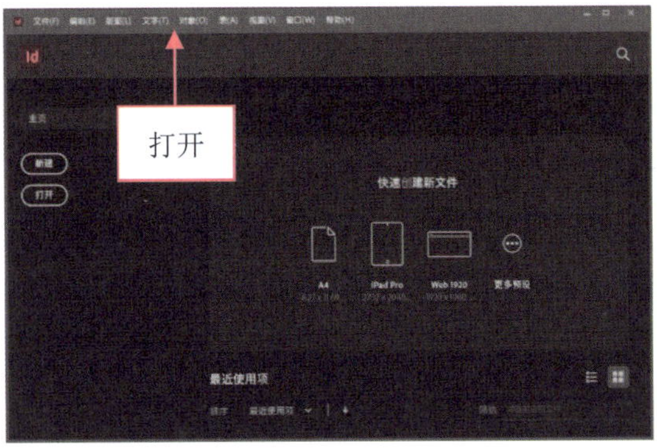

图 1-34　打开 InDesign 2021 工作界面

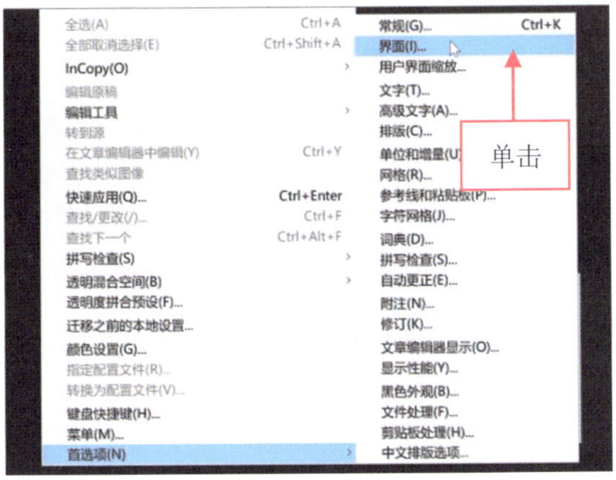

图 1-35　单击“界面”命令

Step 03 弹出“首选项”对话框，进入“界面”选项卡，在“外观”选项区的“颜色主题”右侧选择第四种主题样式，如图 1-36 所示。

Step 04 设置完成后，单击“确定”按钮，即可将工作界面调为灰白色，如图 1-37 所示。

图 1-36　选择第四种主题样式

图 1-37　将工作界面调为灰白色

> **▶ 专家指点**
>
> 在“界面”选项卡的“外观”选项区中，提供了四种由深到浅的颜色主题样式，用户在操作过程中，可根据自己的使用习惯选择相应的主题样式。

1.4.2　设置“文字”选项

在“首选项”对话框中，单击“文字”标签，切换至“文字”选项卡，在其中选中相应复选框，可以设置相应的文字属性及操作习惯，如图 1-38 所示。

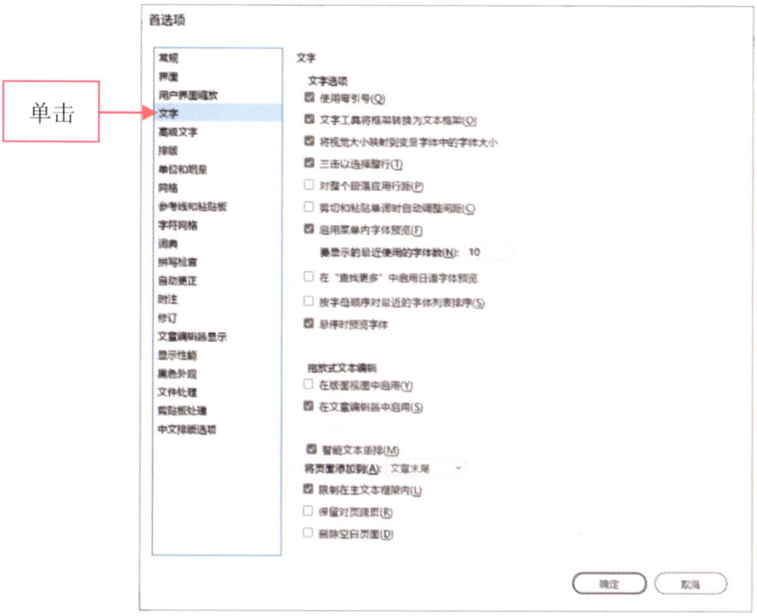

图 1-38　“文字”选项卡

在“文字”选项卡中，各选项区含义如下。

➢　“文字选项”选项区：在该选项区中可以设置输入法输入文字时的各种状态，包括字体大小、行距、间距以及字体预览等。

➢　“拖放式文本编辑”选项区：在该选项区中可以设置是在版面视图中启用“拖放式文本编辑”功能，还是在文章编辑器中启用该功能。

➢　“智能文本重排”选项区：在该选项区中可以添加或删除页面。默认情况下，“智能文本重排”仅限于主页文本框架，即主页上的文本框架。如果文档中包括对页，则左右两个主页上必须都包含主页文本框架，且主页文本框架必须串接，这样“智能文本重排”功能才生效。

1.4.3　设置“排版”选项

在“首选项”对话框中，单击“排版”标签，切换至“排版”选项卡，在其中选中相应复选框，可以设置文档排版的相关选项，如文本突出显示、文本绕排以及中文排版兼容模式等，如图 1-39 所示。

在“排版”选项卡中，各选项区含义如下。

➢　“突出显示”选项区：在该选项区中，各个选项用来控制某些状态下的文本呈高亮显示。例如选中“段落保持冲突”复选框，当段落文本保持冲突出时，将呈高亮显示。

➢　“文本绕排”选项区：在该选项区中，可以设定在排版过程中对置入的文本是否进行强制文本绕排。

➢　“中文排版兼容模式”选项区：在该选项区中，可以设置中文排版的兼容模式，是否使用新建垂直缩放，或者以垂直方向旋转引号字符。

图 1-39　“排版”选项卡

1.4.4　设置“单位和增量”选项

在“首选项”对话框中，单击“单位和增量”标签，切换至“单位和增量”选项卡，在其中可以设置单位和增量参数等，如图 1-40 所示。

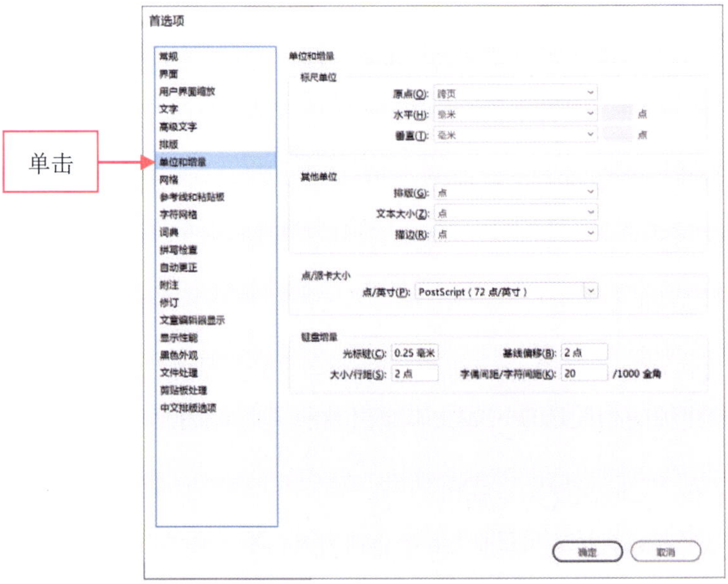

图 1-40　“单位和增量”选项卡

在“单位和增量”选项卡中，各选项区含义如下。

➢ “标尺单位”选项区：在该选项区中，“原点”选项用于设定原点状态，“水平”和“垂直”选项用于设定水平和垂直标尺的单位。

➢ “其他单位”选项区：在该选项区中，可以设置“排版”“文本大小”以及“描边”选项的单位。

➢ “点/派卡大小”选项区：在该选项区中，可以设置“点/英寸”的大小。

➢ “键盘增量”选项区：在该选项区中，可以设置“光标键”“基线偏移”“大小/行距”以及“字偶间距/字符间距”选项的键盘增量参数。

1.4.5 设置“网格”选项

在“首选项”对话框中，单击“网格”标签，切换至“网格”选项卡，在其中可以设置相应的网格选项和参数，如图 1-41 所示。

图 1-41 “网格”选项卡

在“网格”选项卡中，各选项区含义如下。

➢ “基线网格”选项区：在该选项区中，可以自定义网格的颜色、位置、间隔以及视图阈值等。

➢ “文档网格”选项区：在该选项区中，可以设置“水平”和“垂直”的网格线间隔、子网格线距离等。

➢ “网格置后”复选框：选中该复选框，可以将网格置后显示。

1.4.6 设置“字符网格”选项

在“首选项”对话框中，单击“字符网格”标签，切换至“字符网格”选项卡，在其中可以设置相应的字符网格选项和参数，如图 1-42 所示。

图 1-42　“字符网格”选项卡

在“字符网格”选项卡中，各选项区含义如下。

➢　“网格设置”选项区：在该选项区中，可以设置网格的单元形状、填充颜色以及视图阈值等。

➢　“版面网格”选项区：在该选项区中，可以设置版面网格的颜色。

本章小结

本章主要向读者介绍了 InDesign 2021 的相关基础知识，掌握软件的基本操作方法，如软件的安装、卸载、启动与退出等；帮助读者了解了 InDesign 2021 工作界面的各组成部分；最后介绍了 InDesign 2021 常用的系统参数设置。通过对本章的学习，希望读者能够对 InDesign 2021 的工作界面有一个很好的掌握，为后面的学习奠定良好的基础。

课后习题

为了帮助读者更好地掌握所学知识，本节将通过上机习题，帮助读者进行简单的知识回顾和补充。

1．练习安装 InDesign 2021 软件。

2．练习启动与退出 InDesign 2021 软件。

3．掌握 InDesign 2021 软件界面颜色的设置方法。

第 2 章 版式中文件的基本操作

要学习 InDesign 2021 软件的设计与应用，首先需要掌握 InDesign 2021 的基本操作，包括新建文件、打开文件、置入文件、保存文件、关闭文件以及导出文件等，熟练掌握这些文件的基本操作，读者才能更好地创建与管理图形文件，提高操作效率。

本章重点

- 新建文件
- 打开文件
- 置入文件
- 保存文件
- 关闭文件
- 文件的其他操作

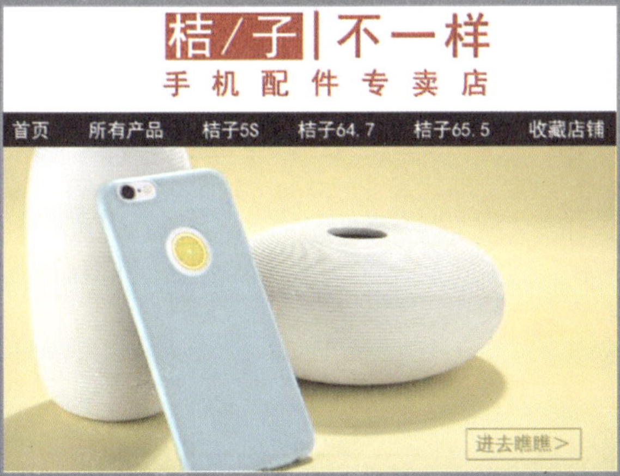

2.1 新建文件

在 InDesign 2021 中，新建文件一共有三种常见的方式：第一种是新建空白文件，第二种是新建版面网格文件，第三种是新建预设文件，本节主要针对这三种文件进行讲解。

2.1.1 新建空白文件

用户若想绘制或编辑文件，首先需要新建空白文件，才可以继续进行文件的排版与设计工作。下面介绍新建空白文件的操作方法。

新建空白文件

Step 01 进入 InDesign 2021 工作界面，在菜单栏中单击“文件”|“新建”|“文档”命令，如图 2-1 所示。

Step 02 弹出“新建文档”对话框，在右侧可以设置文档的详细信息，如宽度、高度、单位以及方向等，单击“边距和分栏”按钮，如图 2-2 所示。

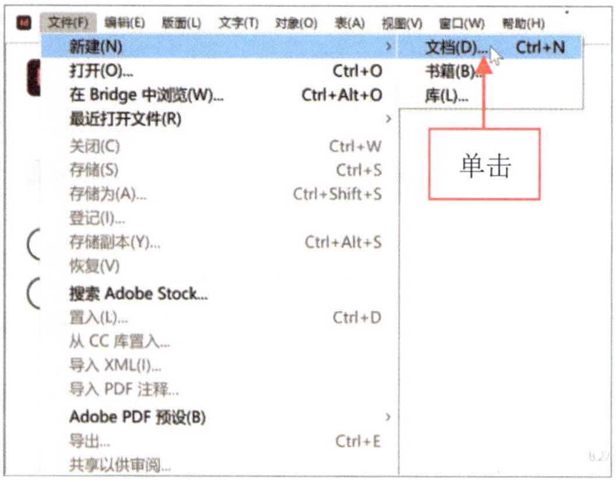

图 2-1 单击“文档”命令

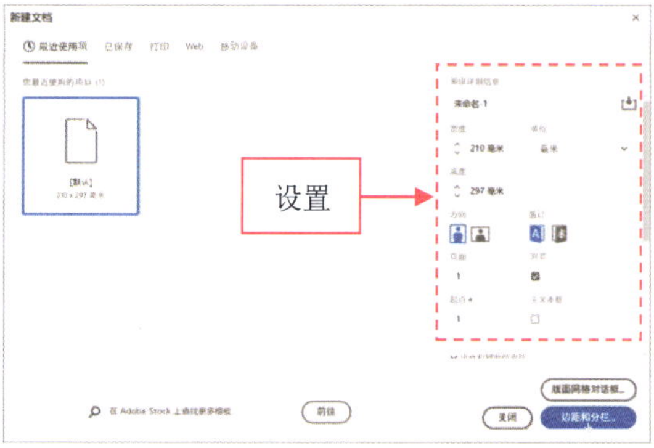

图 2-2 单击“边距和分栏”按钮

Step 03 弹出“新建边距和分栏”对话框，在其中可以设置上、下、内、外的边距参数，还可以设置分栏的栏数与栏间距，如图 2-3 所示。

Step 04 设置完成后，单击“确定”按钮，即可新建空白文档，如图 2-4 所示。

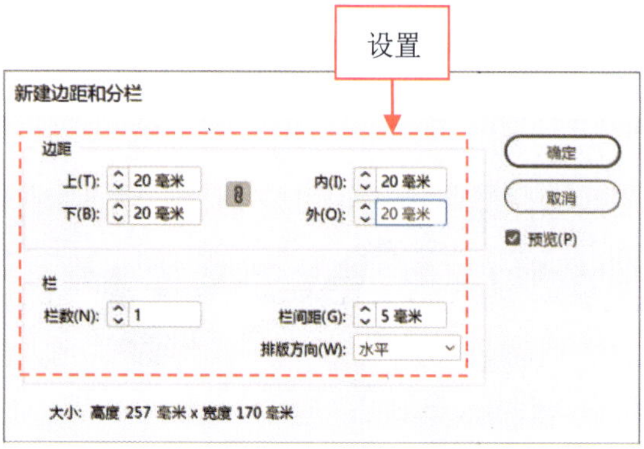

图 2-3 设置边框和分栏参数

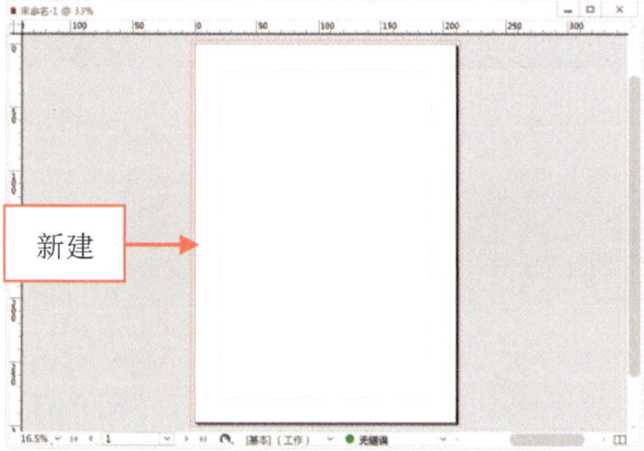

图 2-4 新建空白文档

▶ 专家指点

在 InDesign 2021 中，按【Ctrl + N】组合键，也可以快速弹出“新建文档”对话框。

2.1.2　新建版面网格文件

新建版面网格文件

版面网格类似于小时候写作文的那种版面效果，一格一格可以输入文字内容，还可以用来统计版面中的字数。如果需要以网格为参考来排版文字内容，此时可以新建版面网格文件，下面介绍具体操作方法。

Step 01　进入 InDesign 2021 工作界面，在欢迎界面中单击“新建”按钮，如图 2-5 所示。

Step 02　弹出“新建文档”对话框，在“方向”下方单击按钮，表示新建一个横向的文档窗口，单击右下角的“版面网格对话框”按钮，如图 2-6 所示。

图 2-5　单击“新建”按钮

图 2-6　单击“版面网格对话框”按钮

Step 03　弹出“新建版面网格”对话框，在其中设置“字体”为“黑体”“大小”为 15 点，单击“确定”按钮，如图 2-7 所示。

Step 04　执行上述操作后，即可新建版面网格文件，如图 2-8 所示。

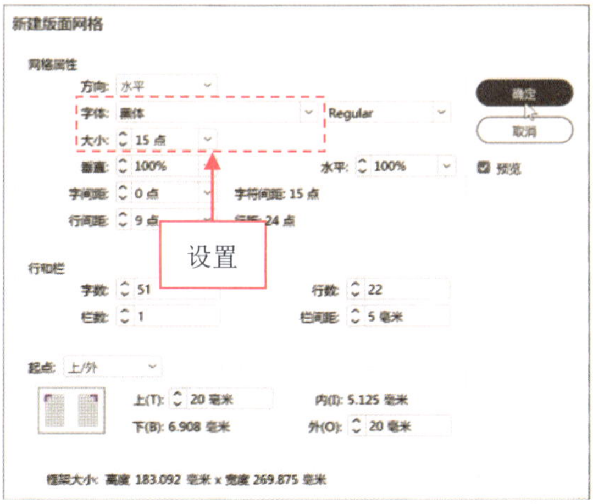

图 2-7　设置网格属性

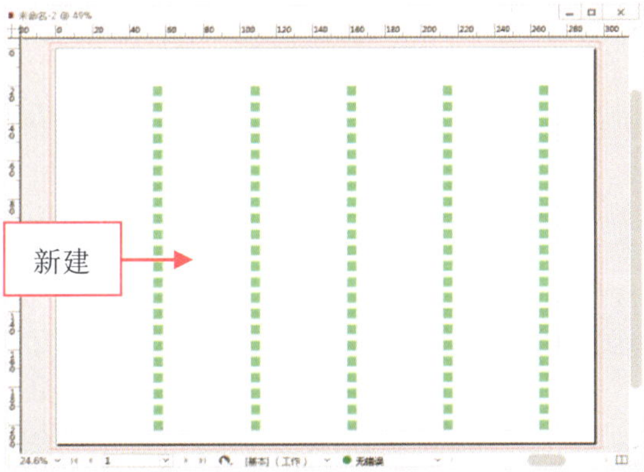

图 2-8　新建版面网格文件

2.1.3 新建预设文件

新建预设文件

在 InDesign 2021 的“新建文档”对话框中，有许多的预设文件可以选择，这些预设文件都是系统事先设置好的模板文件，有固定的尺寸参数，方便用户快速新建想要的文档类型。下面介绍新建预设文件的操作方法。

Step 01 在 InDesign 2021 欢迎界面中，单击“更多预设”按钮，如图 2-9 所示。

Step 02 弹出“新建文档”对话框，切换至“移动设备”选项卡，在下方选择 iPad 预设模式，单击“边距和分栏”按钮，如图 2-10 所示。

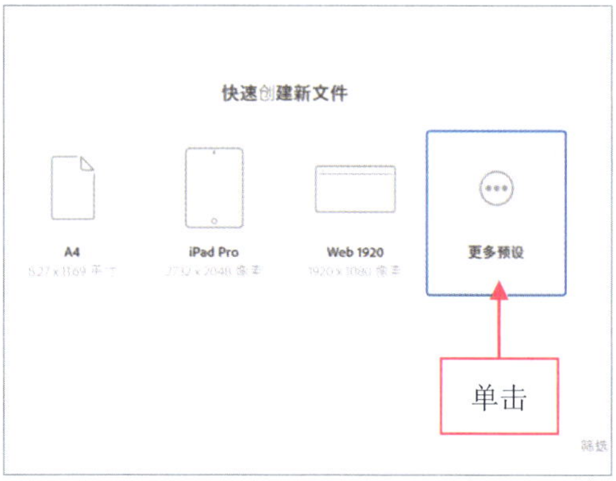

图 2-9 单击“更多预设”按钮

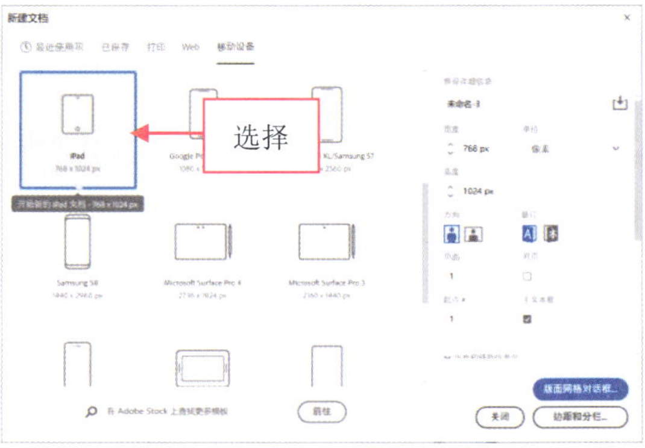

图 2-10 单击“边距和分栏”按钮

Step 03 弹出“新建边距和分栏”对话框，各参数为默认设置，单击“确定”按钮，如图 2-11 所示。

Step 04 执行上述操作后，即可新建预设文件，如图 2-12 所示。

图 2-11 单击“确定”按钮

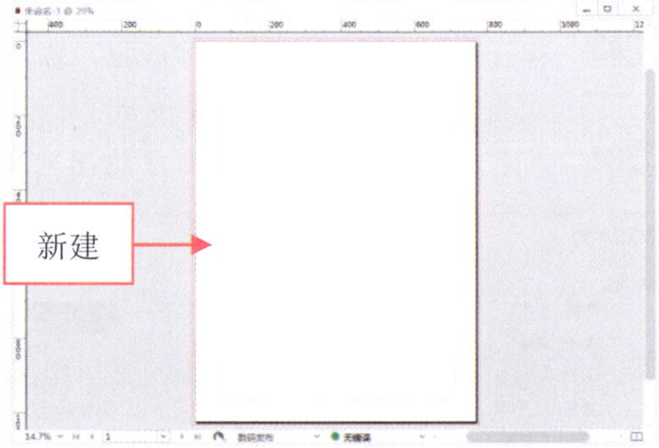

图 2-12 新建预设文件

2.2 打开文件

在 InDesign 2021 中，经常需要打开一个或多个图像文件进行编辑和修改，它可以打开多种文件格式，也可以同时打开多个文件。本节主要介绍打开文件的操作方法。

2.2.1　以正常文档打开

以正常文档打开

如果要编辑已经保存的文件，首先需要将该文件打开，下面介绍以正常文档打开的方法。

Step 01 在菜单栏中，单击“文件”|“打开”命令，如图 2-13 所示。

Step 02 执行上述操作后，弹出“打开文件”对话框，选择需要打开的图像文件（素材\第 2 章\首页广告.indd），如图 2-14 所示。

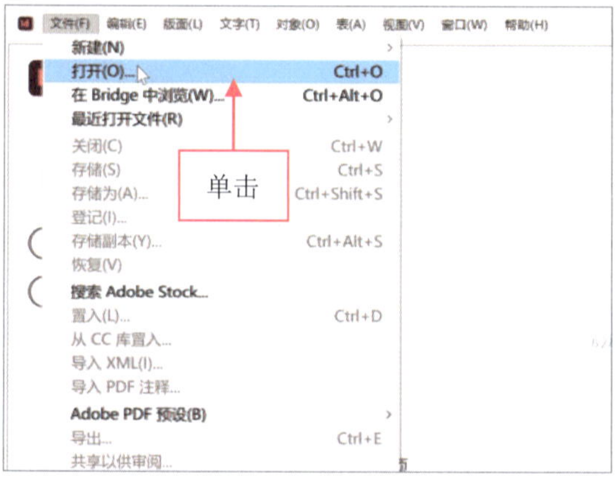

图 2-13　单击“打开”命令

图 2-14　选择图像文件

▶ 专家指点

如果要打开一组连续的文件，可以在选择第一个文件后，按住【Shift】键的同时再选择最后一个要打开的文件；如果要打开一组不连续的文件，可以在选择第一个图像文件后，按住【Ctrl】键的同时选择其他的图像文件，然后再单击“打开”按钮。

Step 03 单击“打开”按钮，即可打开图像文件，效果如图 2-15 所示。

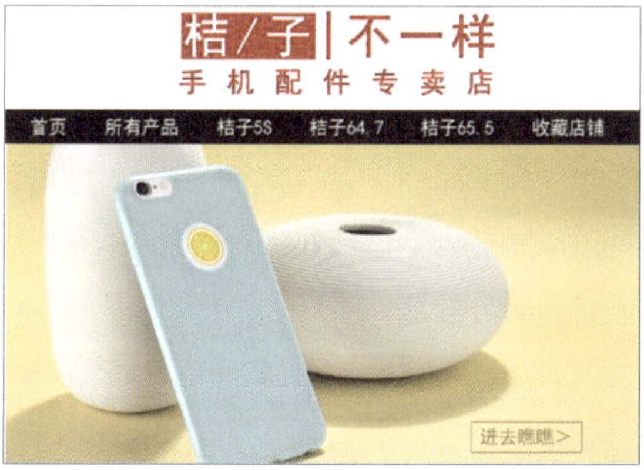

图 2-15　打开图像文件

▶ 专家指点

在 InDesign 2021 中，按【Ctrl + O】组合键，也可以快速弹出“打开文件”对话框。

2.2.2　以副本文档打开

以副本文档打开

在 InDesign 2021 中，如果以副本的方式打开文件，当对文件进行修改后，将不影响原来的文档内容。下面介绍以副本的方式打开图像文件的操作方法。

Step 01 单击“文件”|“打开”命令，弹出“打开文件”对话框，选择需要打开的图像文件（素材\第 2 章\玫瑰花.indd），如图 2-16 所示。

Step 02 在下方选中“副本”单选按钮，单击“打开”按钮，如图 2-17 所示。

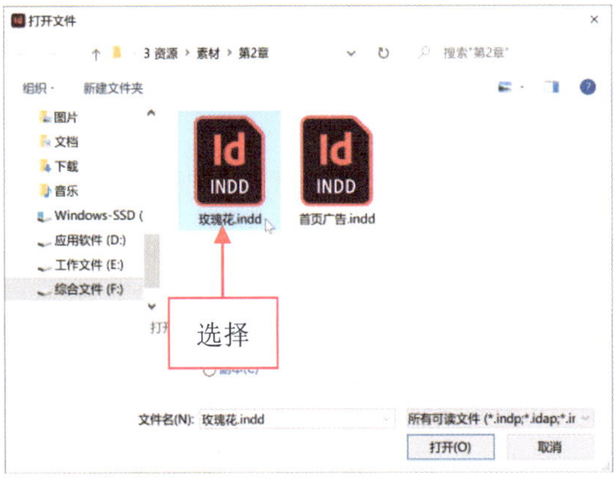

图 2-16　选择图像文件

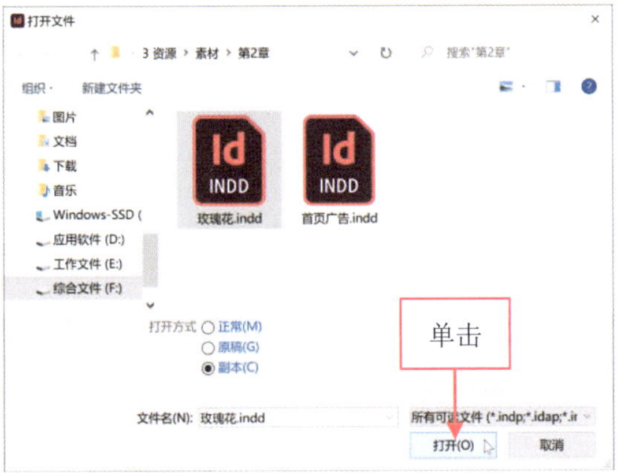

图 2-17　单击“打开”按钮

Step 03 执行上述操作后，即可以副本的方式打开图像文件，标题栏中显示的文件名称为“未命名-N”，表示这是一个新文件，如图 2-18 所示。

图 2-18　以副本的方式打开图像文件

2.3　置入文件

在 InDesign 2021 中置入文件是指将所选择的文件置入当前文档窗口中，然后在 InDesign 2021 中进行编辑。InDesign 2021 所支持的格式都能通过“置入”命令将指定的素材文件置于当前编辑的文件中。本节主要讲解置入文件的多种操作方法。

2.3.1　置入图片文件

置入图片文件

InDesign 2021 支持多种图片格式，如 PNG、JPG、TIFF、BMP 以及 GIF 格式的图片素材。下面介绍置入图片文件的操作方法。

Step 01　新建空白文件，单击“文件”|“置入”命令，如图 2-19 所示。

Step 02　弹出“置入”对话框，选择需要置入的图片素材（素材\第 2 章\开心果糕.jpg），单击“打开”按钮，如图 2-20 所示。

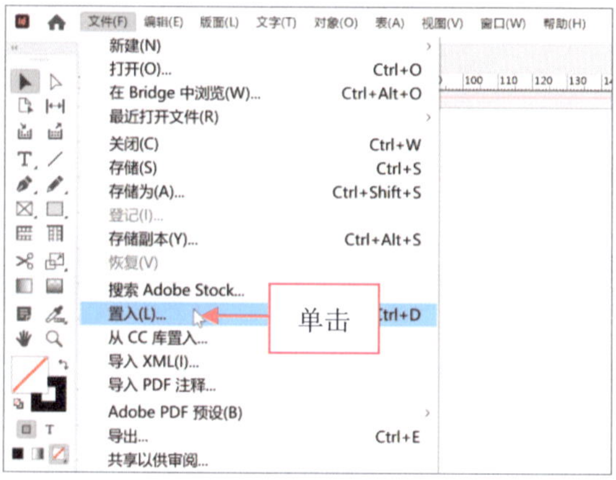

图 2-19　单击“置入”命令

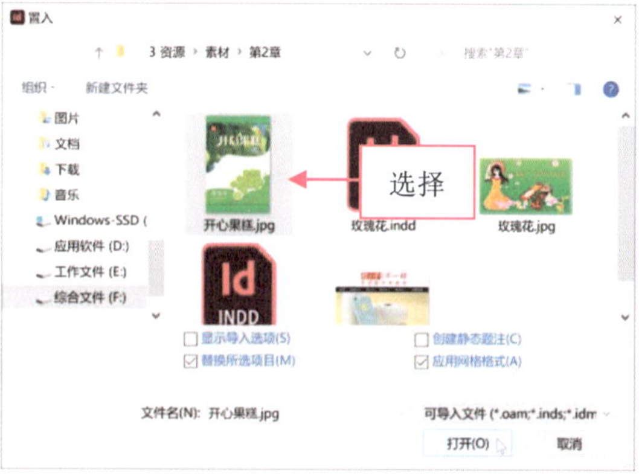

图 2-20　单击“打开”按钮

Step 03　返回 InDesign 2021 文档窗口，此时鼠标右下角显示图片缩略图，如图 2-21 所示。

Step 04　在合适位置上单击鼠标左键，即可置入图片素材，效果如图 2-22 所示。

图 2-21　显示图片缩略图

图 2-22　置入图片素材

2.3.2 置入 Word 文档

置入 Word 文档

InDesign 2021 是一款专业的排版软件，可以将 Word 中的文本内容直接置入文档窗口中，这样可以提高工作效率。下面介绍置入 Word 文档的操作方法。

Step 01 新建空白文件，单击“文件”|“置入”命令，弹出“置入”对话框，在其中选择需要置入的 Word 素材（素材\第 2 章\玻璃工艺.doc），如图 2-23 所示。

Step 02 单击“打开”按钮，在文档窗口中合适的位置上单击鼠标左键，即可置入 Word 素材，效果如图 2-24 所示。

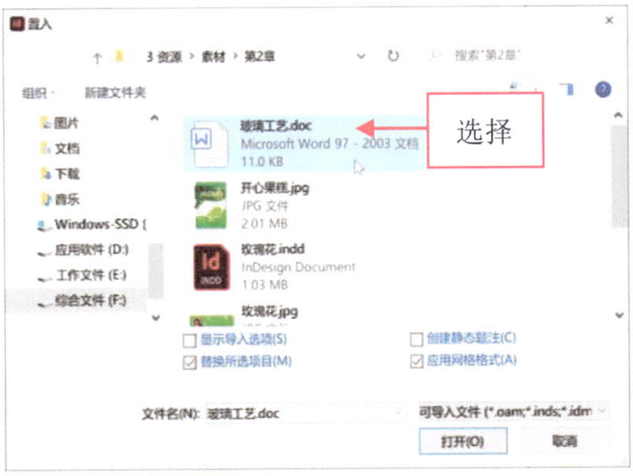

图 2-23　选择 Word 素材

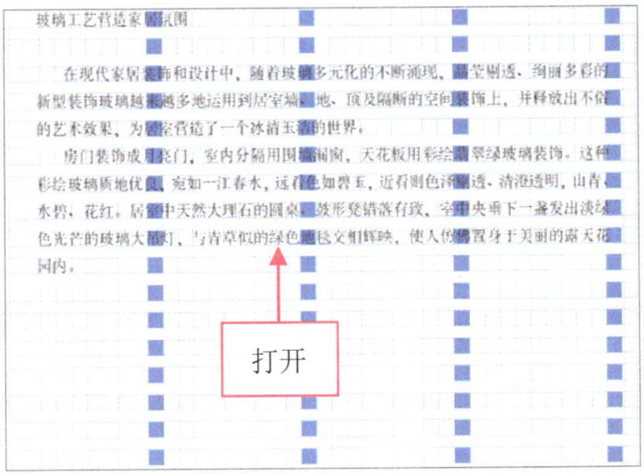

图 2-24　置入 Word 素材

2.3.3 置入 Excel 文件

置入 Excel 文件

在 InDesign 2021 中，用户还可以置入 Excel 表格数据，具体操作步骤如下。

Step 01 新建空白文件，单击“文件”|“置入”命令，弹出“置入”对话框，在其中选择需要置入的 Excel 素材（素材\第 2 章\销售数据.xlsx），在下方只选中“显示导入选项”复选框，单击“打开”按钮，如图 2-25 所示。

Step 02 弹出相应对话框，各选项为默认设置，单击“确定”按钮，如图 2-26 所示。

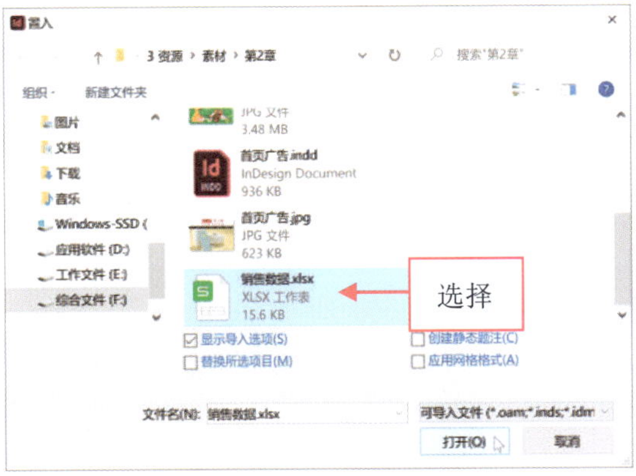

图 2-25　选择 Excel 素材

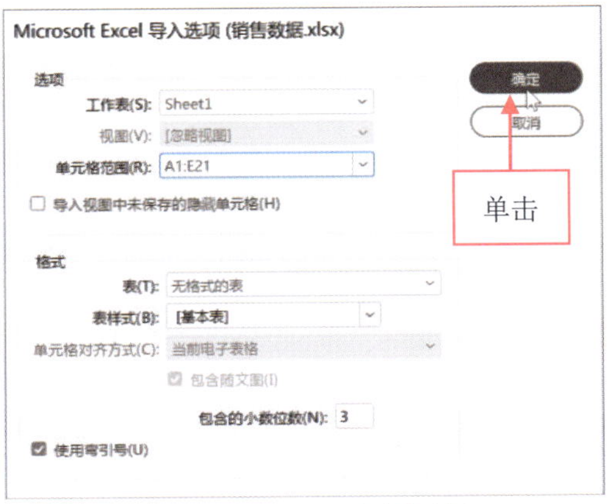

图 2-26　单击“确定”按钮

Step 03 执行上述操作后，在文档窗口中合适的位置上单击鼠标左键，即可置入 Excel 表格数据，效果如图 2-27 所示。

2021 年第 4 季度销售表				
地址	九月份销售	十月份销售	十一月份销售	十二月份销售
山东	298,000.00		354,949.00	
广东	315,889.00		466,666.00	
西安	342,055.00		267,964.00	
浙江	345,660.00		546,154.00	
湖南	416,890.00		379,419.00	
上海	489,000.00		481,849.00	
北京	498,200.00		891,632.00	
天津	512,000.00		499,452.00	
行标签	求和项：九月份销售	求和项：十月份销售	求和项：十一月份销售	求和项：十二月份销售
北京	498200	498200	891632	287945
广东	315889	497841	466666	452000
湖南	416890	395400	379419	458952
山东	298000	546642	354949	400010
上海	489000	546462	481849	356890
天津	512000	468915	499452	459610
西安	342055	479951	267964	384661
浙江	345660	599245	546154	298700
总计	3217694	4032656	3888085	3098768

图 2-27　置入 Excel 表格数据

▶ 专家指点

在 InDesign 2021 中，按【Ctrl + D】组合键，也可以快速弹出"置入"对话框。

2.3.4　通过 Bridge 置入文件

在 InDesign 2021 中，还可以通过 Bridge 软件来浏览文件，然后将需要的文件置入文档窗口中，具体操作步骤如下。

通过 Bridge 置入文件

Step 01 在菜单栏中，单击"文件"|"在 Bridge 中浏览"命令，如图 2-28 所示。

Step 02 打开 Bridge 软件窗口，在其中选择相应的图片素材（素材\第 2 章\主播封面.jpg），如图 2-29 所示。

图 2-28　单击"在 Bridge 中浏览"命令

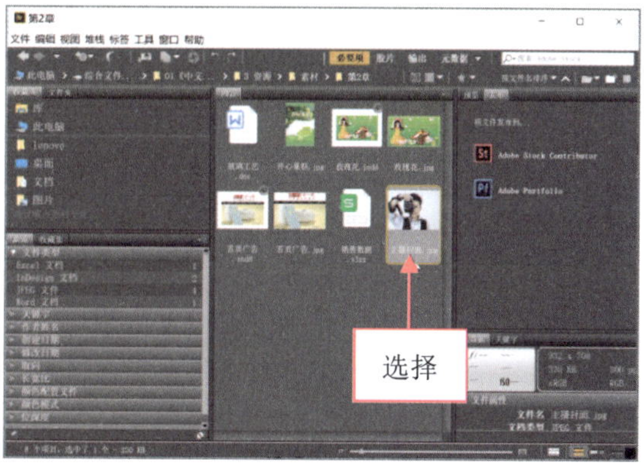

图 2-29　选择相应的图片素材

Step 03 在图片素材上，单击鼠标右键，在弹出的快捷菜单中选择“置入”|“在 InDesign 中”选项，如图 2-30 所示。

Step 04 执行上述操作后，在文档窗口中合适的位置上单击鼠标左键，即可通过 Bridge 软件置入图片素材，效果如图 2-31 所示。

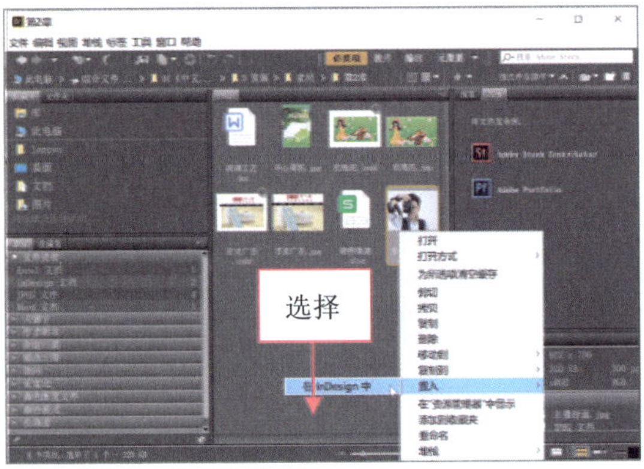

图 2-30　选择“在 InDesign 中”选项

图 2-31　通过 Bridge 置入素材

2.4　保存文件

在编辑文档的过程中，用户需要养成经常保存文件的习惯，以防止各种意外所造成的文件内容的丢失。本节主要讲解保存文件的多种操作方法，希望读者熟练掌握本节内容。

2.4.1　保存新文件

保存新文件

如果需要保存处理好的图像文件，可以按照以下方法进行操作。

Step 01 在文档窗口中置入图片素材（素材\第 2 章\图书宣传.jpg），如图 2-32 所示。

Step 02 在菜单栏中，单击“文件”|“存储”命令，如图 2-33 所示。

图 2-32　置入图片素材

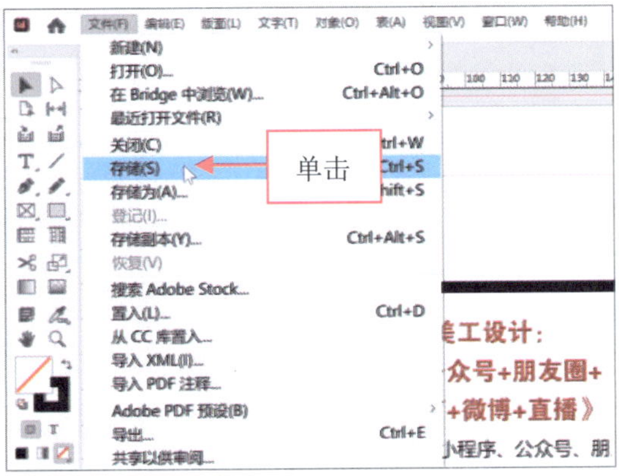

图 2-33　单击“存储”命令

Step 03 弹出“存储为”对话框，在其中设置文件的保存位置和文件名称，单击“保存”按钮，如图 2-34 所示。

Step 04 执行上述操作后，即可保存文件，标题栏中显示了保存的文件名称，如图 2-35 所示。

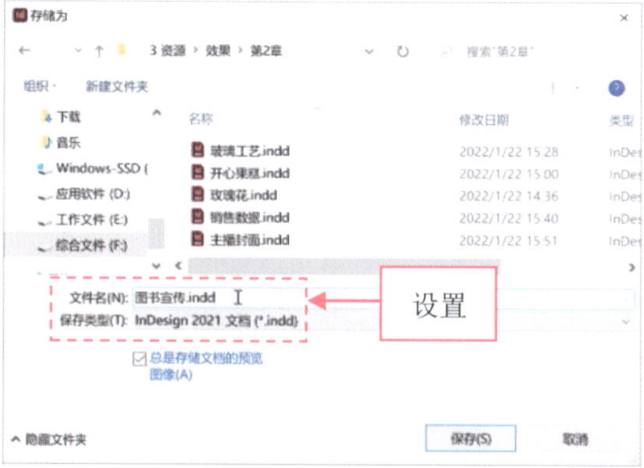

图 2-34　设置保存选项

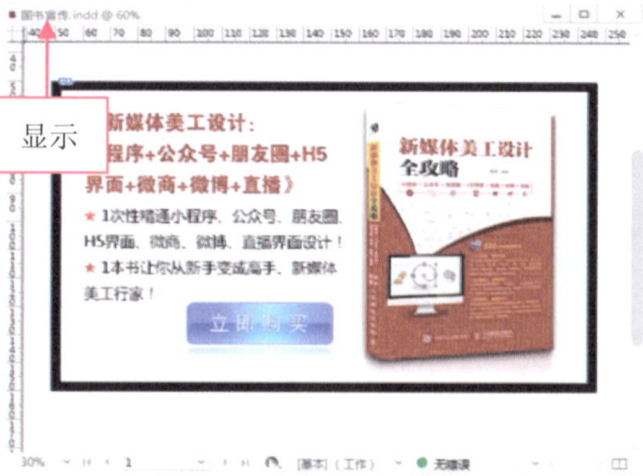

图 2-35　保存文件的效果

> ▶ **专家指点**
>
> 在 InDesign 2021 中，按【Ctrl + S】组合键，也可以快速弹出“存储为”对话框。

2.4.2　另存为新文件

如果用户需要重新将 InDesign 文件保存至磁盘中的另一位置，此时可以使用“存储为”命令，对图像文件进行另存为操作。下面介绍另存为新文件的操作方法。

另存为新文件

Step 01 打开图像文件（素材\第 2 章\招聘广告.indd），如图 2-36 所示。

Step 02 在菜单栏中，单击“文件”|“存储为”命令，如图 2-37 所示。

图 2-36　打开图像文件

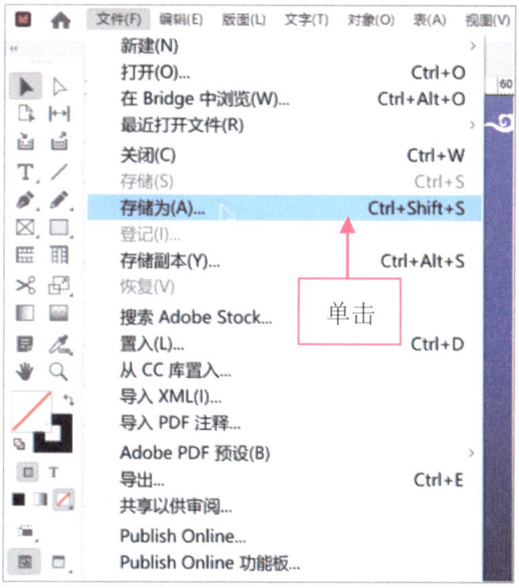

图 2-37　单击“存储为”命令

Step 03 弹出“存储为”对话框，在其中设置文件的保存位置和文件名称，单击“保存”按钮，如图 2-38 所示。

Step 04 执行上述操作后，即可另存为新文件，标题栏中显示了新的文件名称，如图 2-39 所示。

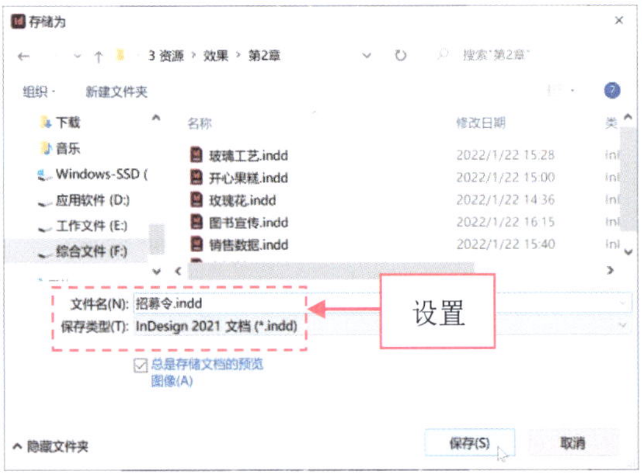

图 2-38 单击“保存”按钮

图 2-39 显示了新的文件名称

▶ 专家指点

在 InDesign 2021 中，按【Ctrl + Shift + S】组合键，也可以快速对文件进行另存为操作。

2.4.3 将文件存储为副本

如果想将 InDesign 文件用于其他程序中，此时可以将 InDesign 文件存储为副本，这样就不会影响原文档和文件名称。下面介绍将文件存储为副本的操作方法。

将文件存储为副本

Step 01 在 2.4.2 的基础上，单击“文件”|“存储副本”命令，如图 2-40 所示。

Step 02 弹出“存储副本”对话框，在其中设置副本文件的保存位置和文件名称，如图 2-41 所示，单击“保存”按钮，即可将文件保存为副本。

图 2-40 单击“存储副本”命令

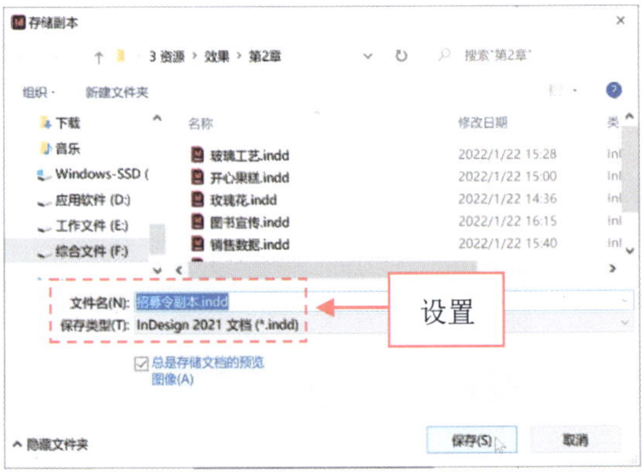

图 2-41 单击“保存”按钮

> **▶ 专家指点**
>
> 在 InDesign 2021 中，按【Ctrl + Alt + S】组合键，也可以快速将文件保存为副本。

2.5　关闭文件

当用户完成图像文件的编辑之后，接下来可以关闭 InDesign 2021 文件，以提高系统的运行速度。本节主要讲解关闭文件的多种操作方法。

2.5.1　通过命令关闭文件

通过命令关闭文件

通过“关闭”命令，可以关闭图像文件。下面介绍通过命令关闭文件的操作方法。

Step 01 打开图像文件（素材\第 2 章\珠宝广告.indd），如图 2-42 所示。

Step 02 在菜单栏中，单击“文件”|“关闭”命令，如图 2-43 所示，即可关闭图像文件。

图 2-42　打开图像文件

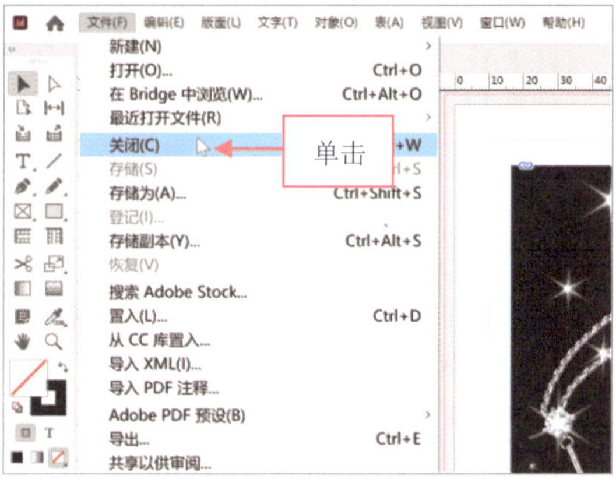

图 2-43　单击“关闭”命令

> **▶ 专家指点**
>
> 在 InDesign 2021 中，按【Ctrl + W】组合键，也可以快速关闭图像文件。

2.5.2　通过按钮关闭文件

用户不仅可以通过“关闭”命令来关闭文件，还可以通过“关闭”按钮进行关闭操作。方法很简单，只需要单击标题栏右侧的“关闭”按钮☒，如图 2-44 所示，即可关闭文件。

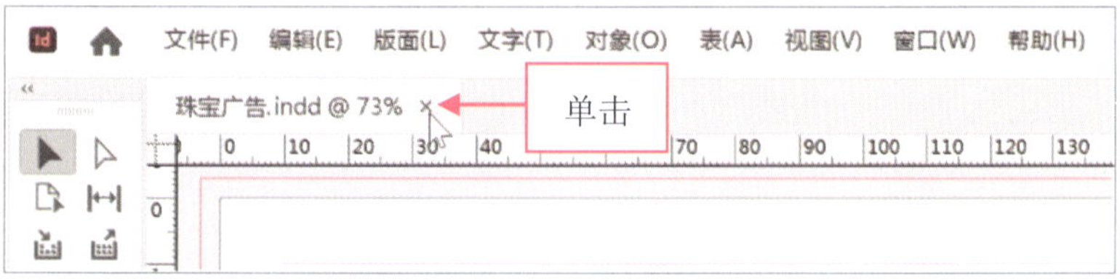

图 2-44　单击“关闭”按钮

2.6 文件的其他操作

除了文件的新建、打开、置入、保存和关闭等常用操作外，还有一些文件的其他操作需要掌握，如导出、恢复、打包以及修改文档设置等。

2.6.1 导出文件

导出文件

在 InDesign 2021 中创建或编辑的图像可以导出为 JPG、PNG 或 EPS 格式，以满足用户的不同需求。下面介绍导出图像文件的操作方法。

Step 01 打开图像文件（素材\第 2 章\产品.indd），如图 2-45 所示。

Step 02 在菜单栏中，单击“文件”|“导出”命令，如图 2-46 所示。

图 2-45 打开图像文件

图 2-46 单击“导出”命令

Step 03 弹出“导出”对话框，设置导出选项，单击“保存”按钮，如图 2-47 所示。

Step 04 弹出“导出 JPEG”对话框，各选项为默认设置，单击“导出”按钮，如图 2-48 所示，即可导出为 JPEG 图像文件。

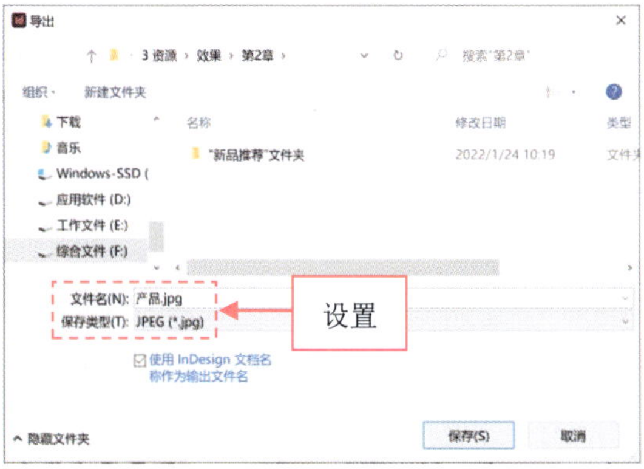

图 2-47 单击“保存”按钮

图 2-48 单击“导出”按钮

▶ 专家指点

在 InDesign 2021 中，按【Ctrl + E】组合键，也可以快速弹出“导出”对话框。

2.6.2　恢复文件

恢复文件

当电脑出现意外断电或者系统故障时，如果没有保存 InDesign 文件，此时可以通过 InDesign 2021 中的“恢复”功能来还原数据。下面介绍恢复文件的操作方法。

Step 01 文件编辑完成后，当 InDesign 2021 意外退出而未保存图像文件时，再次启动 InDesign 2021 软件，将弹出信息提示框，提示用户是否要启动自动恢复，如图 2-49 所示。

Step 02 单击“是”按钮，即可恢复 InDesign 2021 文件，如图 2-50 所示。

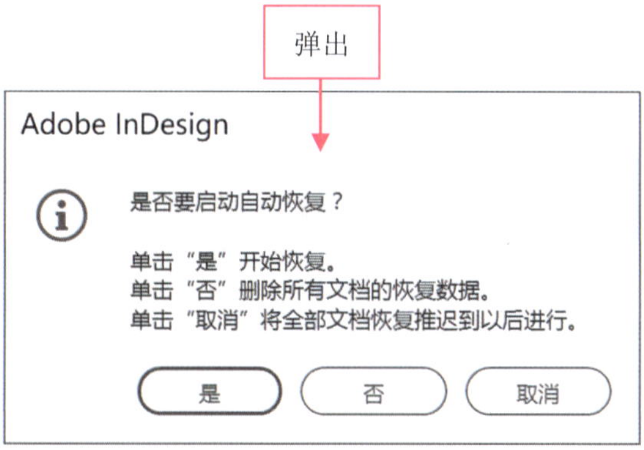

图 2-49　弹出信息提示框

图 2-50　恢复 InDesign 2021 文件

Step 03 在菜单栏中，单击“编辑”|“首选项”|“文件处理”命令，如图 2-51 所示。

Step 04 弹出“首选项”对话框，在“文档恢复数据”选项区中可以设置恢复数据的临时文件夹，如图 2-52 所示，设置完成后单击“确定”按钮，即可完成操作。

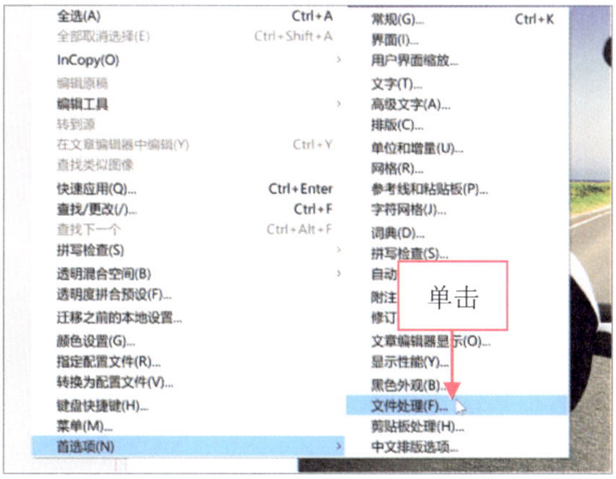

图 2-51　单击“文件处理”命令

图 2-52　设置相应恢复数据的位置

2.6.3　打包文件

打包文件

在 InDesign 2021 中，使用“打包”命令可以将文档中使用过的图像、字体以及图形等素材全部“打包”到一个文件夹中，方便用户在其他电脑中打开 InDesign 文件时，不会提示文件丢失。下面介绍打包文件的操作方法。

Step 01　打开图像文件（素材\第 2 章\新品推荐.indd），如图 2-53 所示。

Step 02　在菜单栏中，单击“文件”|“打包”命令，如图 2-54 所示。

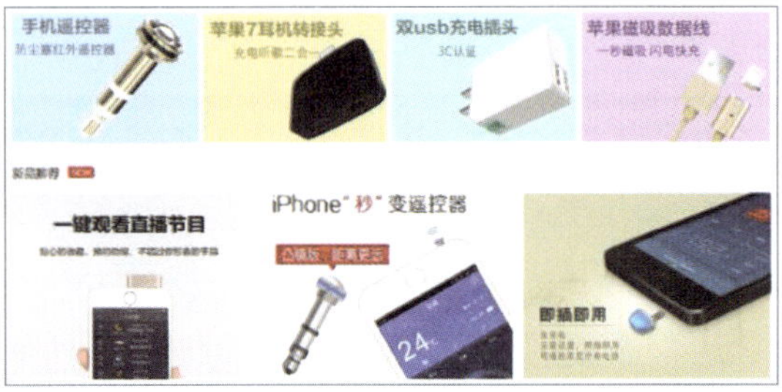

图 2-53　打开图像文件

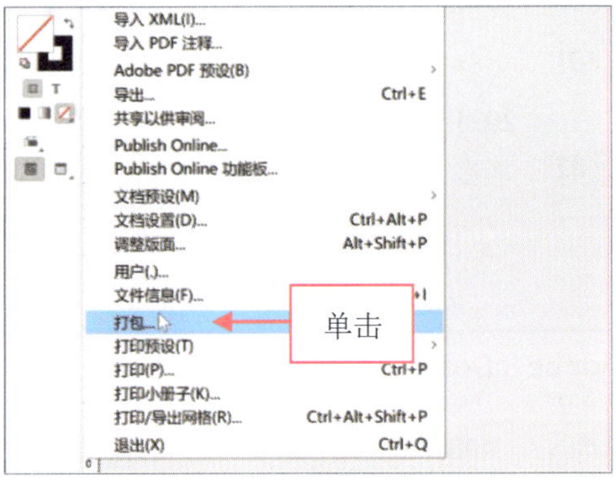

图 2-54　单击“打包”命令

Step 03　弹出“打包”对话框，单击“打包”按钮，如图 2-55 所示。

Step 04　弹出“打包出版物”对话框，设置文件夹保存位置，单击“打包”按钮，如图 2-56 所示，即可将所有文件“打包”到一个文件夹中。

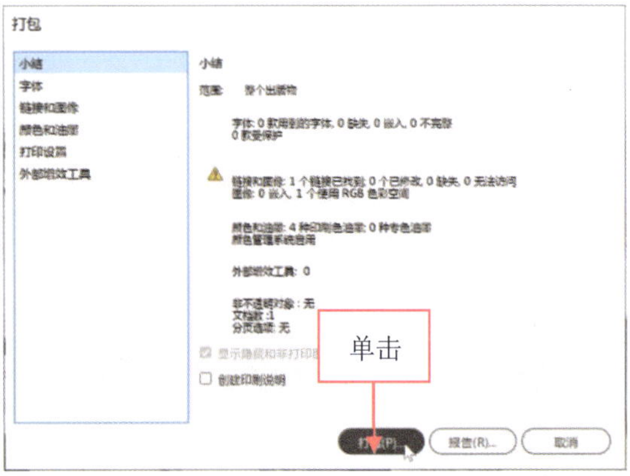

图 2-55　单击“打包”按钮

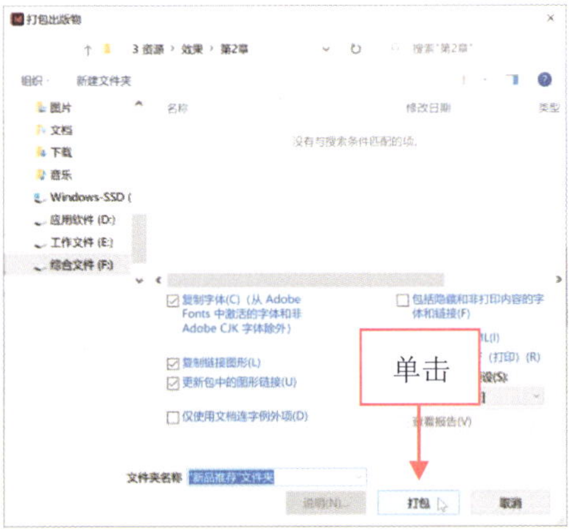

图 2-56　设置文件夹保存位置

2.6.4　修改文档设置

修改文档设置

在 InDesign 2021 中，用户可以修改已有文档的相关信息，如页数、页码以及页面大小等属性，使创建的文档更加符合用户的需求。下面介绍修改文档设置的操作方法。

Step 01 在 2.6.3 的基础上，单击“文件”|“文档设置”命令，如图 2-57 所示。

Step 02 弹出“文档设置”对话框，在其中可以重新设置文档的页数、起始页码、页面大小以及边距等属性，如图 2-58 所示，设置完成后单击“确定”按钮即可。

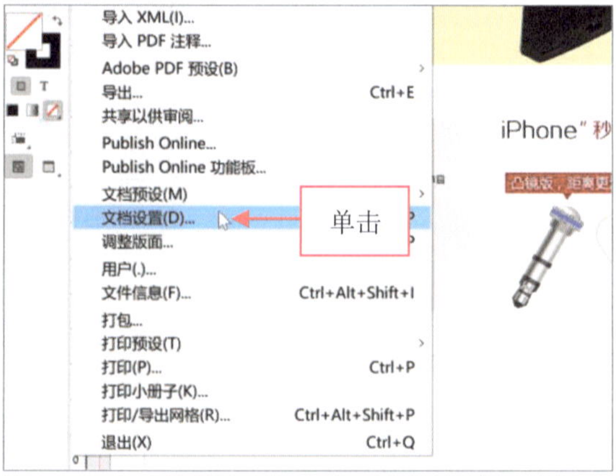

图 2-57　单击“文档设置”命令

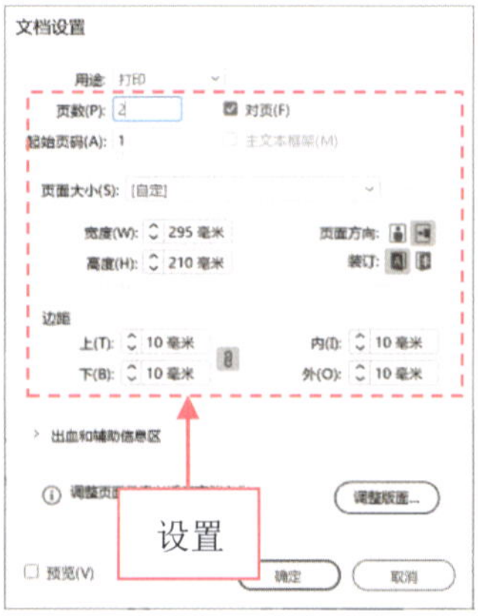

图 2-58　重新设置文档信息

本章小结

本章主要介绍了 InDesign 2021 文件的基本操作，包括新建、打开、置入、保存、关闭、导出、恢复、打包以及修改文档设置等内容。通过本章的学习，可以让读者在设计与排版的过程中，更加灵活地使用 InDesign 2021 软件，从而提高设计与排版的操作效率。

课后习题

课后习题

鉴于本章知识的重要性，为了帮助读者更好地掌握所学知识，本节将通过上机习题，帮助读者进行简单的知识回顾和补充。

本习题需要掌握导入图片文件的操作方法，效果如图 2-59 所示。

图 2-59　置入图片后的效果

第 3 章 设计的辅助工具与页面操作

在 InDesign 2021 中进行版面设计时，用鼠标定位虽然方便快捷，但精度不高，排版效果也不够精确，远远不能满足精确度要求较高的图稿。为了解决该问题，InDesign 2021 提供了一些设计的辅助工具，如标尺、参考线、分栏线以及文档网格等，帮助用户精准绘制。本章主要讲解辅助工具与页面操作的技巧，希望读者熟练掌握本章内容。

本章重点

- 使用标尺
- 使用参考线
- 使用其他辅助工具
- 使用“附注”面板
- 页面的基本操作

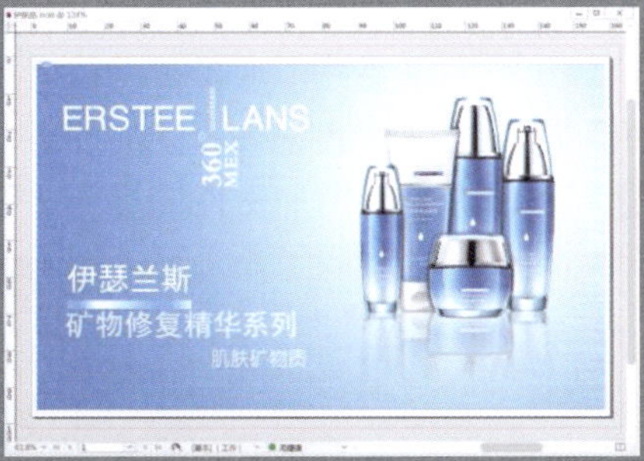

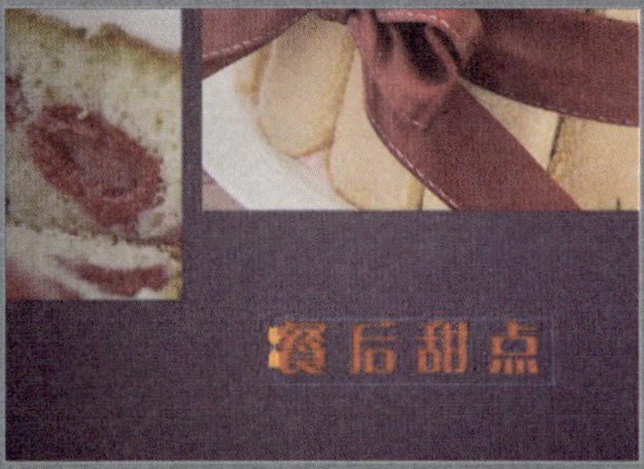

3.1　使用标尺

在 InDesign 2021 中，标尺可以帮助用户确定图像或元素的位置，用户可根据需要对标尺进行显示或隐藏操作。本节主要介绍显示、隐藏和更改标尺的操作方法。

3.1.1　显示标尺

显示标尺

标尺显示了当前鼠标指针所在位置的坐标，使用标尺可以精确选取一定的范围和更准确地对齐对象。下面介绍显示标尺的操作方法。

Step 01　打开图像文件（素材\第 3 章\服饰.indd），如图 3-1 所示。

Step 02　在菜单栏中，单击“视图”|“显示标尺”命令，如图 3-2 所示。

图 3-1　打开图像文件

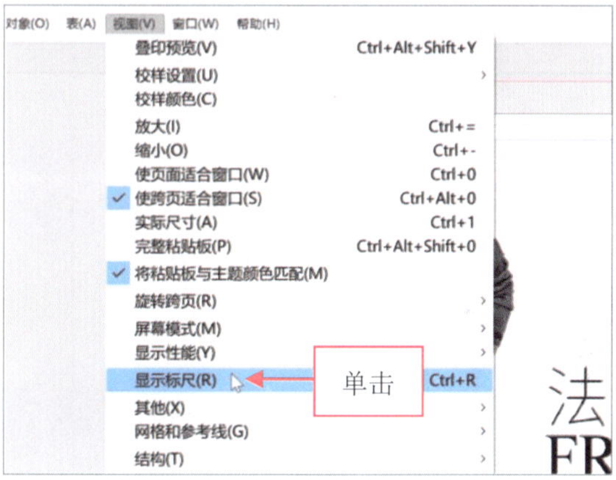

图 3-2　单击“显示标尺”命令

Step 03　执行上述操作后，即可在文档窗口的左侧和上方显示标尺，如图 3-3 所示。

图 3-3　文档窗口的左侧和上方显示标尺

▶ 专家指点

除了运用上述方法可以显示标尺外，还有以下两种方法。

➢ 快捷键：按【Ctrl + R】组合键，可以快速显示或隐藏标尺。

➢ 选项：在文档窗口中的灰色空白区域，单击鼠标右键，在弹出的快捷菜单中选择“显示标尺”选项，也可以快速显示标尺。

3.1.2 隐藏标尺

隐藏标尺

绘制图形或设计图像效果时，如果不需要在文档窗口中显示标尺，此时可以将标尺隐藏起来。下面介绍隐藏标尺的操作方法。

Step 01 在 3.1.1 的基础上，在文档窗口中的灰色空白区域，单击鼠标右键，在弹出的快捷菜单中选择“隐藏标尺”选项，如图 3-4 所示。

Step 02 执行上述操作后，即可隐藏标尺，效果如图 3-5 所示。

图 3-4 选择“隐藏标尺”选项

图 3-5 隐藏标尺的效果

▶ 专家指点

在菜单栏中，单击“视图”|“隐藏标尺”命令，也可以快速隐藏标尺。

3.1.3 更改标尺原点

更改标尺原点

在 InDesign 2021 中，用户还可以更改标尺的原点，使标尺更加符合用户的操作需要。下面介绍更改标尺原点的操作方法。

Step 01 打开图像文件（素材\第 3 章\蛋糕.indd），如图 3-6 所示。

Step 02 将鼠标移至水平标尺与垂直标尺的相交处，按住鼠标左键的同时并拖动至文档窗口中的合适位置，如图 3-7 所示。

图 3-6　打开图像文件

图 3-7　拖动至合适位置

Step 03　释放鼠标左键，即可更改标尺的原点，如图 3-8 所示。

图 3-8　更改标尺的原点

3.1.4　设置标尺单位

在 InDesign 2021 中，用户可以为水平和垂直标尺设定不同的度量单位，为水平标尺设定的系统可以控制制表符、边距、缩进和其他度量，而每个跨页都有独立的垂直标尺。

将光标移至水平标尺或垂直标尺上，单击鼠标右键，在弹出的快捷菜单中可以选择相应的度量单位，如图 3-9 所示。

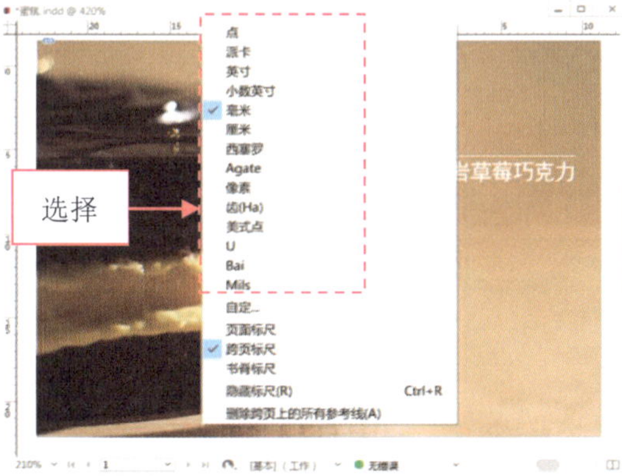

图 3-9　选择相应的度量单位

3.2　使用参考线

参考线在编辑页面时有着非常重要的作用，它是浮在整个对象上不可打印的线，用于在实际操作过程中对对象进行精确定位和对齐操作。本节主要讲解创建、设置、隐藏以及删除参考线的操作方法。

3.2.1　创建参考线

使用参考线可以快速定位图像中某个元素的位置，下面介绍创建参考线的操作方法。

创建参考线

Step 01　打开图像文件（素材\第 3 章\护肤品.indd），如图 3-10 所示。

Step 02　移动鼠标至水平标尺上，按住鼠标左键的同时，向下拖动至文档窗口中的合适位置，释放鼠标左键，即可创建水平参考线，如图 3-11 所示。

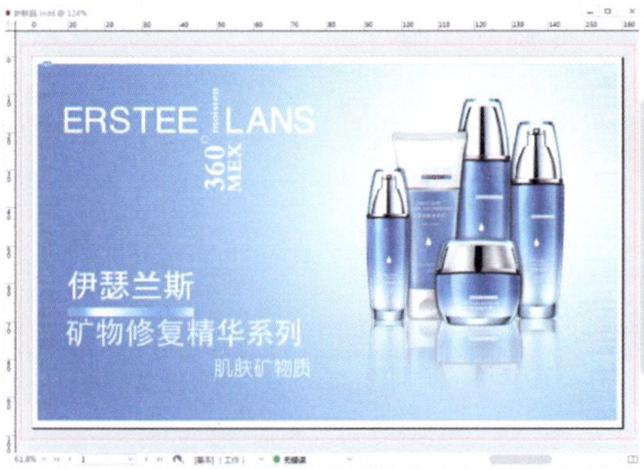

图 3-10　打开图像文件

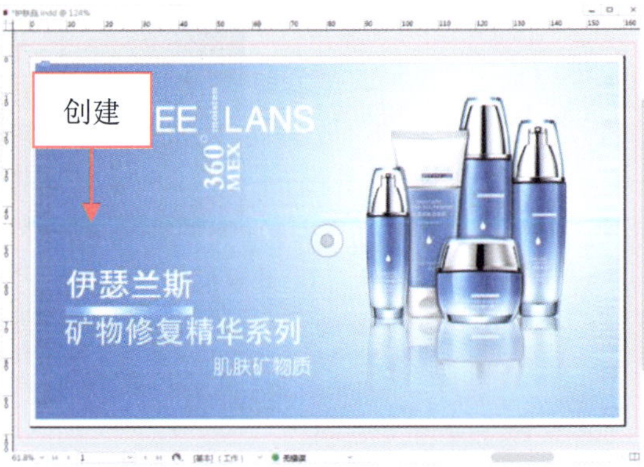

图 3-11　创建水平参考线

Step 03　移动鼠标至垂直标尺上，按住鼠标左键的同时，向右拖动至文档窗口中的合适位置，释放鼠标左键，即可创建垂直参考线，如图 3-12 所示。

Step 04　选择创建的参考线，单击“版面”|“标尺参考线”命令，如图 3-13 所示。

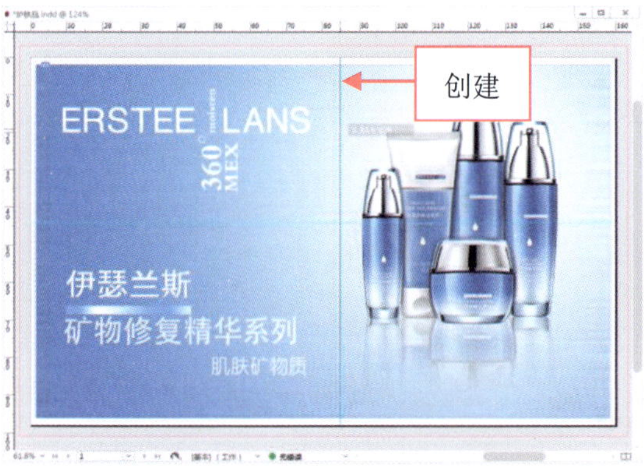

图 3-12　创建垂直参考线

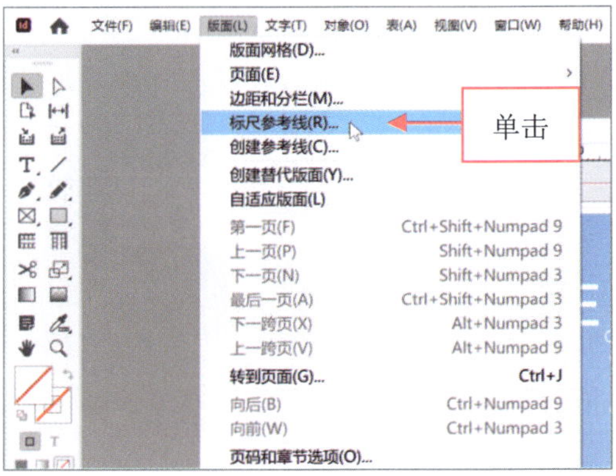

图 3-13　单击“标尺参考线”命令

Step 05　弹出“标尺参考线”对话框，在其中设置“颜色”为“红色”，如图 3-14 所示。

Step 06　单击“确定”按钮，即可将参考线的颜色修改为红色样式，效果如图 3-15 所示。

图 3-14　设置参考线的颜色

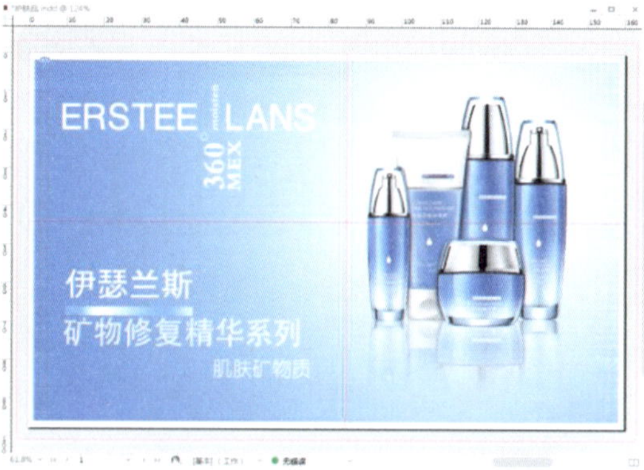

图 3-15　设置为红色的效果

3.2.2　创建等距参考线

创建等距参考线

如果用户想要创建一组等距的页面参考线，可以通过“创建参考线”对话框来进行操作。下面介绍创建等距参考线的操作方法。

Step 01　打开图像文件（素材\第 3 章\零食.indd），如图 3-16 所示。

Step 02　在菜单栏中，单击“版面”|“创建参考线”命令，如图 3-17 所示。

图 3-16　打开图像文件

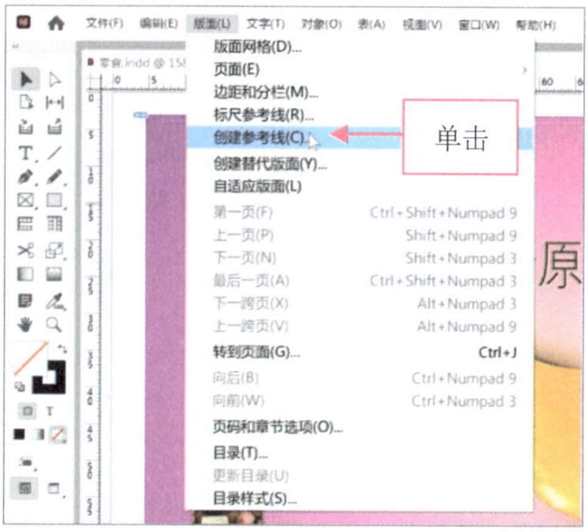

图 3-17　单击“创建参考线”命令

Step 03　弹出“创建参考线”对话框，在其中设置“行数”为 3、“行间距”为 20 毫米，如图 3-18 所示，单击“确定”按钮。

Step 04　执行上述操作后，即可在文档窗口中创建等距参考线，效果如图 3-19 所示。

▶ 专家指点

在“创建参考线”对话框中，“行数”或“栏数”表示需要创建的行或栏的数目；“行间距”和“栏间距”表示需要创建的行或栏的间距效果。

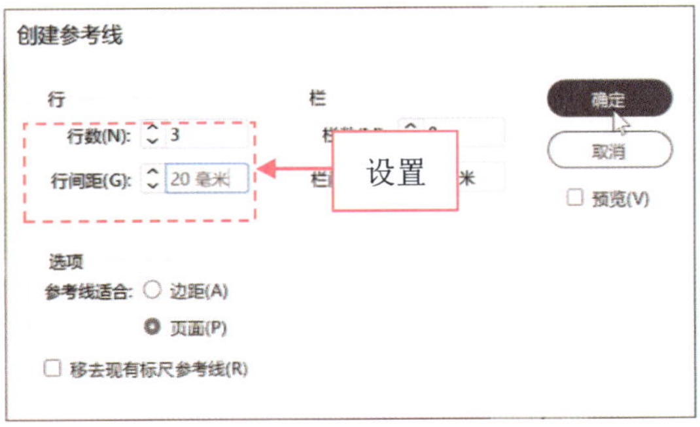

图 3-18　设置行数和行间距

图 3-19　创建等距参考线的效果

3.2.3　隐藏参考线

当用户完成了图像的排版与设计工作后，接下来可以隐藏参考线，方便对效果进行预览，使画面更加干净、整洁。下面介绍隐藏参考线的操作方法。

隐藏参考线

Step 01　在 3.2.2 的基础上，单击“视图”|“网格和参考线”|“隐藏参考线”命令，如图 3-20 所示。

Step 02　执行上述操作后，即可隐藏文档窗口中的所有参考线，效果如图 3-21 所示。

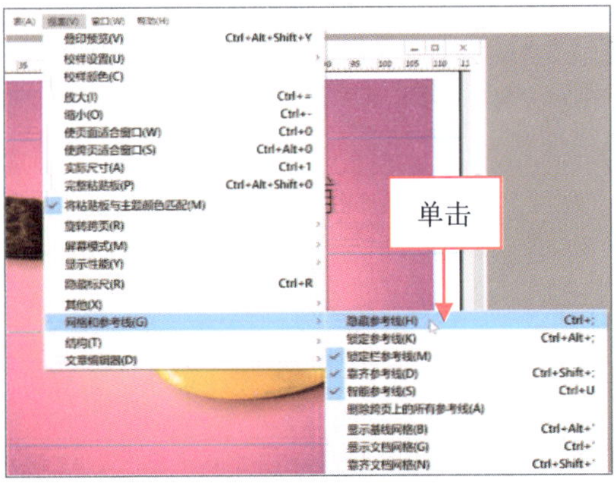

图 3-20　单击“隐藏参考线”命令

图 3-21　隐藏所有参考线

> **▶ 专家指点**
>
> 在 InDesign 2021 中，按【Ctrl + ；】组合键，可以快速隐藏参考线；按【Ctrl + Alt + ；】组合键，可以锁定参考线；按【Ctrl + Shift + ；】组合键，可以靠齐参考线。

3.2.4　删除参考线

在 InDesign 2021 中，删除参考线的方法有以下两种。

第一种：在菜单栏中，单击“视图”|“网格和参考线”|“删除跨页上的所有参考线”命

令，如图 3-22 所示，即可删除文档窗口中的所有参考线。

第二种：在文档窗口中的空白位置上，单击鼠标右键，在弹出的快捷菜单中选择“网格和参考线”|“删除跨页上的所有参考线”选项，如图 3-23 所示，即可快速删除所有参考线。

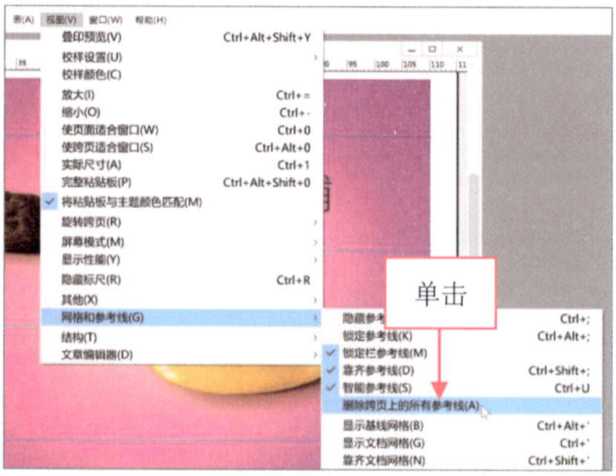

图 3-22　单击相应命令

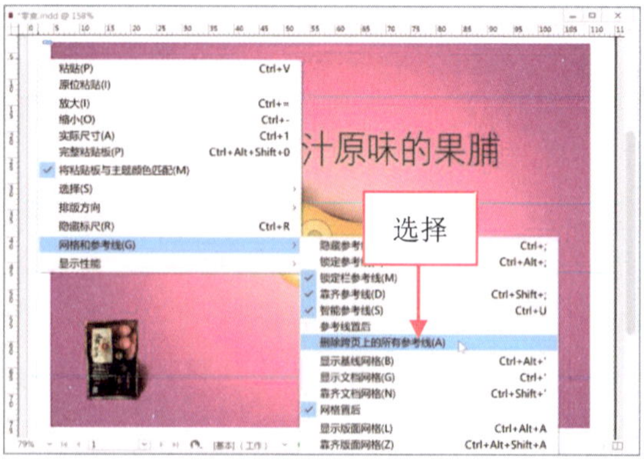

图 3-23　选择相应选项

3.3　使用其他辅助工具

除了标尺和参考线这些常用的辅助工具外，还有一些其他的辅助工具也非常实用，如分栏线、边距线、文档网格以及基线网格等。本节主要介绍其他辅助工具的使用技巧。

3.3.1　使用分栏线和边距线

在 InDesign 2021 中，使用分栏线可以将文档分为两栏、三栏或多栏，使用边距线可以设置文档内容与边界的距离。下面介绍使用分栏线和边距线的操作方法。

使用分栏线和边距线

Step 01 单击“文件”|“新建”|“文档”命令，弹出“新建文档”对话框，在其中设置相应选项，单击“边距和分栏”按钮，如图 3-24 所示。

Step 02 弹出“新建边距和分栏”对话框，在“边距”选项区中可以设置相应的边距参数，在“栏”选项区中设置“栏数”为 2、“栏间距”为 10 毫米，如图 3-25 所示。

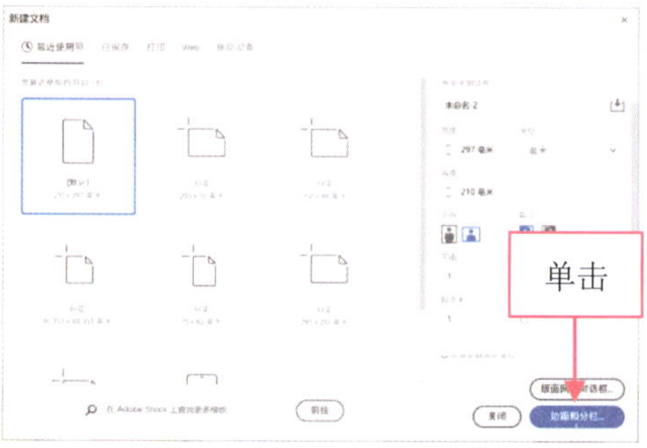

图 3-24　单击“边距和分栏”按钮

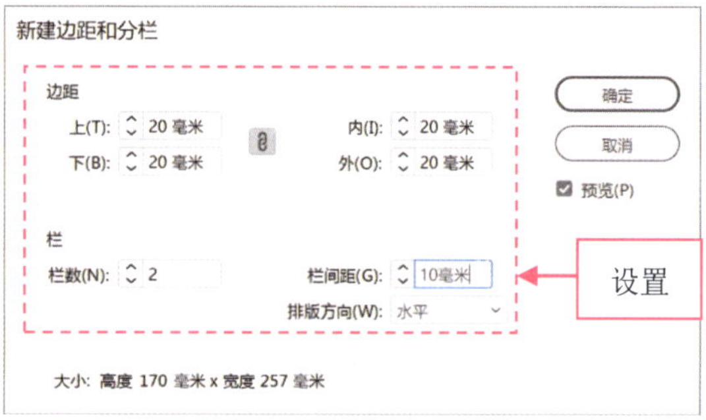

图 3-25　设置相应参数

Step 03　单击“确定”按钮，即可在文档窗口中新建两栏，效果如图 3-26 所示。

Step 04　在文档窗口中的空白位置上，单击鼠标右键，在弹出的快捷菜单中选择“网格和参考线”|“锁定栏参考线”选项，如图 3-27 所示。

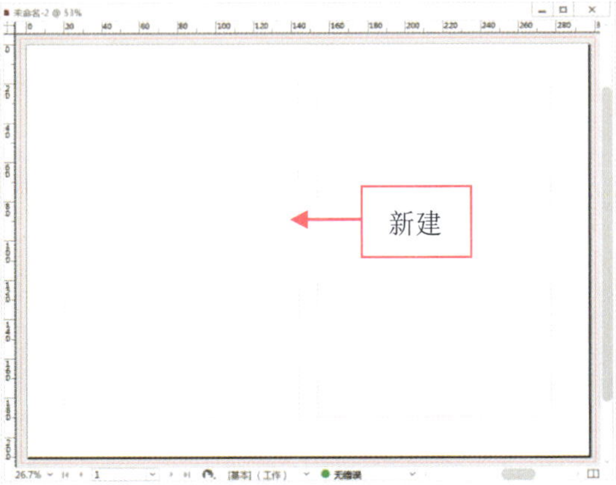

图 3-26　新建两栏的效果

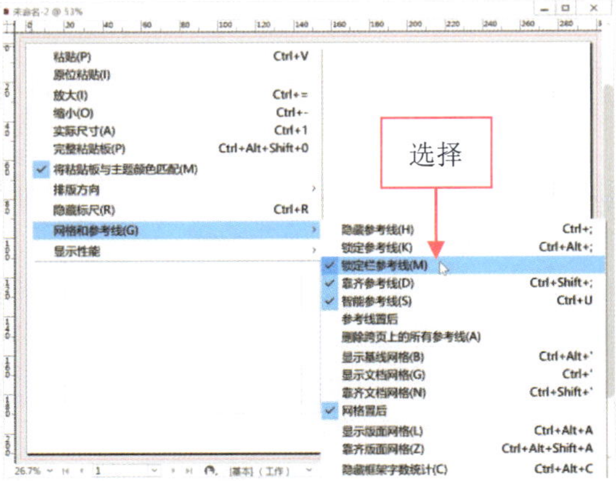

图 3-27　选择“锁定栏参考线”选项

Step 05　执行上述操作后，即可解锁栏参考线，将鼠标移至分栏线上，按住鼠标左键并向左拖动，如图 3-28 所示。

Step 06　至合适位置后释放鼠标左键，即可移动分栏线，效果如图 3-29 所示。

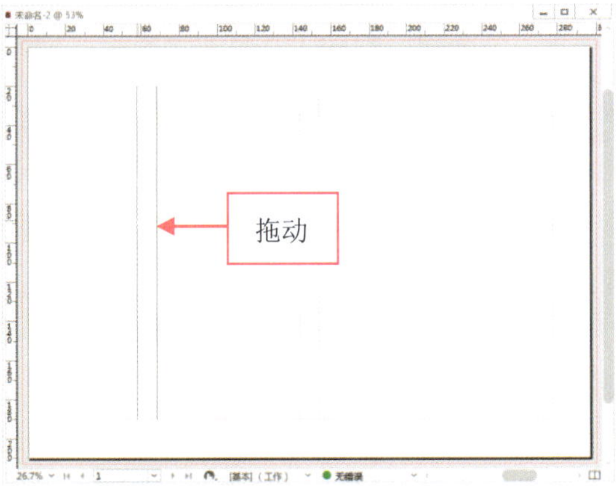

图 3-28　按住鼠标左键并向左拖动

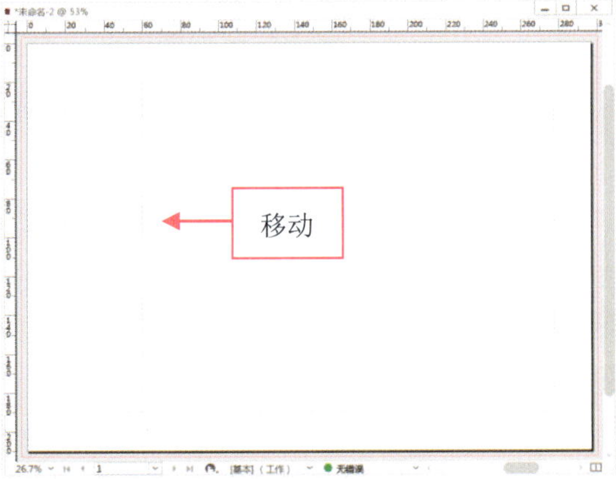

图 3-29　移动分栏线的效果

▶ 专家指点

在 InDesign 2021 中，单击“版面”|“边距和分栏”命令，在弹出的“边距和分栏”对话框中也可以设置页面的边距和分栏参数。

3.3.2　使用文档网格和基线网格

在页面的辅助元素中，文档网格和基线网格是非常实用的辅助排版工具，它能很有效地帮助用户确定文本框、图形以及图像的位置和大小，通常以直线或者小圆点的形式显示在文档窗口中，但不会被打印出来。下面介绍使用文档网格和基线网格的操作方法。

使用文档网格和基线网格

Step 01 在 3.3.1 的基础上，单击“视图”|“网格和参考线”|“显示文档网格”命令，如图 3-30 所示。

Step 02 执行上述操作后，即可显示文档网格效果，如图 3-31 所示。

Step 03 在菜单栏中，单击“视图”|“网格和参考线”|“隐藏文档网格”命令，如图 3-32 所示。

Step 04 执行上述操作后，即可隐藏文档窗口中的网格，如图 3-33 所示。

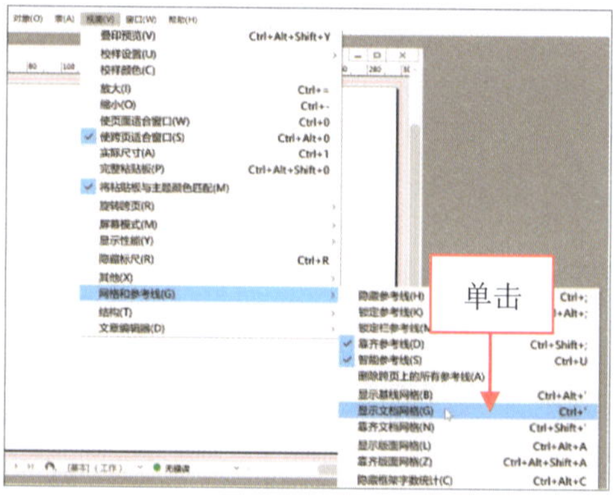

图 3-30　单击“显示文档网格”命令

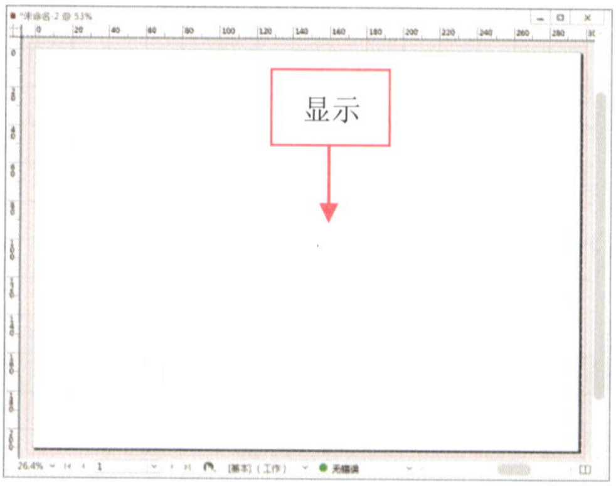

图 3-31　显示文档网格效果

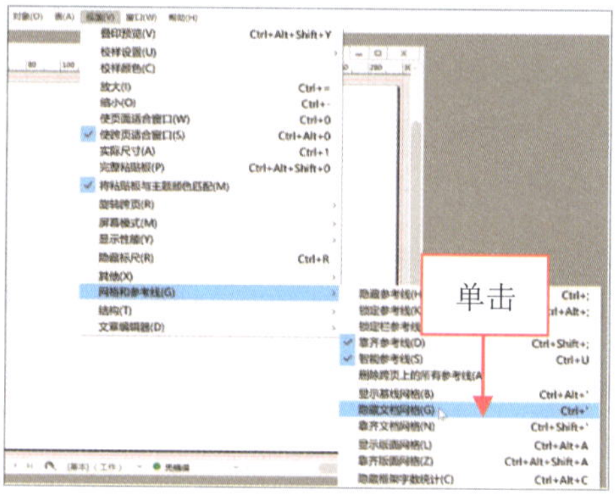

图 3-32　单击“隐藏文档网格”命令

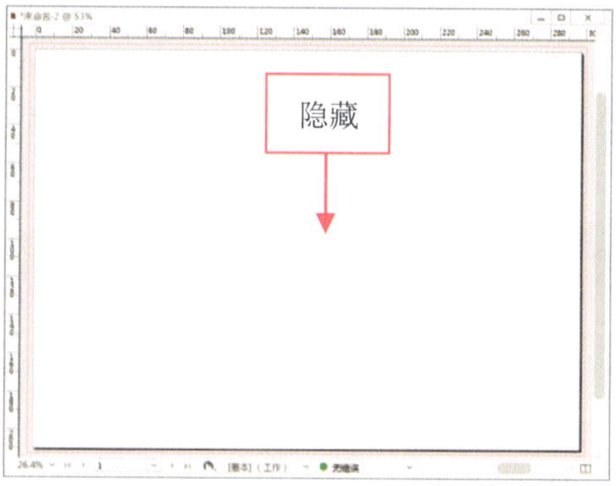

图 3-33　隐藏文档窗口中的网格

▶ 专家指点

在 InDesign 2021 中，按【Ctrl + '】组合键，即可显示或隐藏文档网格效果；按【Ctrl + Alt + '】组合键，即可显示或隐藏基线网格效果。

Step 05 在菜单栏中，单击“视图”|“网格和参考线”|“显示基线网格”命令，如图 3-34 所示。

Step 06 执行上述操作后，即可显示基线网格效果，如图 3-35 所示。如果单击“显示基线网格”命令后，文档窗口中没有看到基线网格，可能是页面显示比例太小，此时选取缩放显示工具放大页面，即可看到文档窗口中的基线网格效果。

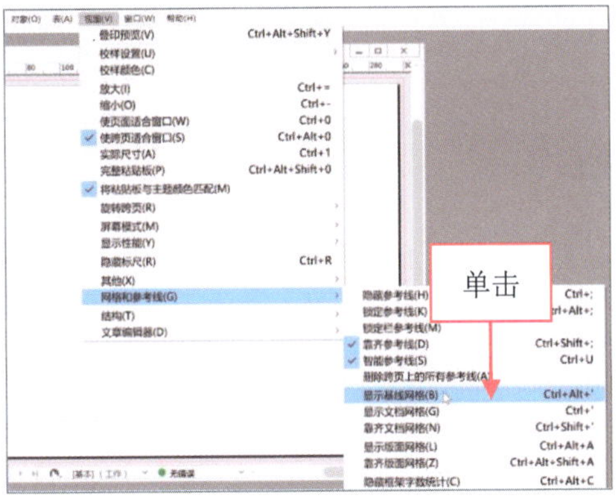

图 3-34　单击“显示基线网格”命令

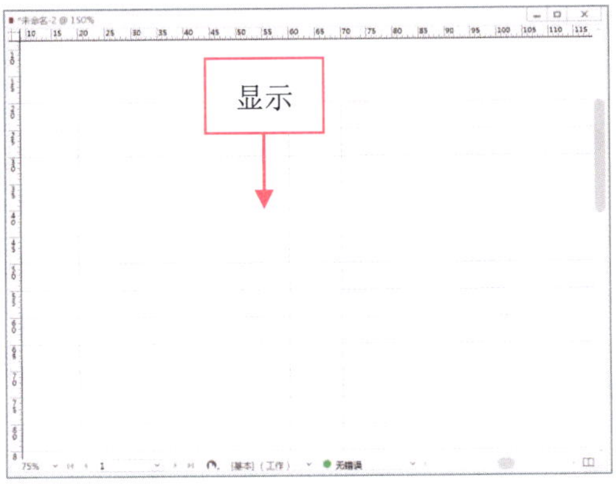

图 3-35　显示基线网格效果

3.3.3　使用文档布局网格

在文档中布局网格效果可以使文字对齐网格线，使文档中的排版效果更加美观。在 InDesign 2021 中使用文档布局网格的操作方法有两种，下面分别进行讲解。

1. 为整个版面添加网格效果

使用“显示版面网格”命令可以为整个页面添加网格效果，具体操作方法如下。

为整个版面添加网格效果

Step 01　打开图像文件（素材\第 3 章\草莓.indd），如图 3-36 所示。

Step 02　在文档窗口中的空白区域，单击鼠标右键，在弹出的快捷菜单中选择“网格和参考线”|“显示版面网格”选项，如图 3-37 所示。

图 3-36　打开图像文件

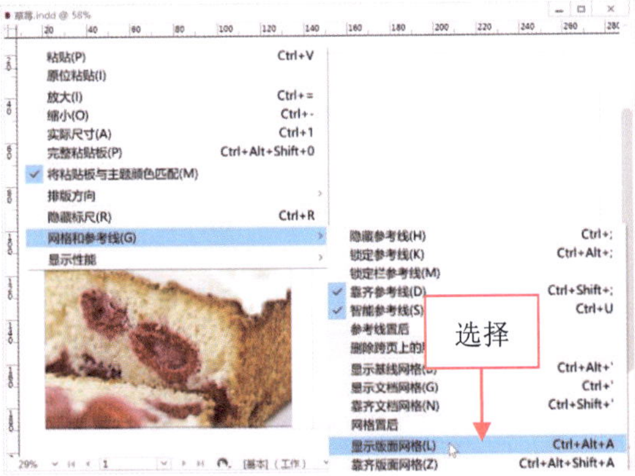

图 3-37　选择“显示版面网格”选项

▶ 专家指点

在 InDesign 2021 中，按【Ctrl + Alt + A】组合键，即可快速显示版面网格；还可以在菜单栏中单击“视图”|“网格和参考线”|“显示版面网格”命令，也可以快速显示网格。

Step 03　执行上述操作后，即可为整个版面添加网格效果，如图 3-38 所示。

图 3-38　为整个版面添加网格效果

2. 使用工具创建水平或垂直网格

在 InDesign 2021 的工具箱中，使用水平网格工具或垂直网格工具可以创建水平或垂直的网格效果。下面介绍使用工具创建水平或垂直网格的操作方法。

使用工具创建水平或垂直网格

Step 01 打开上一例的素材文件，在工具箱中选取水平网格工具，如图 3-39 所示。

Step 02 将鼠标移至文档窗口的右侧，按住鼠标左键并向右下角拖动，至合适位置后释放鼠标，即可创建水平网格效果，如图 3-40 所示。

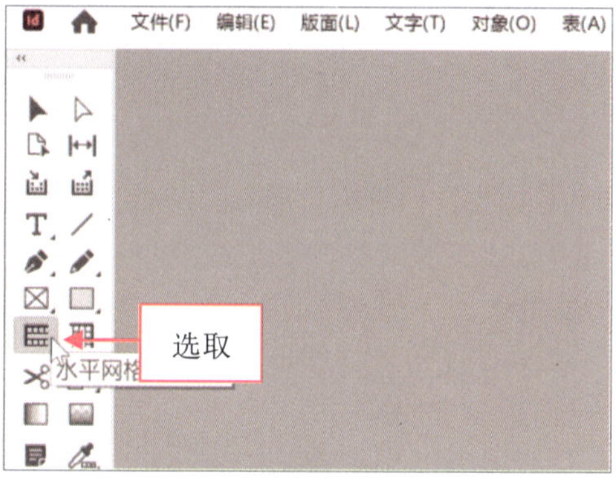

图 3-39　选取水平网格工具

图 3-40　创建水平网格效果

▶ 专家指点

在 InDesign 2021 中创建好水平网格后，在网格的下方有一行数字，如 31W × 12L = 372，其中 31W 表示每一行的字符数为 31 格，12L 表示每栏的行数为 12 行，372 表示该水平网格包含的单元格数量。

Step03 在工具箱中，选取垂直网格工具▥，如图 3-41 所示。

Step04 将鼠标移至文档窗口的右侧，按住鼠标左键并向右下角拖动，至合适位置后释放鼠标，即可创建垂直网格效果，如图 3-42 所示。

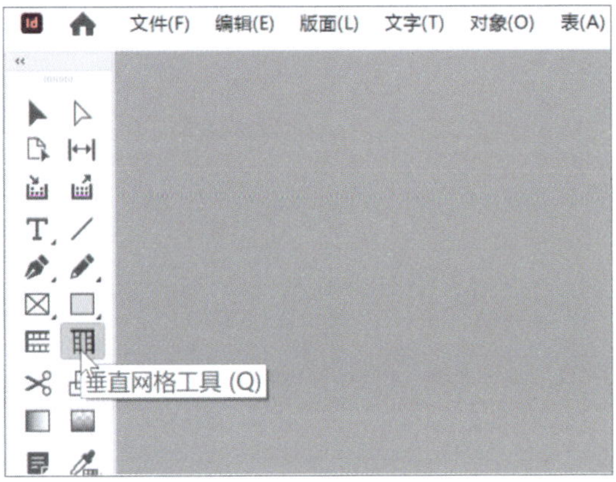

图 3-41　选取垂直网格工具

图 3-42　创建垂直网格效果

▶ 专家指点

按【Y】键，可以切换至水平网格工具；按【Q】键，可以切换至垂直网格工具。

Step05 在工具箱中，选取文字工具T，如图 3-43 所示。

Step06 将鼠标移至第一个网格中，单击鼠标左键，定位光标的位置，然后输入相应文本内容，此时文本会自动对齐网格，效果如图 3-44 所示。

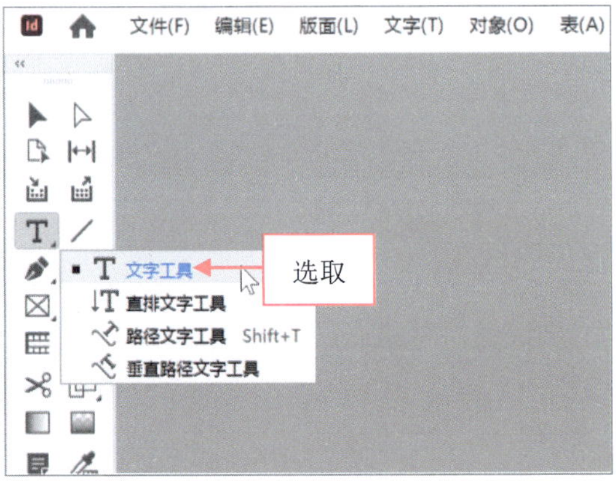

图 3-43　选取文字工具

图 3-44　文本会自动对齐网格

▶ 专家指点

当用户在网格中输入相应的文本内容后，网格下方的一行数字后面有一个括号，在括号中显示了 87 的字样，表示已经输入了 87 个字符。

3.4　使用“附注”面板

“附注”面板的主要功能是为文档窗口中的文字添加注释说明，使编辑同一个图像文件的其他人员看到该注释信息时，方便对文档进行操作。本节主要讲解添加与删除附注内容的操作方法，希望读者熟练掌握本节内容。

3.4.1　添加附注

添加附注

下面介绍使用附注工具为文字添加注释内容的方法，具体操作步骤如下。

Step 01 打开图像文件（素材\第 3 章\餐后甜点.indd），如图 3-45 所示。

Step 02 在工具箱中，选取附注工具，如图 3-46 所示。

图 3-45　打开图像文件

图 3-46　选取附注工具

Step 03 在文档窗口中的文字前面单击鼠标左键，确定附注的位置，此时弹出“附注”面板，在其中输入相应的附注内容，如图 3-47 所示。

Step 04 输入完成后，此时文字前面将显示一个附注符号，如图 3-48 所示。

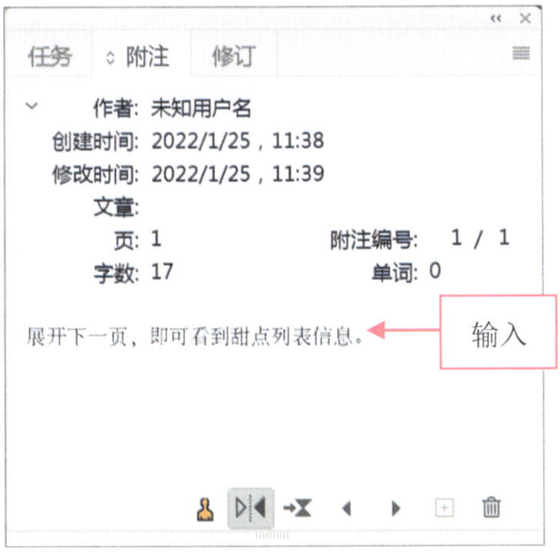

图 3-47　输入相应的附注内容

图 3-48　显示一个附注符号

3.4.2 删除附注

在排版与设计的过程中，如果用户不再需要使用附注内容，此时可以将附注内容删除。删除的方法很简单，只需在“附注”面板中，单击右下角的“删除附注”按钮，如图 3-49 所示；执行上述操作后，即可删除附注内容，如图 3-50 所示。

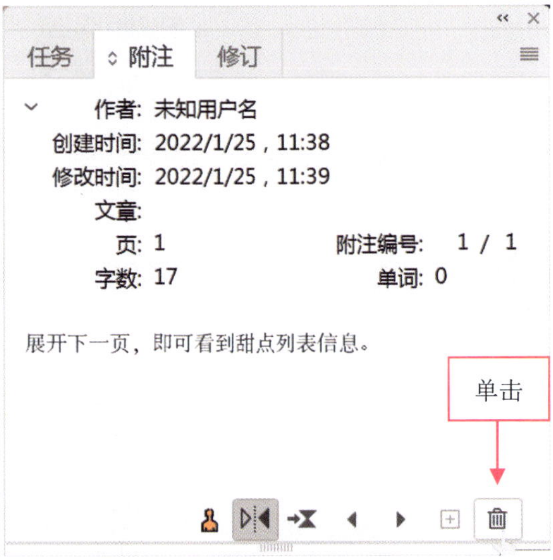

图 3-49 单击“删除附注”按钮

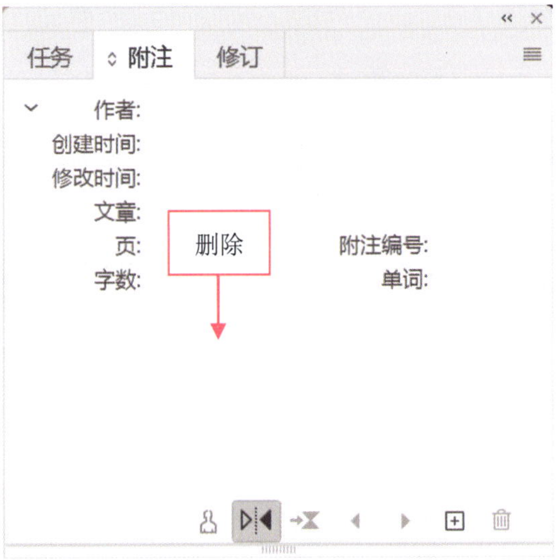

图 3-50 删除附注内容

3.5 页面的基本操作

页面是指在报纸、书籍的一面中，图文部分和空白部分的总和，也就是一页纸的幅面。页面一般由版心、页面和页码等部分组成，版心位于版面的中间，是编排正文内容的区域。在 InDesign 2021 中进行设计与排版时，首先需要对页面进行编辑与设计。本节主要讲解页面的基本操作，希望读者熟练掌握本节内容。

3.5.1 熟悉“页面”面板

在 InDesign 2021 中，单击“窗口”|“页面”命令，即可展开“页面”面板，在其中可以控制页面、跨页和主页的相关信息，如图 3-51 所示。

在“页面”面板中，各主要区域与按钮含义如下。

➢ 主页区域：主页的功能类似于模板，可以对每页中重复的内容进行集中编辑与管理，比如管理页面中的页眉和页脚等重复的对象。

➢ 页面：在页面中可以编辑和排版文字、图形以及图像等对象，可以管理页面中不同的对象，使其美观地呈现在版面中。

➢ “编辑页面大小”按钮：单击该按钮，在弹出的列表框中选择相应的选项，可以设置页面的大小，如 A1、A2、A3、A4 以及 A5 纸型等，如图 3-52 所示。

- “新建页面”按钮⊞：单击该按钮，可以新建一个页面。
- “删除选中页面”按钮🗑：单击该按钮，可以删除当前选择的页面。

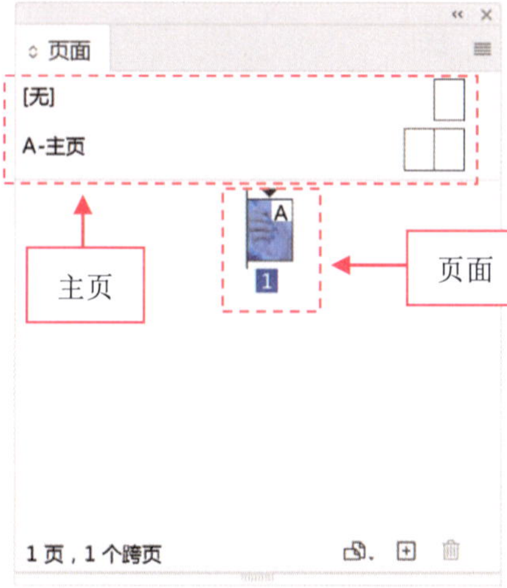

图 3-51　展开“页面”面板

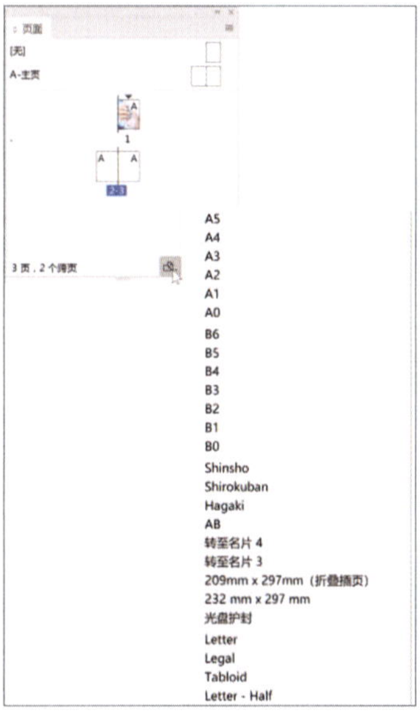

图 3-52　“编辑页面大小”列表框

3.5.2　添加页面

在出版物的排版过程中，需要创建多个页面跨页，以满足排版设计的需要。用户可以通过以下三种方法添加页面。

- 在“页面”面板中，单击“新建页面”按钮⊞，即可新建页面，下方显示了数字 2，表示第二页，如图 3-53 所示。

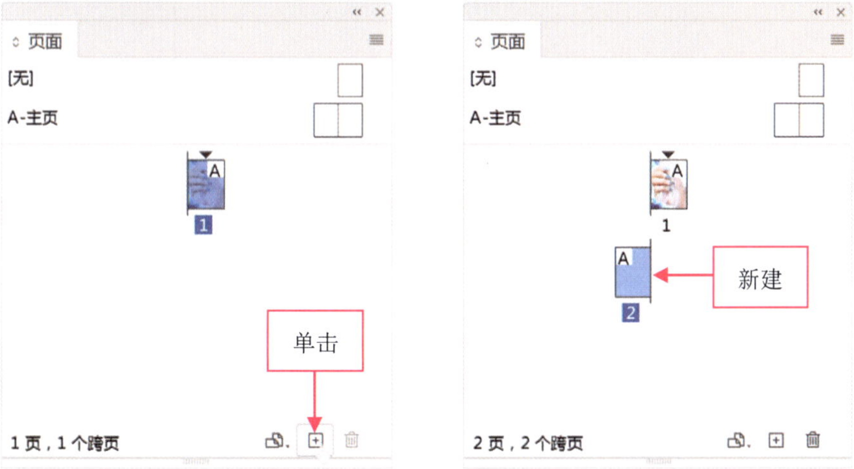

图 3-53　单击按钮新建页面

➢ 在菜单栏中，单击“版面”|“页面”|“添加页面”命令，也可以快速新建页面，下方显示了数字 3，表示第三页，如图 3-54 所示。

➢ 在“页面”面板中，将鼠标移至“A-主页”右侧的白色按钮上，按住鼠标左键并拖动至面板下方的空白位置处，释放鼠标左键，即可添加一个页面，如图 3-55 所示。

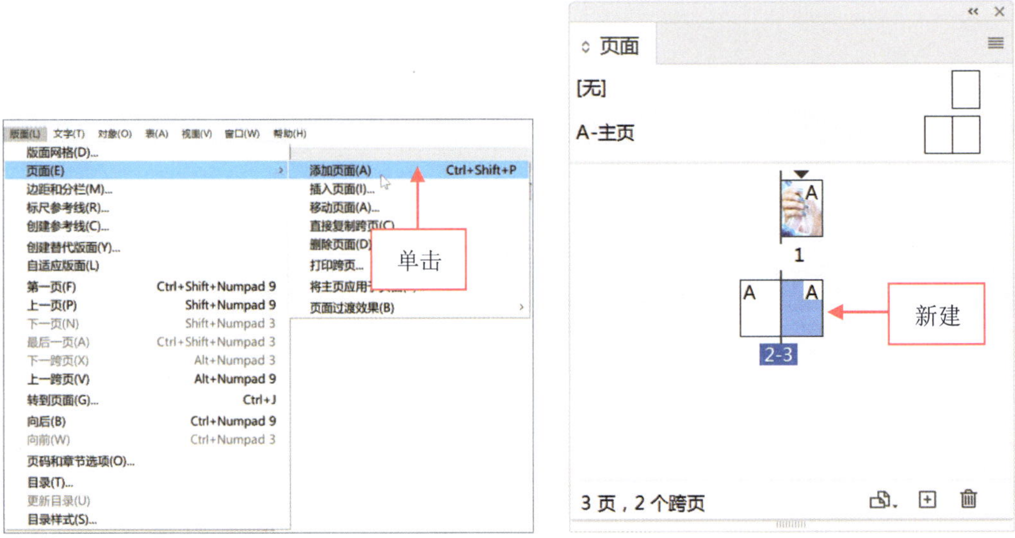

图 3-54 单击命令新建页面

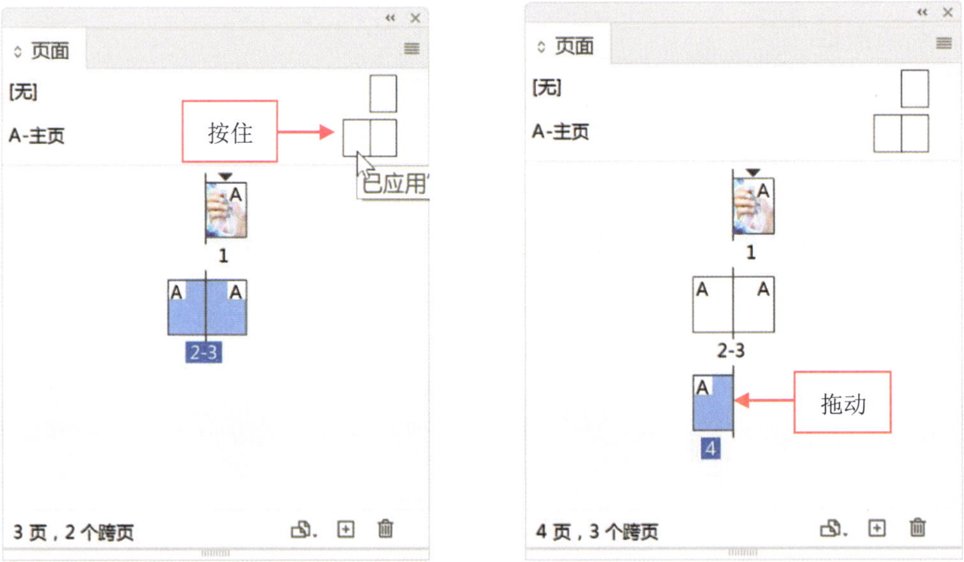

图 3-55 通过拖动的方式新建页面

3.5.3 插入多个页面

插入多个页面

通过 3.5.2 的操作方法，一次只能添加一个页面，如果需要一次性插入多个页面，用户可以通过以下方法进行操作。

Step 01　打开图像文件（素材\第 3 章\长颈鹿.indd），如图 3-56 所示。

Step 02　在“页面”面板中，可以看到目前版面中一共有三页，如图 3-57 所示。

图 3-56　打开图像文件

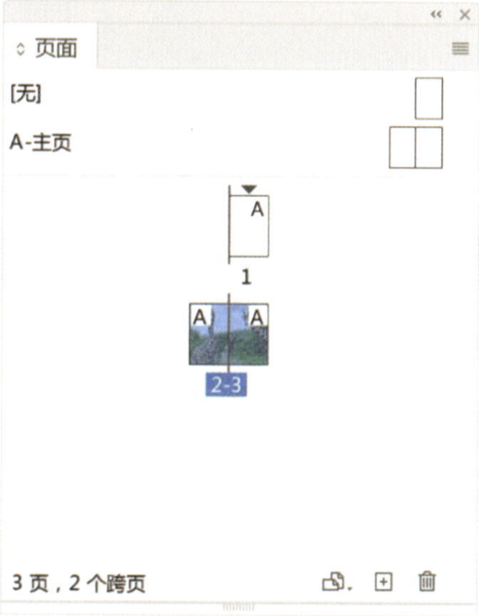

图 3-57　“页面”面板

Step 03　在菜单栏中，单击“版面”|“页面”|“插入页面”命令，如图 3-58 所示。

Step 04　弹出“插入页面”对话框，在其中设置“页数”为 2，表示插入两页，如图 3-59 所示。

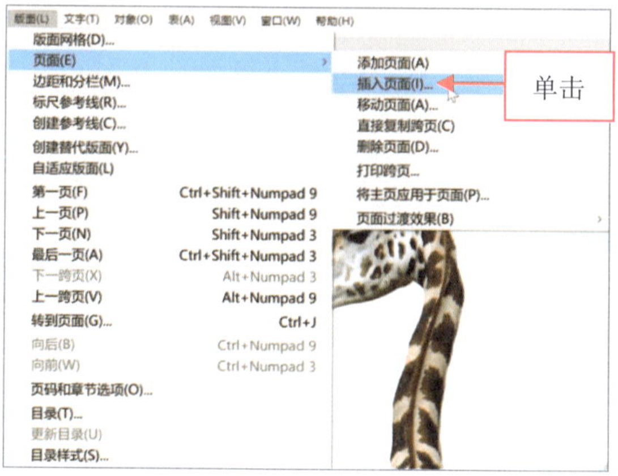

图 3-58　单击“插入页面”命令

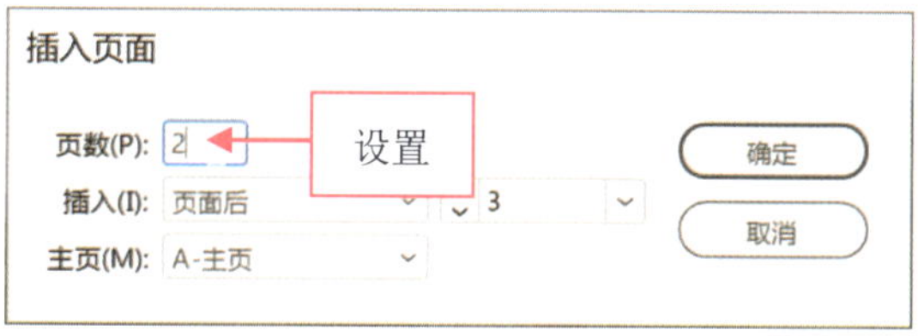

图 3-59　设置“页数”为 2

Step 05　单击“确定”按钮，即可在“页面”面板中插入两页空白内容，如图 3-60 所示。

Step 06　用户还可以在“页面”面板中，单击右上角的面板属性按钮≡，在弹出的列表框中选择“插入页面”选项，如图 3-61 所示。

Step 07　弹出“插入页面”对话框，在其中设置“页数”为 4，表示插入四页，如图 3-62 所示。

Step 08　单击“确定”按钮，即可在“页面”面板中插入四页空白内容，如图 3-63 所示。

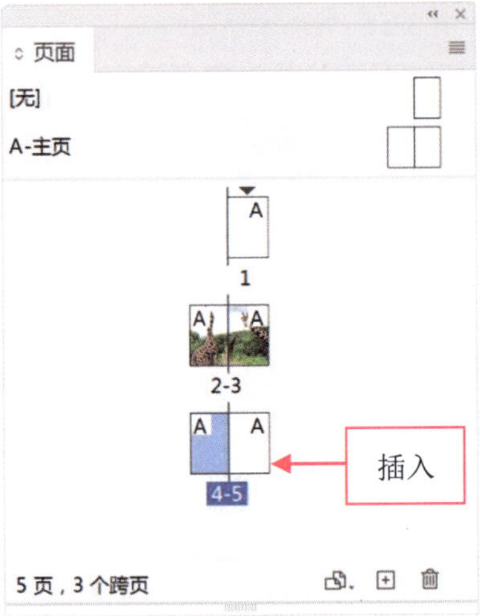

图 3-60　插入两页空白内容

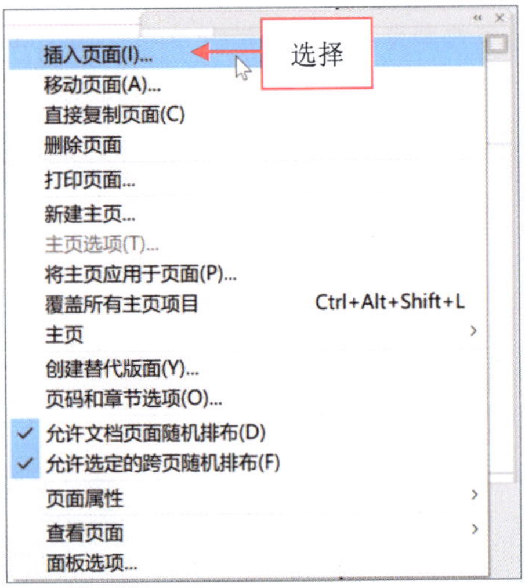

图 3-61　选择“插入页面”选项

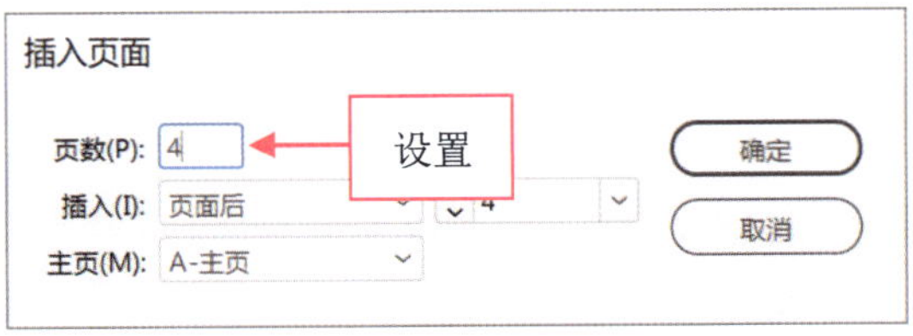

图 3-62　设置“页数”为 4

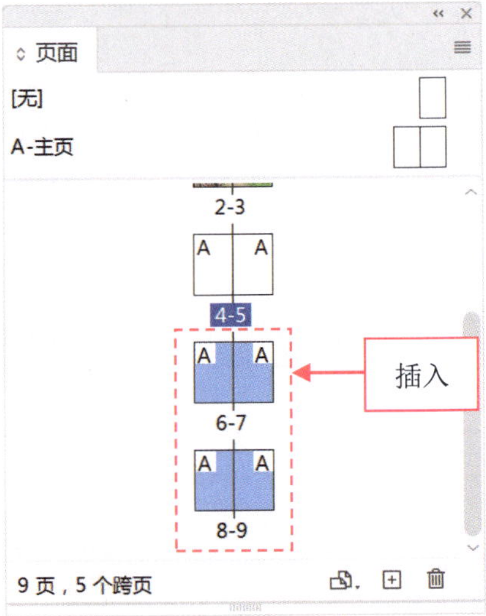

图 3-63　插入四页空白内容

3.5.4　移动页面

移动页面

在“页面”面板中，用户可根据需要调整页面的顺序，对页面进行移动操作。下面介绍移动页面的操作方法。

Step 01　打开图像文件（素材\第 3 章\风光.indd），如图 3-64 所示。

Step 02　在“页面”面板中，可以看到目前版面中一共有五页，用鼠标选择最后一页，如图 3-65 所示。

图 3-64　打开图像文件

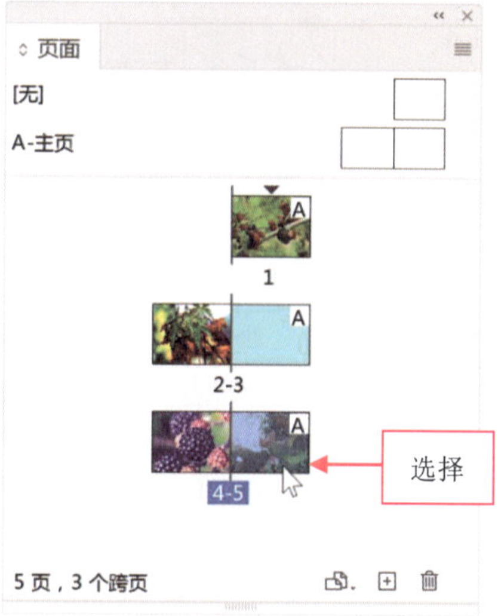

图 3-65　用鼠标选择最后一页

Step 03　按住鼠标左键并拖动至第二页的前面，释放鼠标左键，即可移动页面的位置，如图 3-66 所示。

Step 04　在“页面”面板中，选择第一页，如图 3-67 所示。

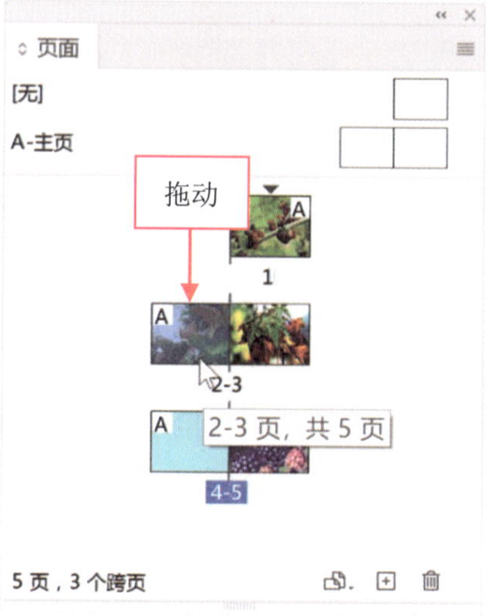

图 3-66　移动页面的位置

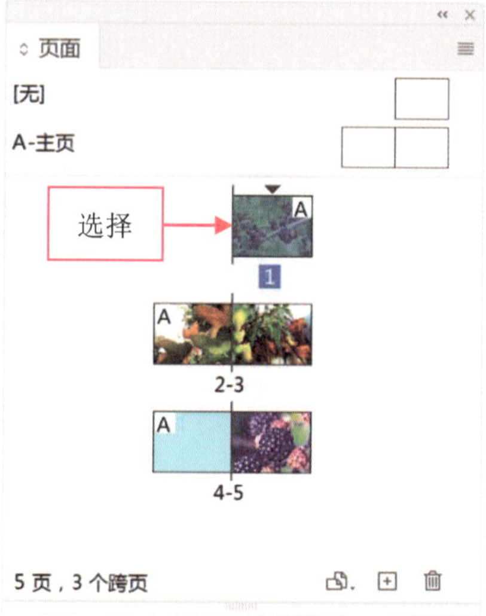

图 3-67　选择第一页

Step 05　在菜单栏中，单击“版面”|“页面”|“移动页面”命令，如图 3-68 所示。

Step 06　弹出“移动页面”对话框，设置“页面后”为 5，表示从第一页移至第五页的位置，如图 3-69 所示。

Step 07　设置完成后，单击“确定”按钮，即可移动页面的位置到第五页，如图 3-70 所示。

Step 08　在文档窗口中，可以预览排版的图像效果，如图 3-71 所示。

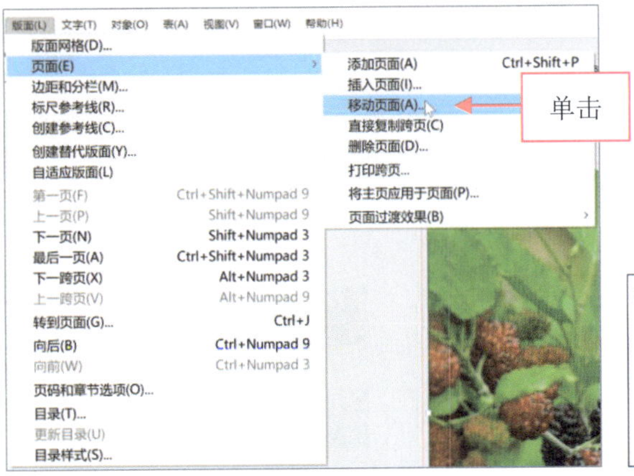

图 3-68　单击“移动页面”命令

图 3-69　设置“页面后”为 5

▶ 专家指点

在“页面”面板中，单击右上角的面板属性按钮≡，在弹出的列表框中选择“移动页面”选项，也可以弹出“移动页面”对话框。

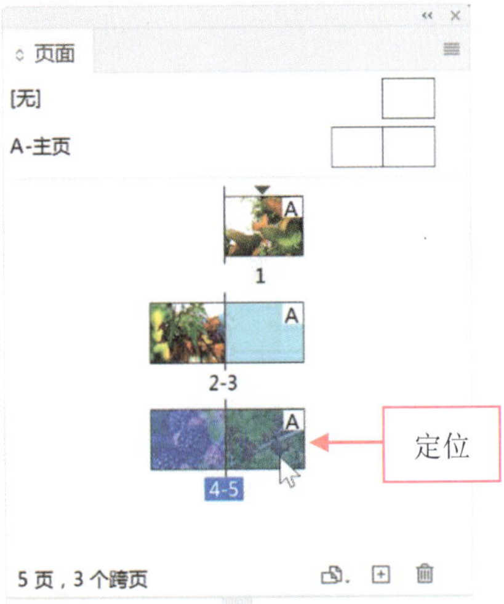

图 3-70　定位页面的位置

图 3-71　预览排版的图像效果

▶ 专家指点

在 InDesign 2021 中，当一个版面中有几十页的时候，此时移动页面功能就非常实用，因为一页一页的移动操作很麻烦，而“移动页面”功能可以快速移动到页面的具体位置。

3.5.5　删除页面

如果文档窗口中有多余的页面，此时可以对页面进行删除操作。下面介绍两种删除页面的方法。

第一种：在“页面”面板中选择不需要的页面，单击鼠标右键，在弹出的快捷菜单中选择“删除页面”选项，如图 3-72 所示，即可删除页面。

第二种：单击“页面”面板右上角的面板属性按钮≡，在弹出的列表框中选择“删除页面”选项，如图 3-73 所示，即可删除页面。

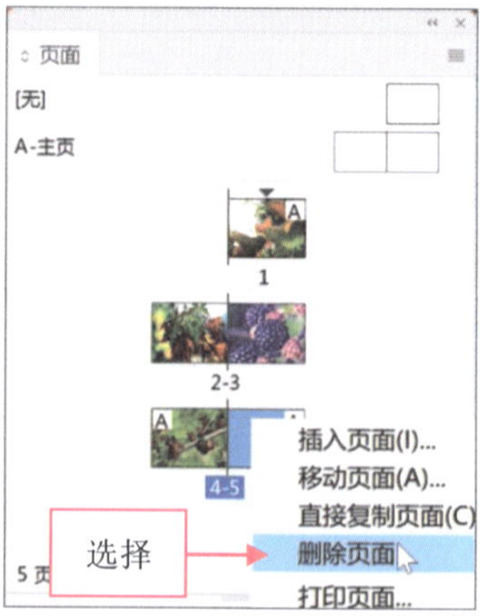

图 3-72　选择“删除页面”选项（1）

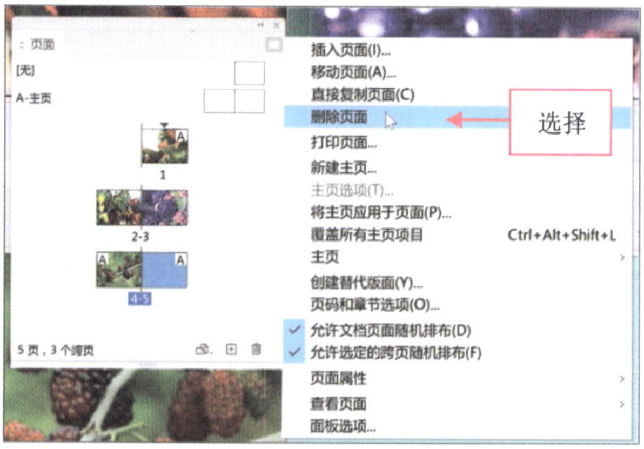

图 3-73　选择“删除页面”选项（2）

> **▶ 专家指点**
>
> 在 InDesign 2021 中，单击“版面”|“页面”|“删除页面”命令，也可以快速删除选择的页面。

3.5.6　新建主页

如果一个文档中有多个不同的页面版式，而且需要重复利用的，此时可以创建多个主页，对源主页进行的更改都会自动应用到所有基于它的页面中，这是一种对文档中的多个页面进行版面更改的简便方法。下面介绍新建主页的操作方法。

新建主页

Step 01　打开图像文件（素材\第 3 章\春季新品.indd），如图 3-74 所示。

Step 02　在“页面”面板中，单击右上角的面板属性按钮≡，在弹出的列表框中选择“新建主页”选项，如图 3-75 所示。

图 3-74　打开图像文件

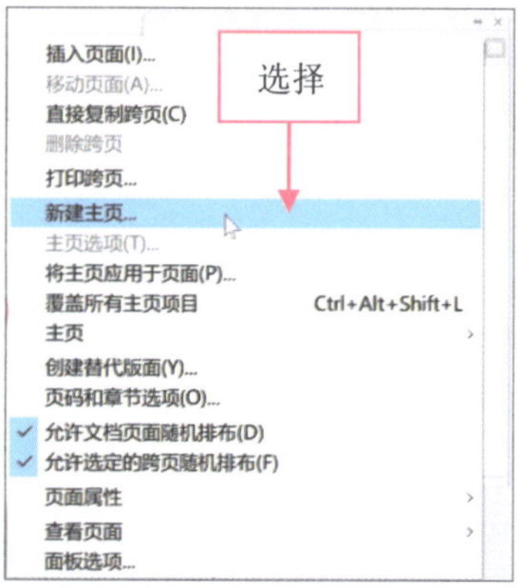

图 3-75　选择“新建主页”选项

Step 03　弹出“新建主页”对话框，在其中可以设置主页的相关参数，如图 3-76 所示。

Step 04　单击“确定”按钮，即可新建 B-主页，“页面”面板如图 3-77 所示。

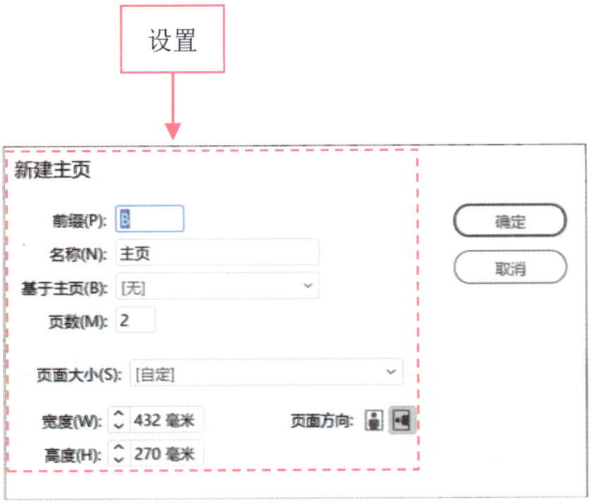

图 3-76　设置主页的相关参数

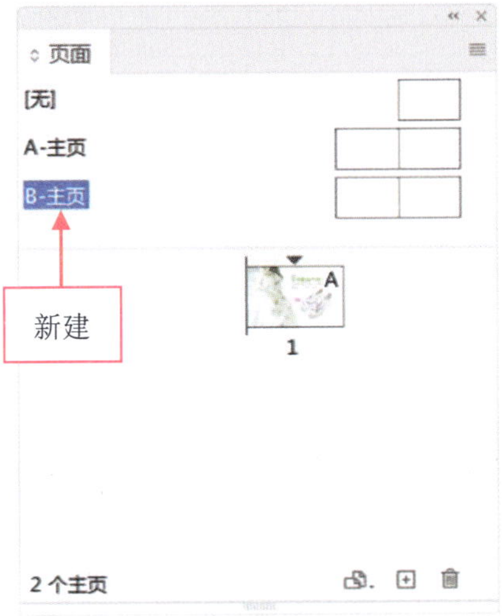

图 3-77　新建 B-主页

▶ 专家指点

除了上述方法可以新建主页外，用户还可以在“页面”面板的主页区域，单击鼠标右键，在弹出的快捷菜单中选择“新建主页”选项，如图 3-78 所示，即可新建一个主页。

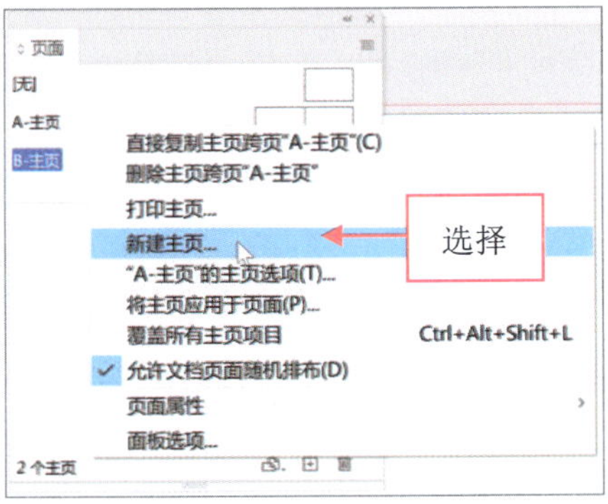

图 3-78　选择“新建主页”选项

3.5.7　将主页应用于页面

当重新新建一个主页模板后，可以将该主页应用于文档中的其他页面。操作方法很简单，只需在“页面”面板中选择相应的主页，单击鼠标右键，在弹出的快捷菜单中选择“将主页应用于页面”选项，如图 3-79 所示；弹出“应用主页”对话框，在其中设置相应选项，比如将哪一个主页应用于哪一个页面，如图 3-80 所示，单击“确定”按钮即可。

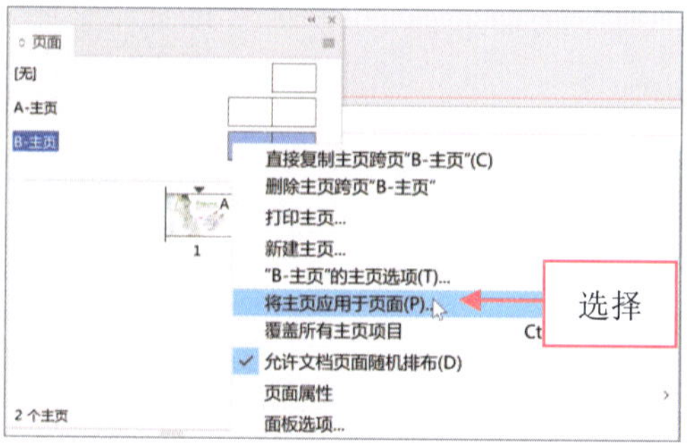

图 3-79　选择“将主页应用于页面”选项

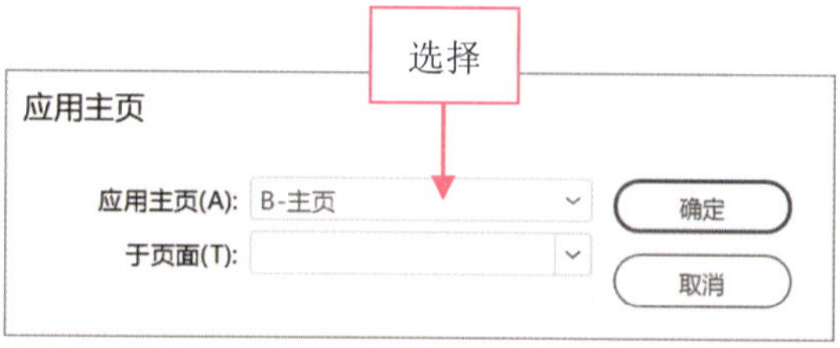

图 3-80　弹出“应用主页”对话框

▶ 专家指点

在 InDesign 2021 中，用户还可以通过以下两种方法执行“将主页应用于页面”命令。

➢ 选项：在“页面”面板中，单击右上角的面板属性按钮≡，在弹出的列表框中选择“将主页应用于页面”选项。

➢ 命令：在菜单栏中，单击“版面”|“页面”|“将主页应用于页面”命令。

在 InDesign 2021 中，用户还可以直接将相应的主页拖动至下方的页面区域中，A、B 主页可以混合编排，页面中显示了主页的类型，如图 3-81 所示。用户可以随时更改源主页中的内容或元素信息，所做的更改会全部应用于该主页的所有页面中。

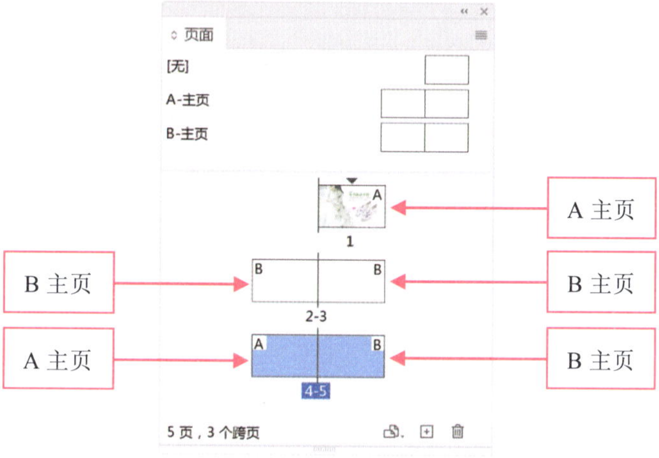

图 3-81　A、B 主页可以混合编排

本章小结

本章主要向读者介绍了 InDesign 2021 中辅助工具与页面操作的方法，包括使用标尺、使用参考线、使用分栏线和边距线、使用文档网格和基线网格、添加和删除附注以及页面的基本操作等内容。通过对本章的学习，希望读者能够对 InDesign 2021 中的辅助工具有很好的掌握，并能熟练操作文档页面。

课后习题

课后习题

鉴于本章知识的重要性，为了帮助读者更好地掌握所学知识，本节将通过上机习题，帮助读者进行简单的知识回顾和补充。

本习题需要掌握创建水平网格的方法，并在网格中输入文字内容，效果如图 3-82 所示。

图 3-82　创建水平网格并输入文字内容

第 4 章 绘制版式中的图形对象

在 InDesign 2021 中，任何复杂的图形都可以分解为简单的点、线、面等基本图形。使用工具箱中的直线工具、矩形工具、椭圆工具、多边形工具以及钢笔工具等，均可方便地绘制出图形对象。本章主要向读者介绍绘制直线、矩形、圆形、多边形以及不规则图形的操作方法。

本章重点

- 使用直线工具
- 使用矩形工具
- 使用椭圆工具
- 使用多边形工具
- 使用钢笔工具
- 使用铅笔工具

4.1　使用直线工具

使用直线工具可以快速绘制出直线段，直线是各种绘图中比较常用、简单的图形对象，只要指定了起点和终点即可绘制一条直线。本节主要讲解使用直线工具绘制直线的方法。

4.1.1　绘制直线

直线是绘图中最常用的对象，在一条由多条线段连接而成的简单直线中，每条线段都是一个单独的直线对象。下面介绍绘制直线的操作方法。

绘制直线

Step 01 打开图像文件（素材\第 4 章\四件套.indd），如图 4-1 所示。

Step 02 在工具箱中，选取直线工具，如图 4-2 所示。

图 4-1　打开图像文件

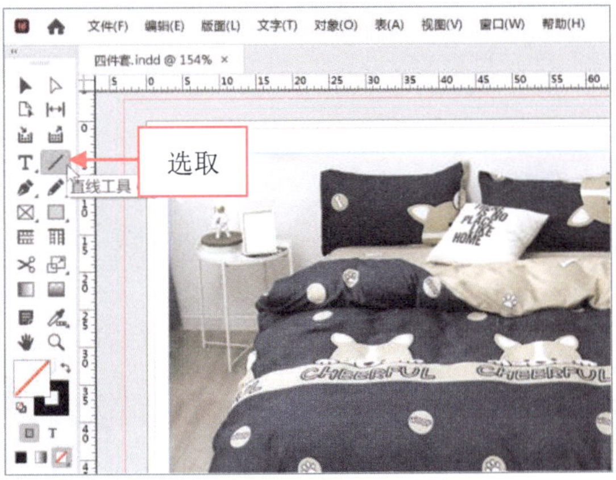

图 4-2　选取直线工具

Step 03 将鼠标移至左侧图片的下方，按住鼠标左键并向右下方拖动，如图 4-3 所示。

Step 04 至合适位置后释放鼠标左键，即可绘制一条直线，如图 4-4 所示。

图 4-3　向右下方拖动

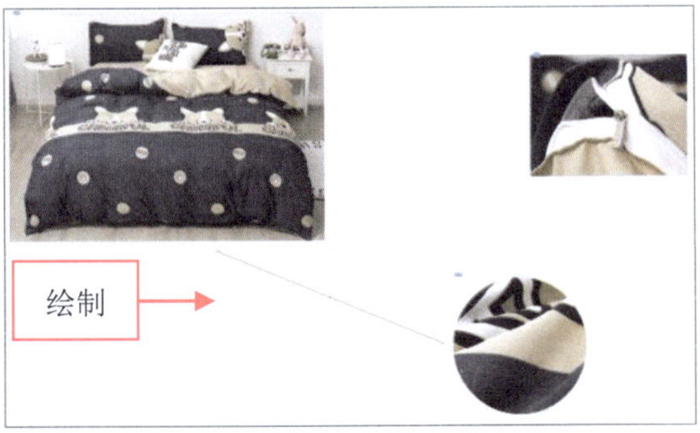

图 4-4　绘制一条直线

Step 05 如果用户想绘制出水平或垂直的直线，只需要在绘制直线的时候按住【Shift】键的同时进行拖动，即可绘制出水平或垂直的直线，如图 4-5 所示。

Step 06 选择下方的斜线，在“属性”面板中设置“描边”为 2 点，如图 4-6 所示。

图 4-5　绘制出水平直线

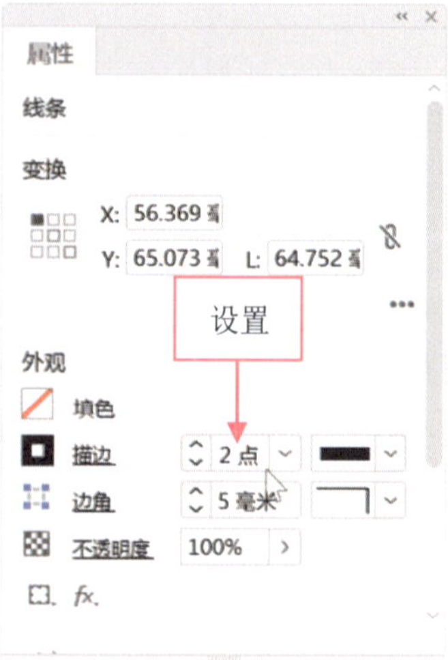

图 4-6　设置“描边”为 2 点

Step 07 执行上述操作后，即可更改直线的粗细，使直线更加显眼，如图 4-7 所示。

Step 08 在工具箱中双击“描边”色块■，弹出“拾色器”对话框，在其中设置颜色为红色（CMYK 参数值分别为 17%、100%、100%、0%），如图 4-8 所示。

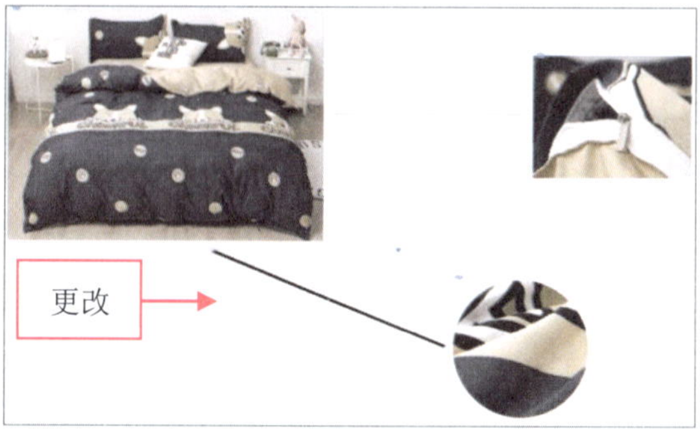

图 4-7　更改直线的粗细

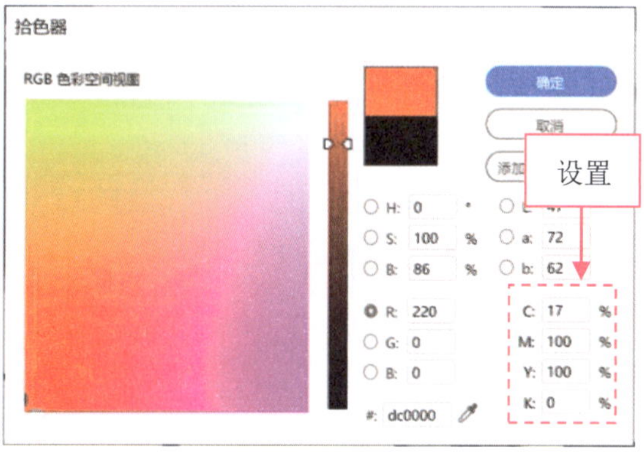

图 4-8　设置颜色为红色

Step 09 单击“确定”按钮，即可将线条的颜色设置为红色，效果如图 4-9 所示。

Step 10 用与上述同样的方法，设置另一条直线的粗细和颜色，效果如图 4-10 所示。

图 4-9　将线条的颜色设置为红色

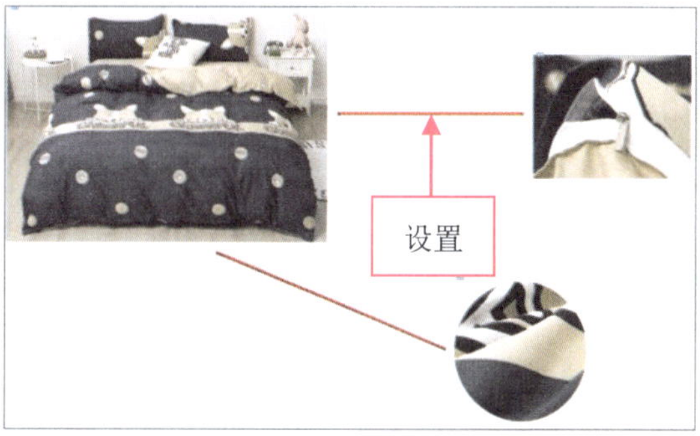

图 4-10　设置其他直线的粗细和颜色

> ▶ 专家指点
> 在 InDesign 2021 中，按键盘上的【\】键，可以快速切换至直线工具。

4.1.2 调整直线的长度

绘制好直线后，用户可以通过“属性”面板调整直线的长度。首先使用选择工具选择需要调整的直线对象，如图 4-11 所示；在“属性”面板中设置 L（长度）为 40 毫米，如图 4-12 所示；按【Enter】键确认，即可修改直线的长度，如图 4-13 所示。

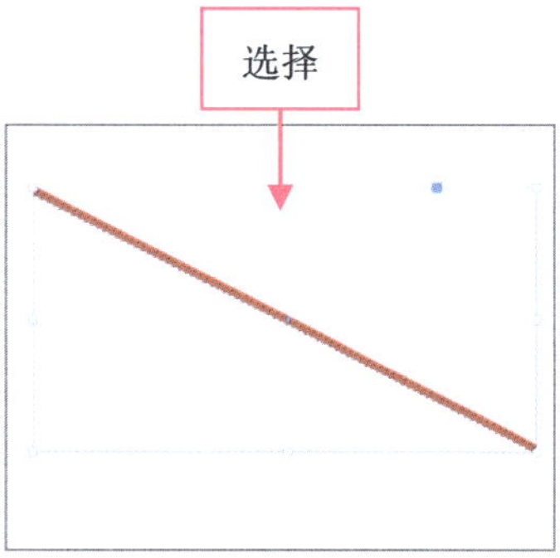

图 4-11 选择直线对象

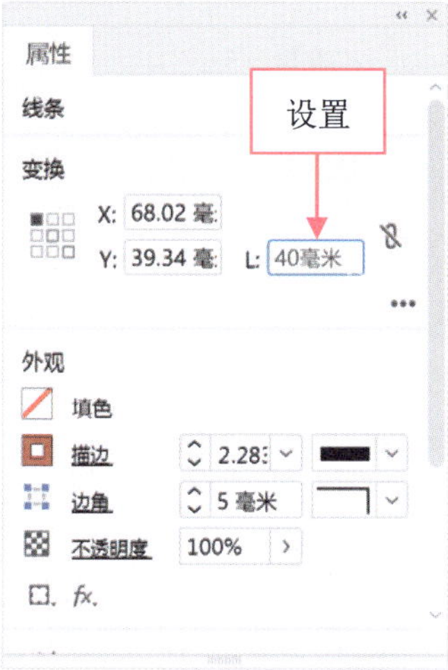

图 4-12 设置长度参数

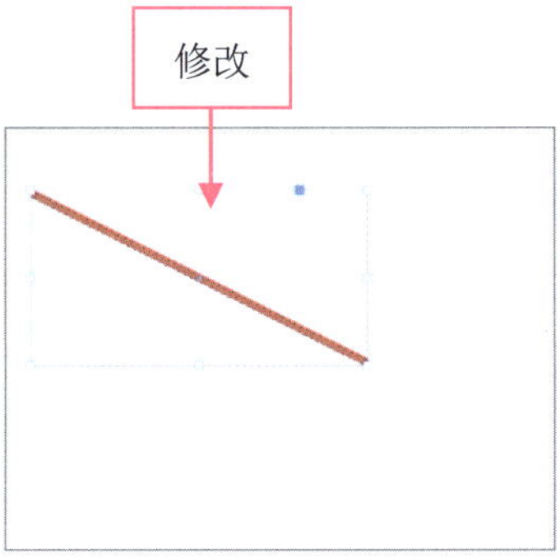

图 4-13 修改直线的长度

> ▶ 专家指点
> 在“属性”面板中，单击“描边”选项前的色块，在弹出的面板中可以设置描边的颜色属性；单击“填色”选项前的色块，在弹出的面板中可以设置图形填充的颜色。

4.2 使用矩形工具

矩形工具主要用于创建矩形或正方形图形，用户还可以在“属性”面板中设置相应的选项或参数，来设置矩形的位置、尺寸、填色、描边颜色以及描边大小等。本节主要讲解使用矩形工具绘制图形的操作方法，希望读者熟练掌握本节内容。

4.2.1 绘制矩形

矩形是绘制平面图形时常用的简单图形，也是构成复杂图形的基本图形元素，在各种图形中都可作为组成元素。下面介绍绘制矩形的操作方法。

绘制矩形

Step 01 打开图像文件（素材\第 4 章\花香.indd），如图 4-14 所示。

Step 02 在工具箱中，选取矩形工具，如图 4-15 所示。

图 4-14　打开图像文件

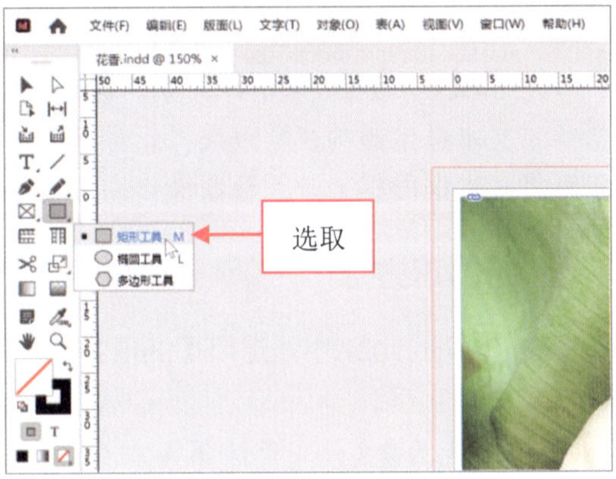

图 4-15　选取矩形工具

Step 03　在文档窗口中的适当位置按住鼠标左键并拖动，绘制矩形，如图 4-16 所示。

Step 04　在工具箱中，双击“填色”色块，弹出“拾色器”对话框，在其中设置颜色为红色（CMYK 参数值分别为 16%、89%、66%、0%），如图 4-17 所示。

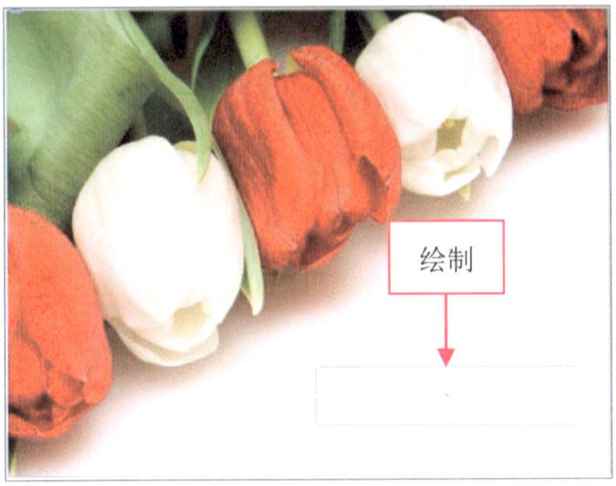

图 4-16　绘制矩形

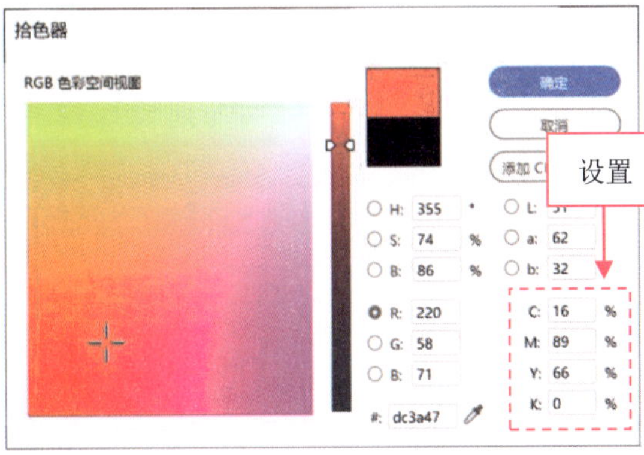

图 4-17　设置颜色为红色

Step 05　单击“确定”按钮，即可为矩形填充红色，效果如图 4-18 所示。

Step 06　运用文字工具在矩形上输入相应文字内容，并设置字体格式，效果如图 4-19 所示。

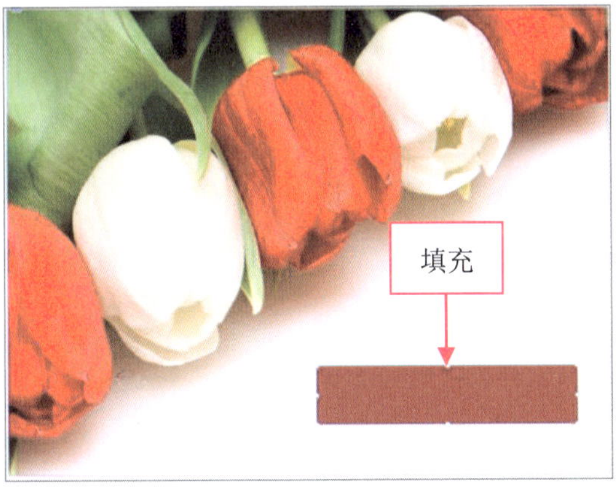

图 4-18　为矩形填充红色

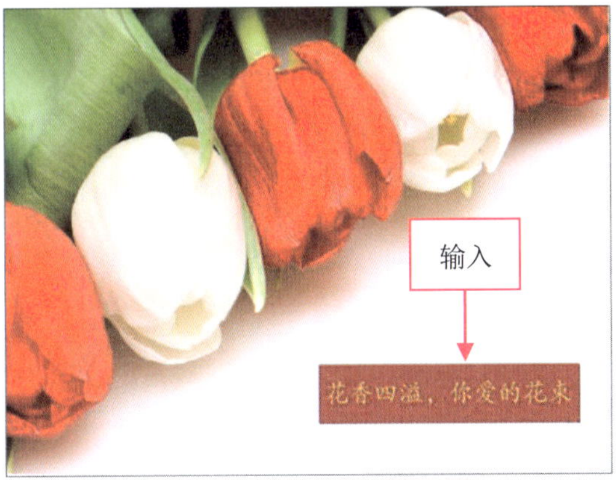

图 4-19　输入相应文字内容

> **▶ 专家指点**
>
> 在 InDesign 2021 中输入文字内容时，默认情况下会显示一个文本框的框架，如果用户觉得该文本框架影响视觉效果，此时可以单击“视图”|“其他”|“隐藏框架边缘”命令，即可将文本框的框架进行隐藏操作。

4.2.2 绘制正方形

在 InDesign 2021 中，运用【Shift】键可以绘制出正方形。下面介绍绘制正方形的方法。

绘制正方形

Step 01 打开图像文件（素材\第 4 章\背景墙.indd），如图 4-20 所示。

Step 02 在工具箱中，选取矩形工具，按住【Shift】键的同时在文档窗口中的适当位置按住鼠标左键并拖动，即可绘制正方形，用同样的方法在文档窗口中绘制三个大小不同的正方形，如图 4-21 所示。

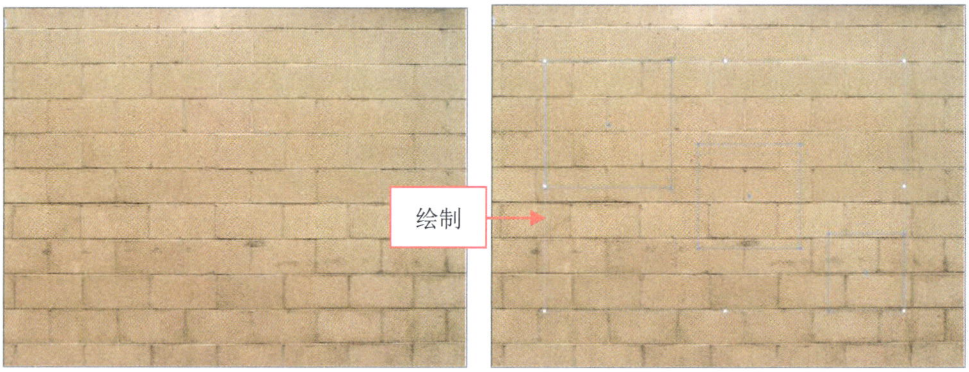

图 4-20 打开图像文件　　图 4-21 绘制三个正方形

Step 03 选择第一个正方形，在工具箱中设置“填色”为紫色（CMYK 参数值分别为 65%、65%、0%、0%），如图 4-22 所示。

Step 04 设置第二个正方形的“填色”为红色（CMYK 参数值分别为 0%、96%、95%、0%），设置第三个正方形的“填色”为黄色（CMYK 参数值分别为 9%、0%、83%、0%），效果如图 4-23 所示。

图 4-22 设置“填色”为紫色

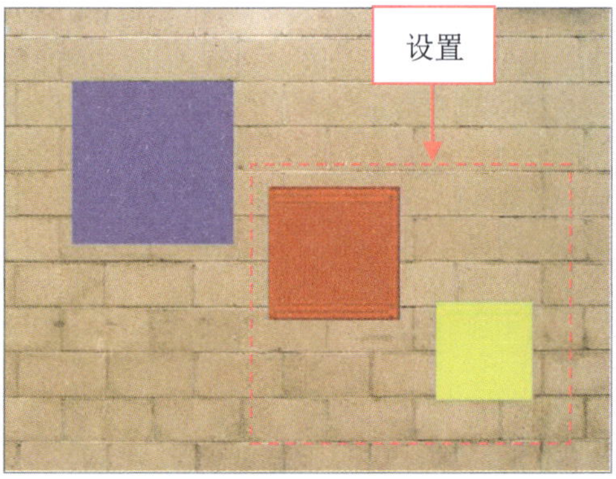

图 4-23 设置其他正方形的颜色

4.2.3　精确绘制矩形

如果用户希望在版式中绘制精准的矩形对象，此时可以通过“矩形”对话框来指定具体参数，绘制出指定大小的矩形图形。

选取工具箱中的矩形工具，在文档窗口中需要绘制矩形的位置上单击鼠标左键，弹出“矩形”对话框，设置“宽度”为 150 毫米、“高度”为 110 毫米，如图 4-24 所示。单击“确定”按钮，即可绘制出指定大小的矩形对象，效果如图 4-25 所示。

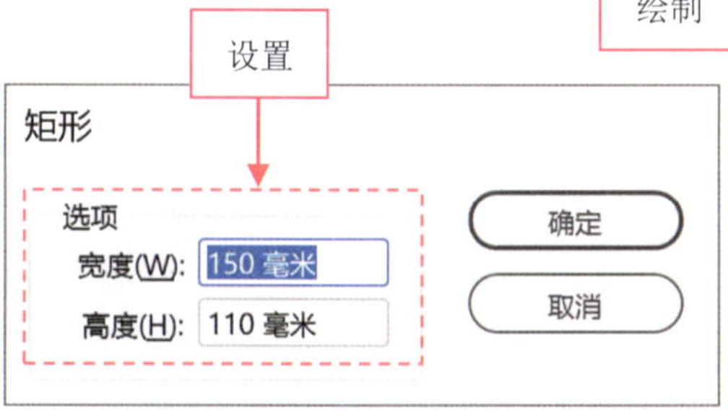

图 4-24　设置各参数

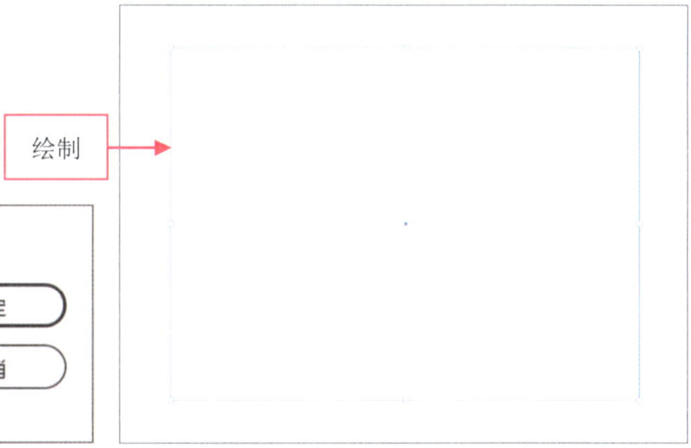

图 4-25　精确绘制矩形对象

4.2.4　绘制圆角矩形

如果用户需要绘制圆角矩形对象，此时可以通过“属性”面板来更改矩形的边角样式。在“属性”面板中单击“边角”字样，弹出“角选项”对话框，设置转角大小及形状，如图 4-26 所示。单击“确定”按钮，即可将矩形更改为圆角矩形，效果如图 4-27 所示。

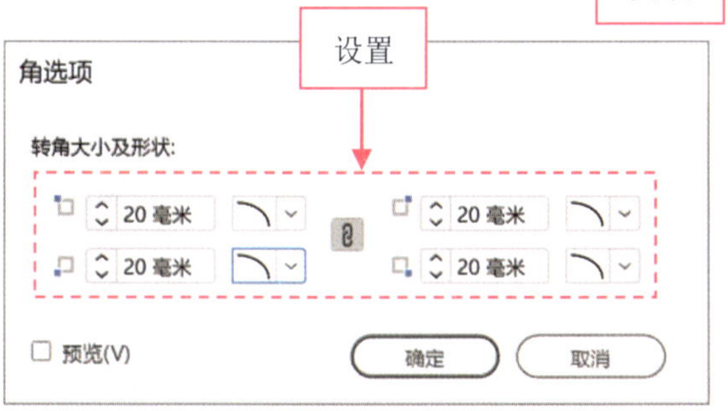

图 4-26　设置转角大小及形状

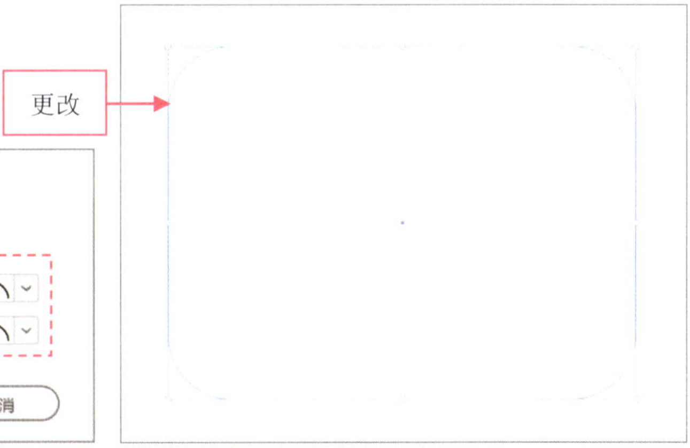

图 4-27　将矩形更改为圆角矩形

▶ 专家指点

在 InDesign 2021 中，按键盘上的【M】键，可以快速切换至矩形工具。

4.3 使用椭圆工具

椭圆是 InDesign 中比较简单的平面图形，椭圆的绘制在版面设计中使用非常频繁，常用来显示某个主题对象，可以作为标题的底部形状样式。运用椭圆工具可以绘制出椭圆形或正圆形，本节主要讲解椭圆工具的使用技巧。

4.3.1 绘制椭圆

绘制椭圆

下面介绍运用椭圆工具绘制椭圆图形的方法，具体操作步骤如下。

Step 01 打开图像文件（素材\第 4 章\商场活动.indd），如图 4-28 所示。

Step 02 在工具箱中，选取椭圆工具，如图 4-29 所示。

图 4-28 打开图像文件

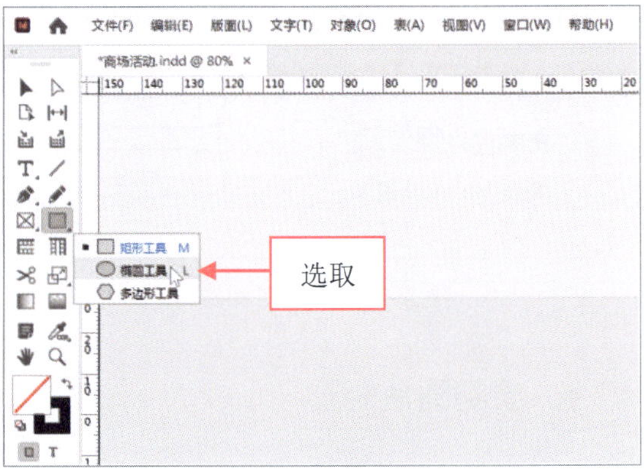

图 4-29 选取椭圆工具

Step 03 在文档窗口中的适当位置按住鼠标左键并拖动，绘制一个椭圆，如图 4-30 所示。

Step 04 在工具箱中，设置“填色”为黄色（CMYK 参数值分别为 8%、0%、78%、0%），“描边”为无，图形效果如图 4-31 所示。

图 4-30 绘制一个椭圆

图 4-31 设置“填色”与“描边”

Step 05 在椭圆图形上，单击鼠标右键，在弹出的快捷菜单中选择“排列”|“后移一层”选项，如图 4-32 所示。

Step 06 执行上述操作后，即可将椭圆图形移至广告文字的后面，效果如图 4-33 所示。

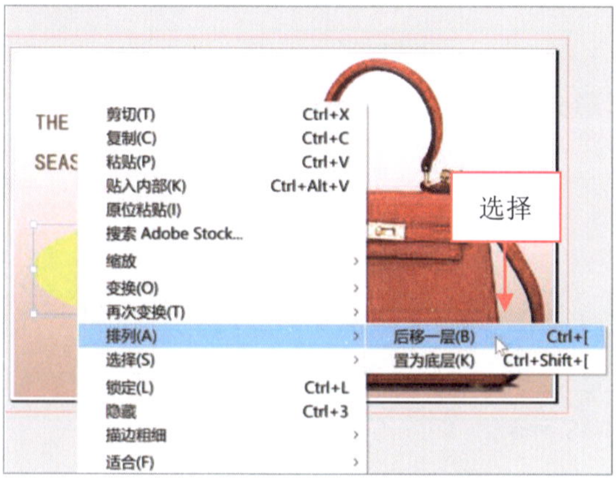

图 4-32 选择“后移一层”选项

图 4-33 调整图形的位置

4.3.2 绘制正圆

在 InDesign 2021 中，选取工具箱中的椭圆工具后，按住【Shift】键的同时拖动鼠标，可以绘制出正圆形，如图 4-34 所示。按住【Shift+Alt】组合键的同时拖动鼠标，可以以鼠标落点为中心向四周延伸绘制出正圆形。按住【Alt】键的同时拖动鼠标，可以以鼠标落点为中心向四周延伸绘制出椭圆形，如图 4-35 所示。

图 4-34 绘制出正圆形

图 4-35 绘制出椭圆形

4.3.3 精确绘制椭圆

在 InDesign 2021 中，选取工具箱中的椭圆工具，在文档窗口中需要绘制椭圆的位置上单击鼠标左键，弹出“椭圆”对话框，在其中设置“宽度”和“高度”数值，如图 4-36 所示。单击“确定”按钮，即可绘制出指定大小的椭圆图形。

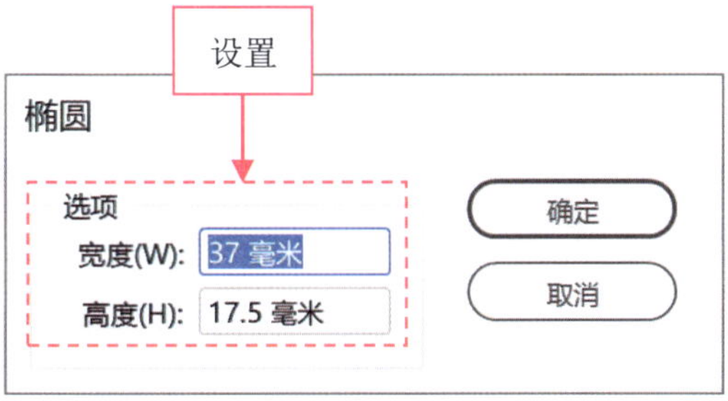

图 4-36 “椭圆”对话框

4.4 使用多边形工具

运用多边形工具⬡绘制多边形图形时，多边形会随着鼠标的移动而改变其大小。本节主要介绍运用多边形工具绘制多边形图形的操作方法。

4.4.1 绘制多边形

绘制多边形

下面介绍运用多边形工具⬡绘制多边形图形的方法，具体操作步骤如下。

Step 01　打开图像文件（素材\第 4 章\鞋子广告.indd），如图 4-37 所示。

Step 02　在工具箱中，选取多边形工具⬡，如图 4-38 所示。

图 4-37　打开图像文件

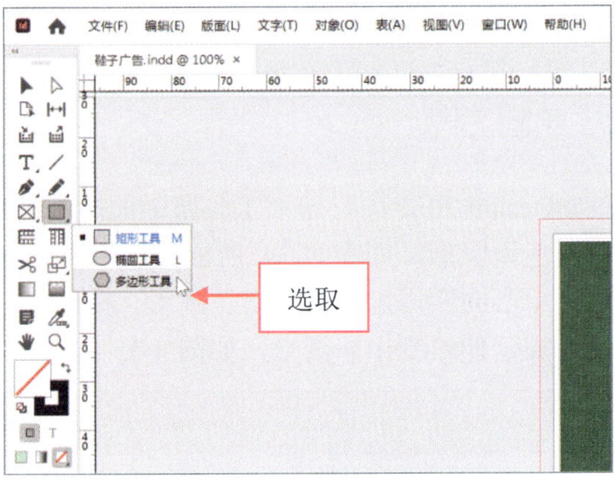

图 4-38　选取多边形工具

Step 03　在文档窗口中的适当位置按住鼠标左键并拖动，绘制一个多边形，如图 4-39 所示。

Step 04　在工具箱中，设置“填色”为蓝色（CMYK 参数值分别为 93%、77%、0%、0%），“描边”为无，图形效果如图 4-40 所示。

图 4-39　绘制一个多边形

图 4-40　填充多边形的效果

Step 05 在多边形图形上，单击鼠标右键，在弹出的快捷菜单中选择“排列”|“后移一层”选项，如图 4-41 所示。

Step 06 执行上述操作后，即可将多边形后移一层，效果如图 4-42 所示。

图 4-41　选择“后移一层”选项

图 4-42　将多边形后移一层

▶ 专家指点

在 InDesign 2021 中，按【Ctrl + [】组合键，也可以执行“后移一层”选项。

4.4.2　精确绘制多边形

在 InDesign 2021 中，选取工具箱中的多边形工具，在文档窗口中需要绘制多边形的位置上单击鼠标左键，弹出“多边形”对话框，在其中设置“多边形宽度”和“多边形高度”数值，如图 4-43 所示。单击“确定”按钮，即可绘制出指定大小的多边形图形。

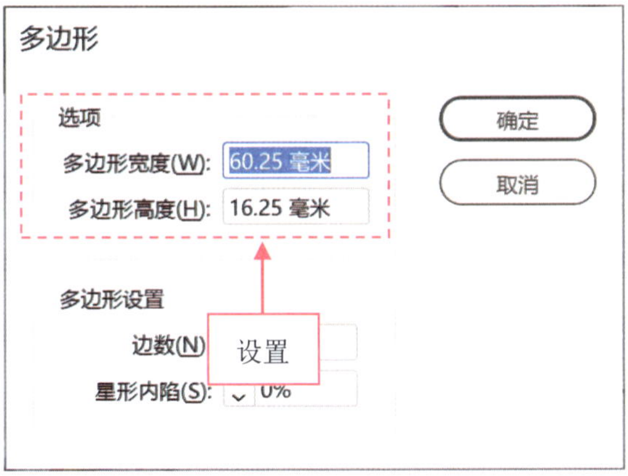

图 4-43　设置相应参数

在“多边形”对话框中，各选项含义如下。

- 多边形宽度：输入相应的参数，可以指定多边形的宽度。
- 多边形高度：输入相应的参数，可以指定多边形的高度。

➢ 边数：输入相应的参数，可以指定多边形的边数。
➢ 星形内陷：输入相应的参数，可以设置星形的内陷百分比，用于绘制星形图形。

4.4.3 绘制星形图形

在“多边形”对话框中，运用“边数”和“星形内陷”数值框，可以绘制出指定的星形样式。例如，在“选项”选项区中，设置“多边形宽度”为 150 毫米、“多边形高度”为 150 毫米，指定多边形的大小。在“多边形设置”选项区中，设置“边数”为 5，表示创建一个五角形；设置“星形内陷”为 50%，表示星形内陷的程度，如图 4-44 所示。

参数设置完成后，单击“确定”按钮，即可绘制出指定大小和比例的星形图形，效果如图 4-45 所示。

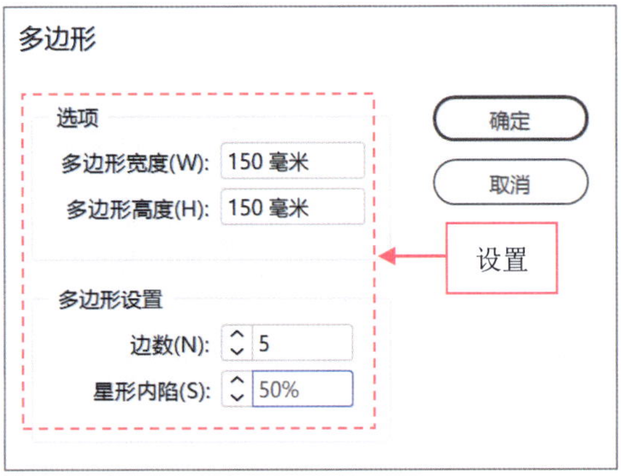

图 4-44 设置星形的参数

图 4-45 绘制星形的效果

4.5 使用钢笔工具

钢笔工具是最常用的路径绘制工具，可以创建直线和平滑流畅的曲线，形状的轮廓称为路径，通过编辑路径的锚点，可以很方便地改变路径的形状。本节主要讲解钢笔工具的使用技巧，如绘制直线、绘制曲线、添加锚点以及删除锚点等内容。

4.5.1 绘制直线

绘制直线

使用钢笔工具可以绘制出笔直的线条，具体操作步骤如下。

Step 01 打开图像文件（素材\第 4 章\炒锅.indd），如图 4-46 所示。

Step 02 在工具箱中，选取钢笔工具，如图 4-47 所示。

Step 03 将鼠标指针移至文档窗口中的合适位置，单击鼠标左键，绘制路径的第一个点，如图 4-48 所示。

Step 04 将鼠标移至另一位置，单击鼠标左键，即可绘制路径的第二个点，两个锚点会连接成一条由角点定义的直线路径，如图 4-49 所示。

图 4-46　打开图像文件

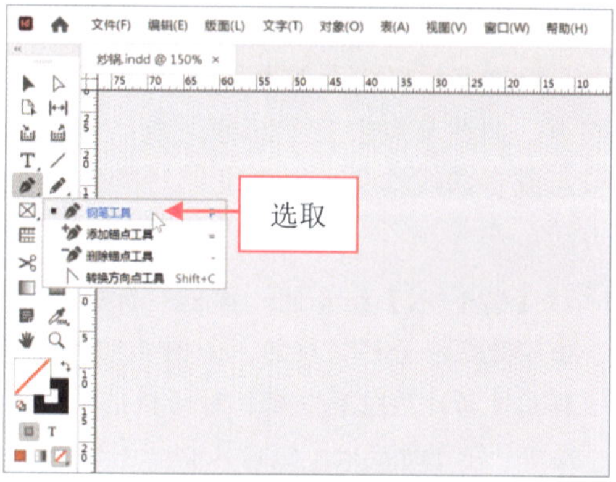

图 4-47　选取钢笔工具

图 4-48　绘制路径的第一个点

图 4-49　绘制路径的第二个点

Step 05　用与上述同样的方法，绘制其他的直线路径，将鼠标移至路径的起点，当鼠标指针右下角呈圆形时，单击鼠标左键，即可绘制出一个闭合路径，如图 4-50 所示。

Step 06　使用直接选择工具▷适当调整路径锚点的位置，效果如图 4-51 所示。

图 4-50　绘制闭合路径

图 4-51　调整路径锚点的位置

4.5.2 绘制曲线

绘制曲线

曲线上的节点与直线上的不同，因此也将曲线上的节点称为曲线节点或者曲线点。曲线节点由三个部分组成：节点、方向点和方向线，用户通过移动节点或者曲线本身可以改变路径的位置和形状。下面介绍绘制曲线的操作方法。

Step 01 按【Ctrl + N】组合键，弹出“新建文档”对话框，设置“宽度”和“高度”数值，单击“边距和分栏”按钮，如图 4-52 所示。

Step 02 弹出“新建边距和分栏”对话框，在“边距”选项区中设置各参数均为 1，单击“确定”按钮，即可新建一个空白文档。单击“版面”|“创建参考线”命令，弹出“创建参考线”对话框，在其中设置各参数，如图 4-53 所示。

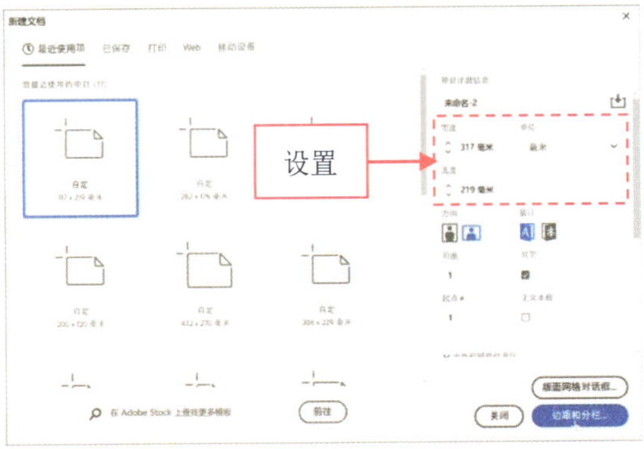

图 4-52 设置“宽度”和“高度”数值

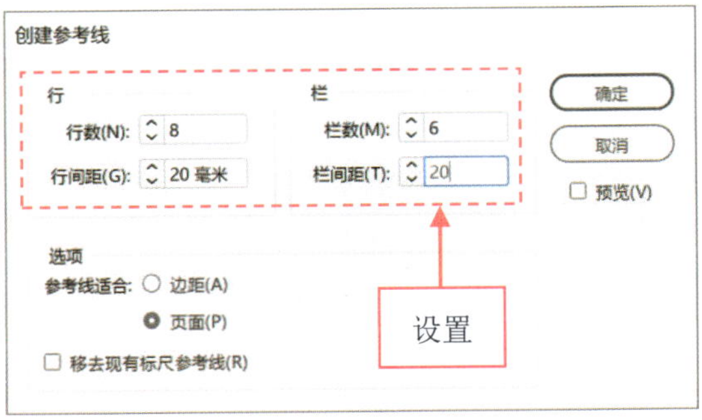

图 4-53 设置各参数

Step 03 单击“确定”按钮，即可创建参考线，如图 4-54 所示。

Step 04 选取工具箱中的钢笔工具，在相应辅助线的交点处，单击鼠标左键确定起始点，如图 4-55 所示。

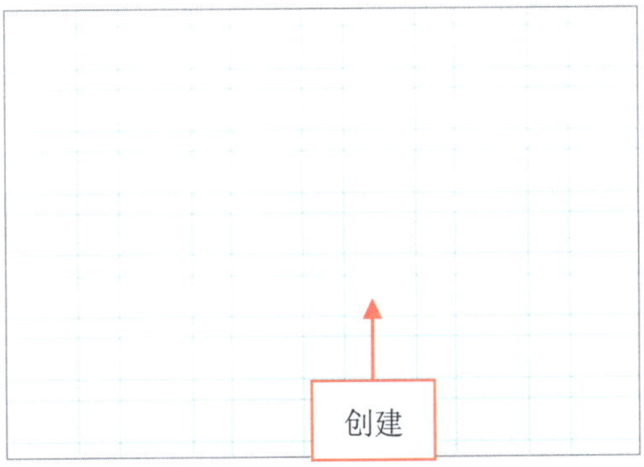

图 4-54 创建参考线

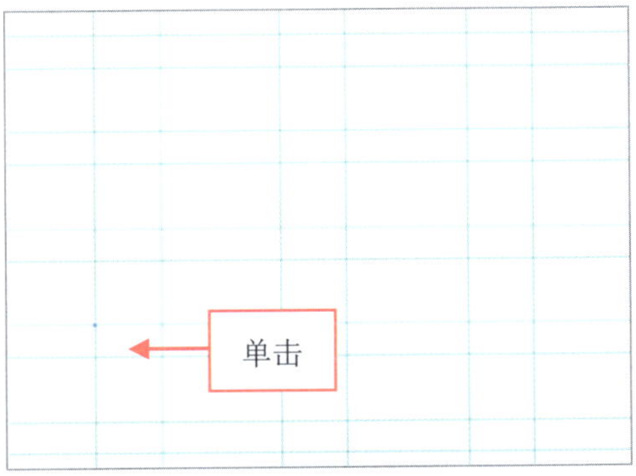

图 4-55 单击鼠标左键确定起始点

Step 05 移动鼠标至另一个辅助线的交点处，按住鼠标左键并拖动，即可调整路径的方向，如图 4-56 所示。

Step 06 依次在相应辅助线的交点处，按住鼠标左键并拖动，绘制其他节点与路线，绘制出曲线路径，效果如图 4-57 所示。

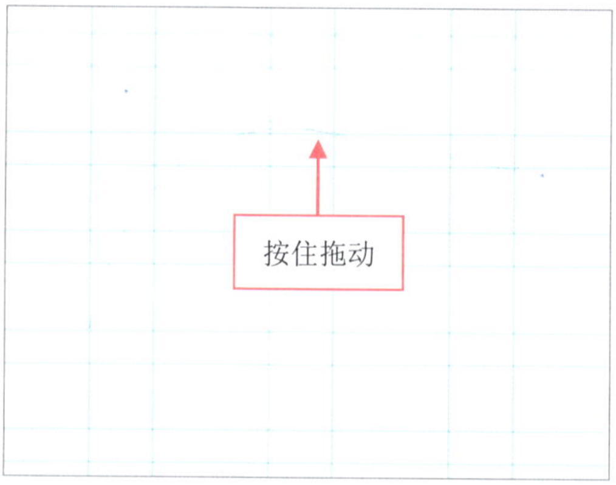

图 4-56　调整路径的方向

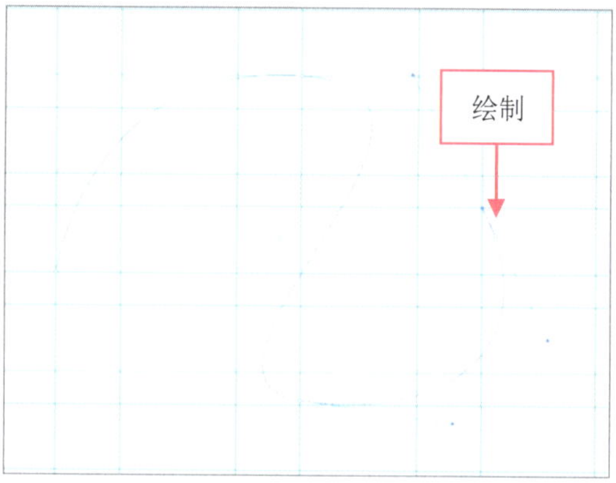

图 4-57　绘制出曲线路径

4.5.3　添加锚点工具

添加锚点工具

路径由一条或者多条线段组成，通常分为开放路径和闭合路径两种，无论哪种路径类型，都具有节点、线段和控制柄。而添加锚点工具主要用于在路径上添加节点，并对路径进行相应调整。下面介绍使用添加锚点工具的操作方法。

Step 01　打开图像文件（素材\第 4 章\箭头.indd），如图 4-58 所示。

Step 02　在工具箱中，选取添加锚点工具，如图 4-59 所示。

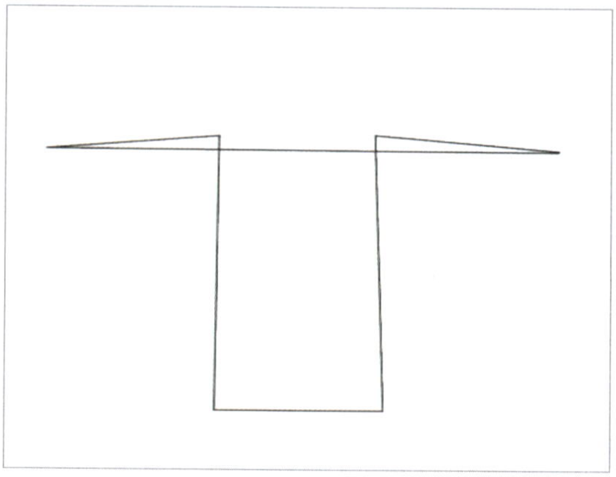

图 4-58　打开图像文件

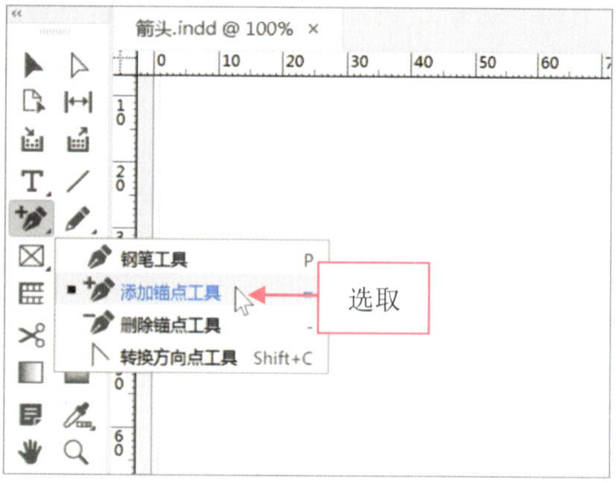

图 4-59　选取添加锚点工具

▶ 专家指点

在 InDesign 2021 中，添加的节点可以是一个直线型节点，也可以是一个曲线型节点，节点的类型取决于添加点在原路径上所处的位置。如果是在一条直线上添加的节点，则此节点是一个直线型节点；如果是在一条曲线上添加的节点，则此节点是一个曲线型节点。直线型节点没有控制柄，曲线型节点具有两个控制柄。

Step 03　将鼠标移至路径上需要添加节点的位置，单击鼠标左键，即可添加一个节点，刚添加的节点呈实心显示，如图 4-60 所示。

Step 04 选取直接选择工具，按住新添加的节点并向上拖动鼠标，即可调整节点的位置、改变路径的形状，效果如图 4-61 所示。

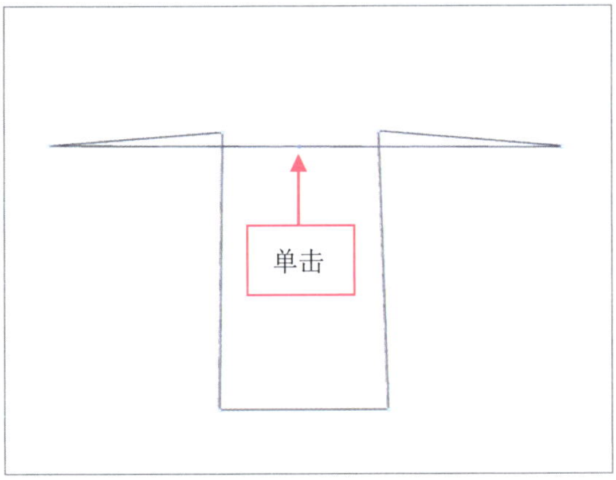

图 4-60　添加一个节点

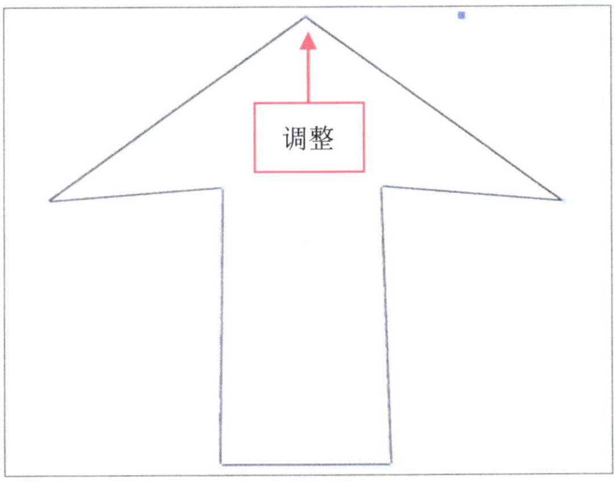

图 4-61　调整节点的位置

> **专家指点**
>
> 在 InDesign 2021 中，按【=】键，也可以快速切换至添加锚点工具。

4.5.4　转换锚点工具

转换锚点工具主要用于锚点造成的尖角转折与圆角转折之间的相互转化。选取转换锚点工具，将鼠标移至节点上，按住鼠标左键并向左拖动，即可将直线型节点转化为曲线型节点，路径由直线变成了曲线，如图 4-62 所示。

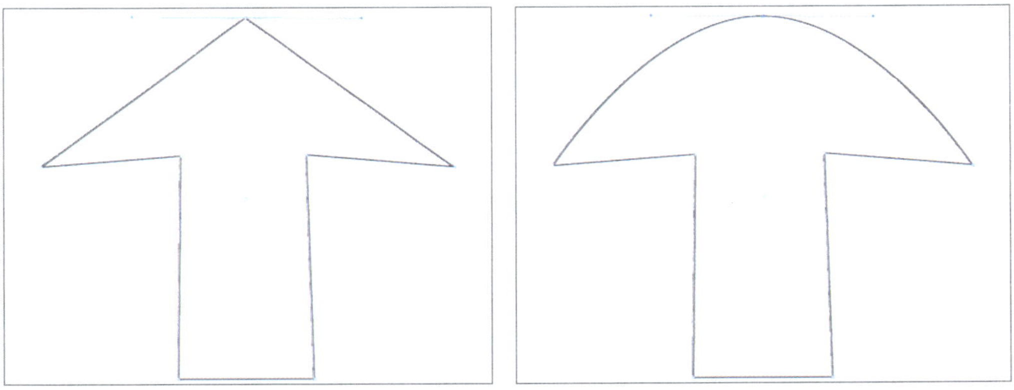

图 4-62　将直线型节点转化为曲线型节点

4.5.5　删除锚点工具

删除锚点工具主要用于去掉路径上多余或重复的节点，当用户对绘制完成的闭合路径不太满意时，可以使用删除锚点工具删除路径上的任意节点。下面介绍使用删除锚点工具的操作方法。

删除锚点工具

Step 01　打开图像文件（素材\第 4 章\图形.indd），如图 4-63 所示。

Step 02　选取直接选择工具▷，选择路径，使路径显示节点，如图 4-64 所示。

图 4-63　打开图像文件

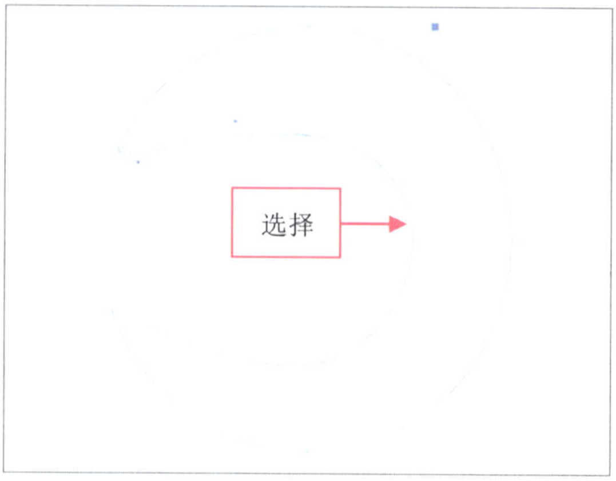

图 4-64　使路径显示节点

Step 03　选取删除锚点工具，将鼠标移至需要删除的节点上，如图 4-65 所示。

Step 04　单击鼠标左键，即可删除节点，此时路径形状有所变化，如图 4-66 所示。

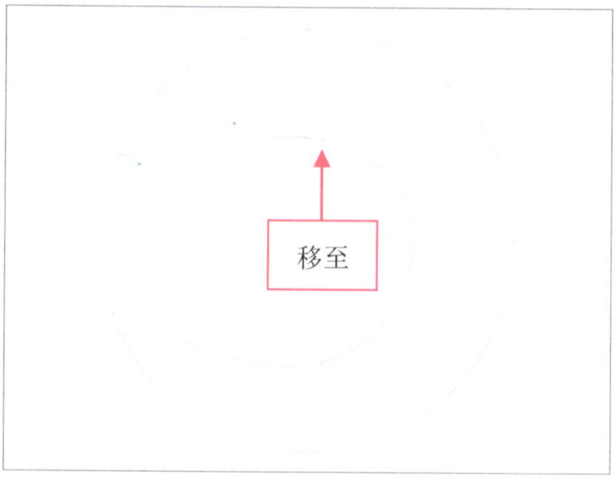

图 4-65　移至需要删除的节点上

图 4-66　删除节点后的路径效果

4.6　使用铅笔工具

在 InDesign 2021 中，铅笔工具主要用于绘制开放或封闭的非精确路径，多用于绘制草图或者手绘效果图等，是常用的基本工具之一。本节主要介绍使用铅笔工具绘制线条与闭合图形的操作方法，希望读者熟练掌握本节内容。

4.6.1　绘制线条图形

线条属于开放路径，用户可以使用铅笔工具在图形中绘制出比较随意的线条。下面介绍使用铅笔工具绘制线条图形的操作方法。

绘制线条图形

Step 01 打开图像文件（素材\第 4 章\风景画.indd），如图 4-67 所示。

Step 02 在工具箱中，选取铅笔工具✏，如图 4-68 所示。

Step 03 在图像中的适当位置按住鼠标左键并拖动，至合适位置后释放鼠标，即可绘制一条开放路径，如图 4-69 所示。

Step 04 用与上述同样的方法，在其他位置再次绘制一条开放路径，表示远处的高山线条，效果如图 4-70 所示。

图 4-67　打开图像文件

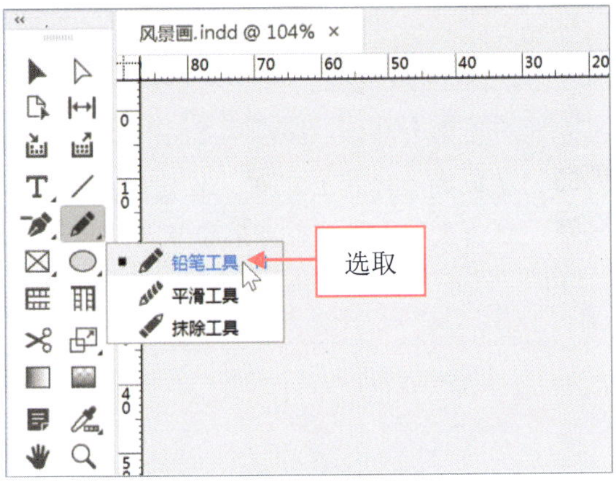

图 4-68　选取铅笔工具

图 4-69　绘制一条开放路径

图 4-70　绘制其他的开放路径

▶ 专家指点

在 InDesign 2021 中，按【N】键，也可以快速切换至铅笔工具✏。

4.6.2　绘制闭合图形

使用铅笔工具可以轻松手绘出需要的闭合图形，只需要在绘制过程中按下【Alt】键即可。下面介绍绘制闭合图形的操作方法。

绘制闭合图形

Step 01 打开图像文件（素材\第 4 章\水杯.indd），如图 4-71 所示。

Step 02 选取铅笔工具，将鼠标移至相应位置，按住鼠标左键并拖动的过程中按下【Alt】键，此时光标右下方会出现一个小圆圈，表示正在绘制一条封闭的路径，如图 4-72 所示。

图 4-71　打开图像文件

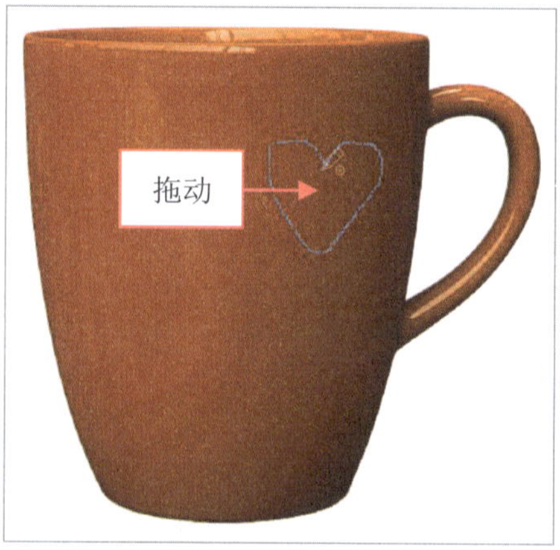

图 4-72　绘制一条封闭的路径

Step 03 在相应位置释放鼠标左键，即可绘制出一个闭合图形，如图 4-73 所示。

Step 04 用与上述同样的方法，在水杯图形的其他位置绘制出相应的闭合图形，效果如图 4-74 所示。

图 4-73　绘制出一个闭合图形

图 4-74　绘制出相应的闭合图形

> **▶ 专家指点**
>
> 在绘制闭合图形时，一定要使用铅笔工具确定起点，在绘制过程中按下【Alt】键才可以完成闭合图形的绘制，如果选择铅笔工具后没有确定起点，而是直接按下【Alt】键，则会切换至平滑工具，不能绘制闭合图形。

本章小结

本章主要向读者介绍了 InDesign 2021 中常用工具的使用方法，如直线工具、矩形工具、椭圆工具、多边形工具、钢笔工具以及铅笔工具，详细讲解了直线、矩形、正方形、圆角矩形、椭圆、正圆、多边形、星形以及曲线等图形的绘制方法。通过本章的学习，希望读者能够对 InDesign 2021 中的基本工具有很好的掌握，能轻松绘制出各种需要的图形对象。

课后习题

课后习题

鉴于本章知识的重要性，为了帮助读者更好地掌握所学知识，本节将通过上机习题，帮助读者进行简单的知识回顾和补充。

本习题需要掌握矩形工具与钢笔工具的使用方法，绘制出矩形与直线图形，素材与效果如图 4-75 所示。

图 4-75　素材与效果

第 5 章

选择与编辑版式中的对象

当在 InDesign 2021 中绘制好相应的图形对象后，如果对图形不满意，还可以使用相应的编辑工具对图形进行简单编辑，使制作的图形对象更加符合用户的需求。InDesign 2021 中提供了丰富的图形编辑命令，使用这些命令可以编辑与修改已有图形。本章主要向读者介绍编辑图形对象的操作方法。

本章重点

- 选择与移动对象
- 编辑对象的方法

5.1　选择与移动对象

在 InDesign 2021 中，图形绘制完成后，还可以对其进行编辑操作，从而达到需要的效果。在编辑图形之前，首先需要选择图形，选择图形的工具包括选择工具▶和直接选择工具▷。本节主要讲解选择与编辑图形对象的操作方法。

5.1.1　选择对象

选择对象

选择工具▶是最常用的工具之一，主要用于 InDesign 中图像的选择与移动操作，同时也可以对图像进行复制、调整大小和修改形状等操作。下面介绍选择对象的操作方法。

Step 01　打开图像文件（素材\第 5 章\植物.indd），如图 5-1 所示。

Step 02　在工具箱中，选取选择工具▶，如图 5-2 所示。

图 5-1　打开图像文件

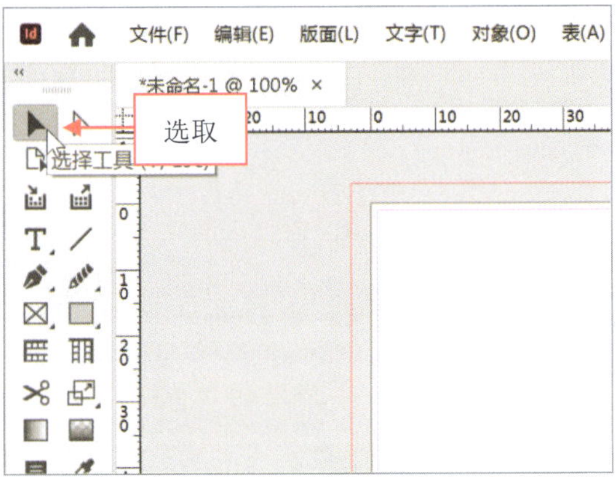

图 5-2　选取选择工具

Step 03　将鼠标移至需要选择的图像上，此时图像中间显示了一个圆圈，如图 5-3 所示。

Step 04　单击鼠标左键，即可选择该图像，图像四周显示了控制柄，如图 5-4 所示。

图 5-3　移至需要选择的图像上

图 5-4　选择图像后的效果

> ▶ 专家指点
>
> 在 InDesign 2021 中，按【V】键，也可以快速切换至选择工具。

5.1.2　选择路径对象

选择路径对象

在 InDesign 2021 中，使用直接选择工具可以选择路径对象，可以对路径对象进行编辑与移动操作。下面介绍选择路径对象的操作方法。

Step 01　打开图像文件（素材\第 5 章\奇观.indd），如图 5-5 所示。

Step 02　在工具箱中，选取直接选择工具，如图 5-6 所示。

图 5-5　打开图像文件

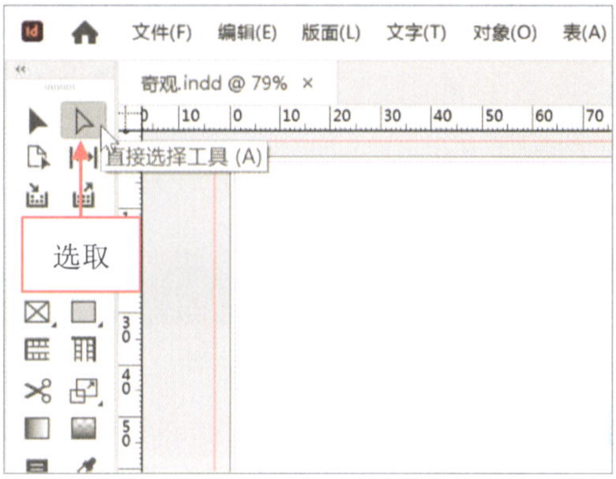

图 5-6　选取直接选择工具

Step 03　将鼠标移至需要选择的路径上，此时显示路径边框，如图 5-7 所示。

Step 04　在路径上单击鼠标左键，即可选中该路径，如图 5-8 所示。

图 5-7　移至需要选择的路径上

图 5-8　选中路径后的效果

> ▶ 专家指点
>
> 在 InDesign 2021 中，按【A】键，也可以快速切换至直接选择工具。选择路径上的线条，按住鼠标左键并拖动，可以移动路径上的线条，修改路径的形状。

5.1.3 选择多个对象

选择多个对象

在编辑图像的过程中，有时候需要选择多个图像进行批量编辑与修改。在 InDesign 2021 中有多种选择对象的方法，下面进行详细讲解。

Step 01 打开图像文件（素材\第 5 章\海上风光.indd），如图 5-9 所示。

Step 02 在工具箱中，选取选择工具，选择左侧第一个图形对象，如图 5-10 所示。

图 5-9 打开图像文件

图 5-10 选择图形对象

Step 03 按住【Shift】键的同时，在相应的图形上单击鼠标左键，即可连续选中多个图形对象，如图 5-11 所示。

Step 04 还可以通过鼠标拖动的方式选择多个对象，先取消选择图形，然后将鼠标移至左上角位置，按住鼠标左键并向右下角拖动，如图 5-12 所示。

图 5-11 连续选中多个图形对象

图 5-12 按住鼠标左键并向右下角拖动

Step 05 此时，无论对象是否完全包括在光标范围内，只要光标划过或包含的对象都将被选中，如图 5-13 所示。

Step 06 还可以在文档窗口中全选所有图形对象，只需在菜单栏中单击“编辑”|“全选”命令，如图 5-14 所示。

Step 07 执行上述操作后，即可选中所有图形对象，如图 5-15 所示。

图 5-13　通过拖动的方式选择对象

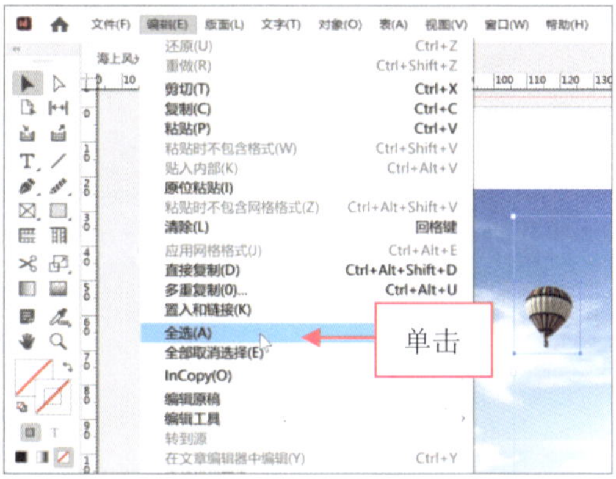

图 5-14　单击“全选”命令

Step 08 在图形对象上单击鼠标右键，在弹出的快捷菜单中选择“选择”|“内容”选项，即可选中框架内的所有图形内容，如图 5-16 所示。

图 5-15　选中所有图形对象

图 5-16　选中框架内的所有图形内容

> **▶ 专家指点**
>
> 在 InDesign 2021 中，按【Ctrl + A】组合键，也可以快速执行“全部”命令。
>
> 使用选择工具选择的是图形本身，可以对图形进行任意移动操作。而使用“选择”|“内容”选项，此时选择的是框架内的图形，框架是图形的显示范围，当将图形移至其他位置时，图形就不会显示在框架内，此时图形被隐藏起来了。

5.1.4　全部取消选择

在菜单栏中，单击“编辑”|“全部取消选择”命令，如图 5-17 所示；执行上述操作后，即可取消选择文档窗口中所有的图形对象，效果如图 5-18 所示。

> **▶ 专家指点**
>
> 在 InDesign 2021 中，按【Ctrl + Shift + A】组合键，也可以快速执行“全部取消选择”命令。

图 5-17　单击“全部取消选择”命令

图 5-18　取消选择所有的图形对象

5.1.5　移动对象

在 InDesign 2021 中，移动图像是控制对象最基本的操作。移动图像的操作方法有六种，下面进行相关讲解。

第一种：在工具箱中选取选择工具▶，选择左侧的图像素材，按住鼠标左键并向右侧拖动，即可移动图像的位置，如图 5-19 所示。

图 5-19　使用选择工具移动图像

第二种：在工具箱中双击选择工具▶，弹出“移动”对话框，在其中设置各参数，如图 5-20 所示；单击“确定”按钮，即可移动图像素材，如图 5-21 所示。

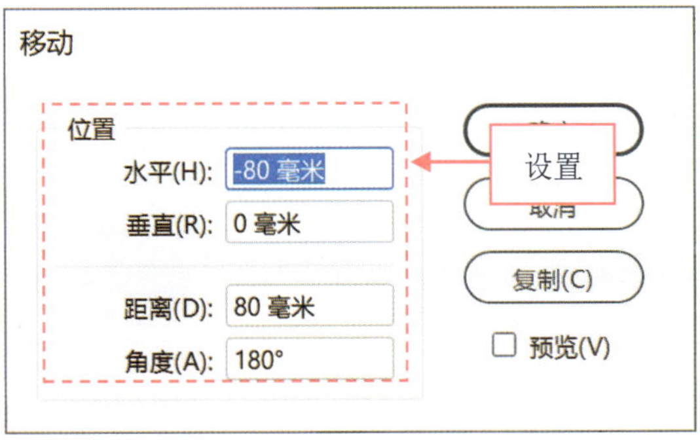

图 5-20　设置各参数

图 5-21　移动图像素材

第三种：选择相应的图像后，按键盘上的【↑】、【↓】、【←】或【→】方向键，进行移动操作，每按一次，图像将会向相应方向移动一个指定的单位长度（单击“编辑”|“首选项”|“单位和增量”命令，在弹出的“首选项”对话框的“键盘增量”选项区中进行设置）。

第四种：单击“对象”|“变换”|“移动”命令，如图 5-22 所示，也可以弹出“移动”对话框。

第五种：在需要移动的图像上，单击鼠标右键，在弹出的快捷菜单中选择“变换”|“移动”选项，如图 5-23 所示，也可以弹出“移动”对话框。

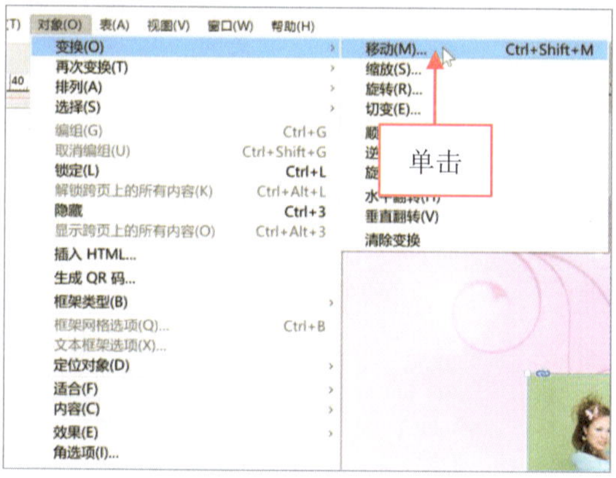

图 5-22　单击“移动”命令

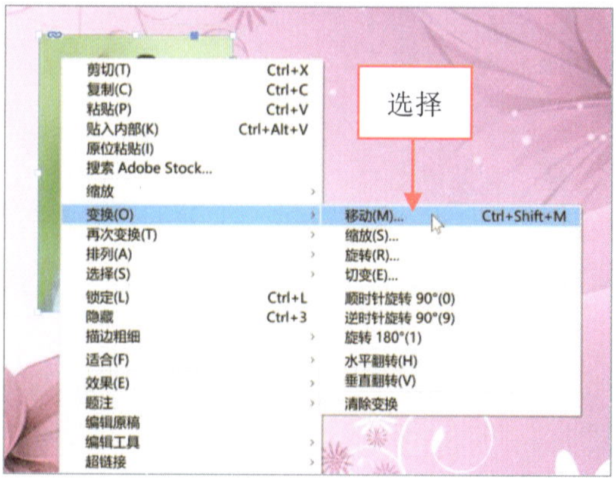

图 5-23　选择“移动”选项

第六种：按【Ctrl＋Shift＋M】组合键，也可以弹出“移动”对话框。

5.2　编辑对象的方法

在 InDesign 2021 中，用户不仅可以对图形进行选择与移动操作，还可以进行复制、粘贴、剪切、清除、编组、锁定以及隐藏等操作，使设计的图形更加符合用户的需求。本节主要介绍编辑对象的各种常用方法，希望读者熟练掌握本节内容。

5.2.1　复制与粘贴对象

复制与粘贴对象

如果用户需要制作出多个相同的图形对象，此时可以使用“复制”与“粘贴”命令进行操作，提高工作效率。下面介绍复制与粘贴对象的操作方法。

Step 01　打开图像文件（素材\第 5 章\圣诞嘉年.indd），如图 5-24 所示。

Step 02　在工具箱中选取选择工具▶，在文档窗口中选择需要复制的图形对象，如图 5-25 所示。

▶ 专家指点

在 InDesign 2021 中，选择需要复制的图形对象，在图形上单击鼠标右键，在弹出的快捷菜单中选择“复制”选项，即可复制图形对象；再次单击鼠标右键，在弹出的快捷菜单中选择“粘贴”选项，即可粘贴图形对象。

图 5-24　打开图像文件

图 5-25　选择要复制的图形对象

Step 03　在菜单栏中，单击“编辑”|“复制”命令，如图 5-26 所示，复制图形。

Step 04　在菜单栏中，单击“编辑”|“粘贴”命令，如图 5-27 所示。

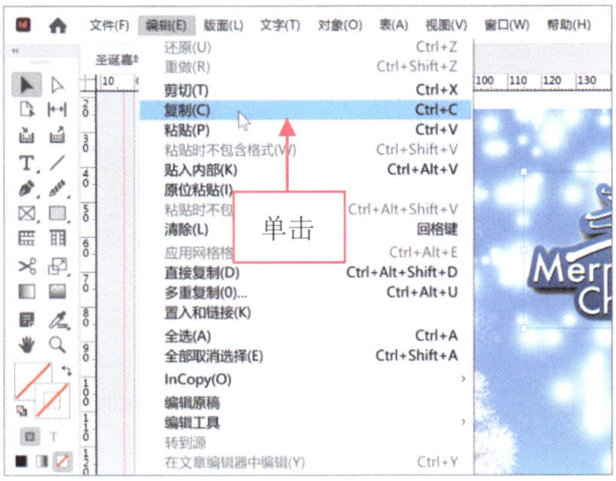

图 5-26　单击“复制”命令

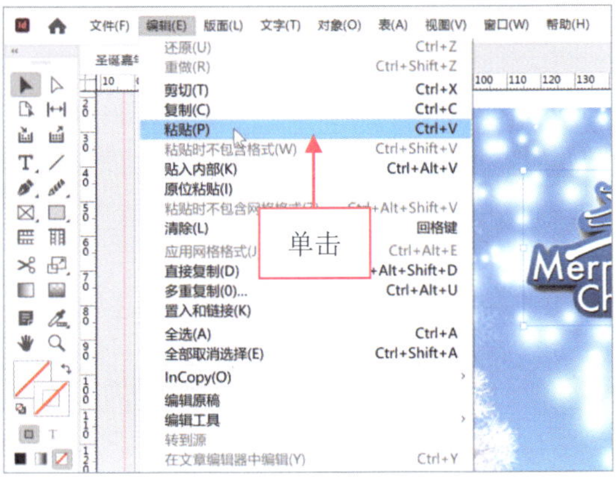

图 5-27　单击“粘贴”命令

Step 05　执行上述操作后，即可粘贴图形对象，如图 5-28 所示。

Step 06　使用选择工具▶将粘贴的图形对象移至合适位置，并适当调整其大小，效果如图 5-29 所示。

图 5-28　粘贴图形对象

图 5-29　适当调整其大小

> ▶ 专家指点
>
> 在 InDesign 2021 中，按【Ctrl + C】组合键，可以复制图形对象；按【Ctrl + V】组合键，可以粘贴图形对象。

5.2.2　直接复制对象

直接复制对象

使用“直接复制”命令可以直接复制图像素材，不需要再执行“粘贴”命令。下面介绍直接复制图像素材的操作方法。

Step 01　打开图像文件（素材\第 5 章\电子相册.indd），如图 5-30 所示。

Step 02　使用选择工具选择需要复制的对象，如图 5-31 所示。

图 5-30　打开图像文件

图 5-31　选择需要复制的对象

Step 03　在菜单栏中，单击“编辑”|“直接复制”命令，如图 5-32 所示。

Step 04　执行上述操作后，即可直接复制出一个图像素材，效果如图 5-33 所示。

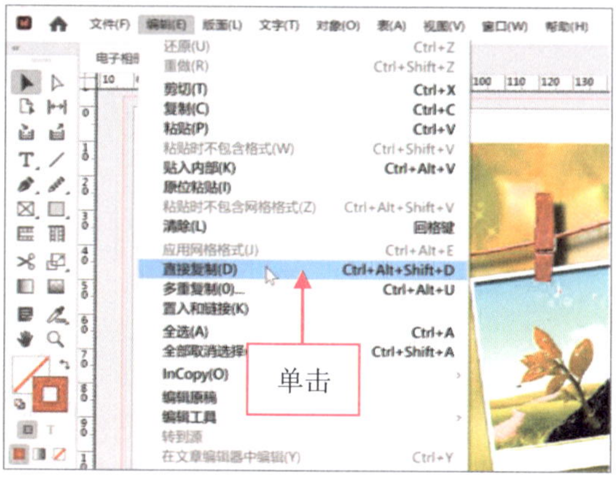

图 5-32　单击“直接复制”命令

图 5-33　直接复制图像素材

> ▶ 专家指点
>
> 在 InDesign 2021 中，按【Ctrl + Alt + Shift + D】组合键，也可以快速执行“直接复制”命令，复制图像素材。

5.2.3 复制多个对象

上面介绍了两种复制图像素材的方法，但一次只能复制出一个相同的素材，如果需要一次复制出多种相同的素材，可以按照以下方法进行操作。

复制多个对象

Step 01 打开图像文件（素材\第 5 章\戒指.indd），选择相应对象，如图 5-34 所示。

Step 02 在菜单栏中，单击“编辑”|“多重复制”命令，如图 5-35 所示。

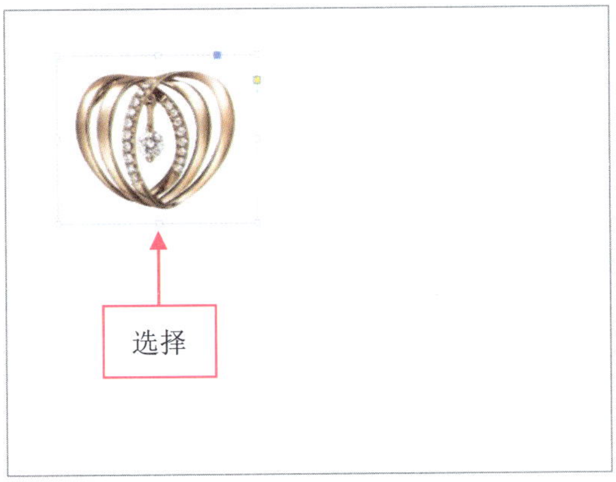

图 5-34 选择相应对象

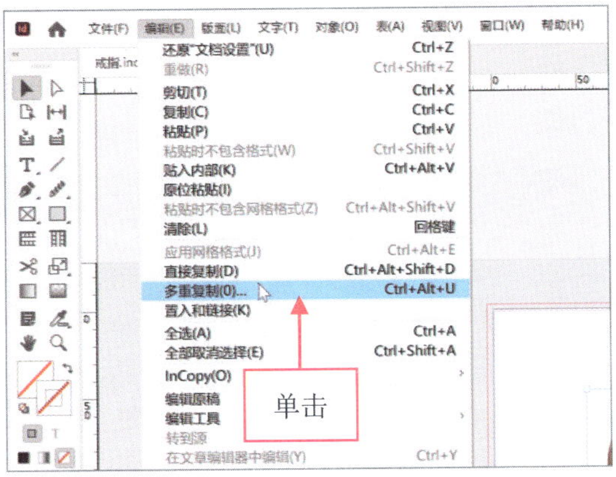

图 5-35 单击“多重复制”命令

Step 03 弹出“多重复制”对话框，在其中设置“计数”为 5、“垂直”为 30 毫米、“水平”为 30 毫米，如图 5-36 所示。

Step 04 单击“确定”按钮，即可一次复制出多个对象，效果如图 5-37 所示。

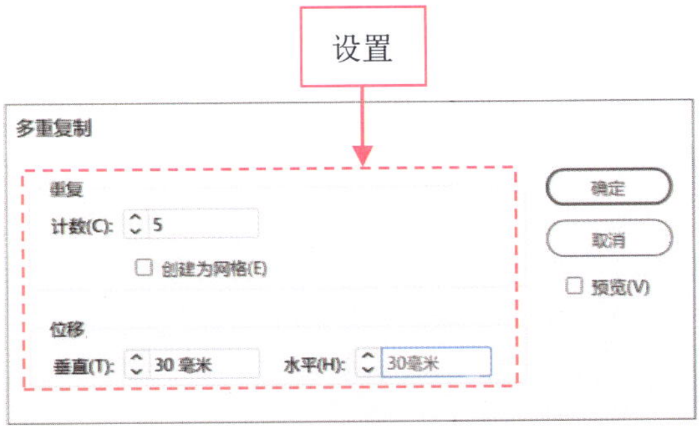

图 5-36 设置各参数

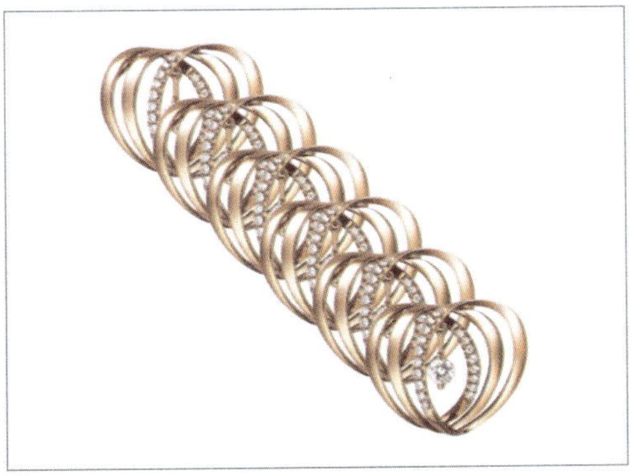

图 5-37 一次复制出多个对象

> ▶ 专家指点
>
> 在 InDesign 2021 中，按【Ctrl + Alt + U】组合键，也可以弹出“多重复制”对话框。

5.2.4 原位粘贴对象

在 InDesign 2021 中，使用“原位粘贴”命令可以将副本粘贴到对象在原稿中的位置。下面介绍原位粘贴对象的操作方法。

原位粘贴对象

Step 01 打开图像文件（素材\第 5 章\电脑广告.indd），如图 5-38 所示。

Step 02 在图像上单击鼠标右键，在弹出的快捷菜单中选择“复制”选项，如图 5-39 所示。

图 5-38　打开图像文件

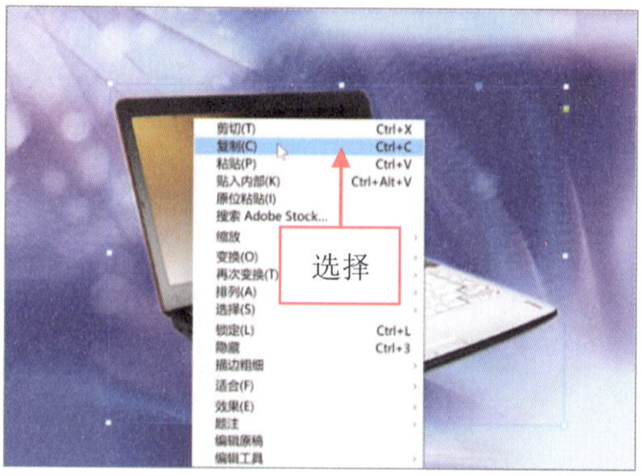

图 5-39　选择“复制”选项

Step 03 用鼠标定位到第三页中，如图 5-40 所示。

Step 04 在菜单栏中，单击“编辑”|“原位粘贴”命令，如图 5-41 所示。

图 5-40　用鼠标定位到第三页中

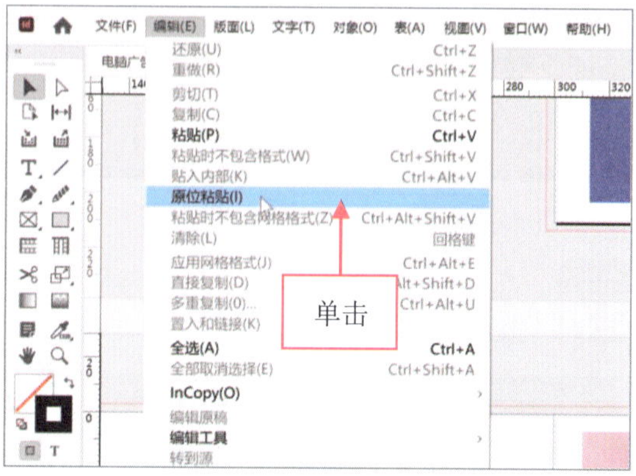

图 5-41　单击“原位粘贴”命令

Step 05 或者单击鼠标右键，在弹出的快捷菜单中选择“原位粘贴”选项，如图 5-42 所示。

Step 06 执行上述操作后，即可原位粘贴图像素材，效果如图 5-43 所示。

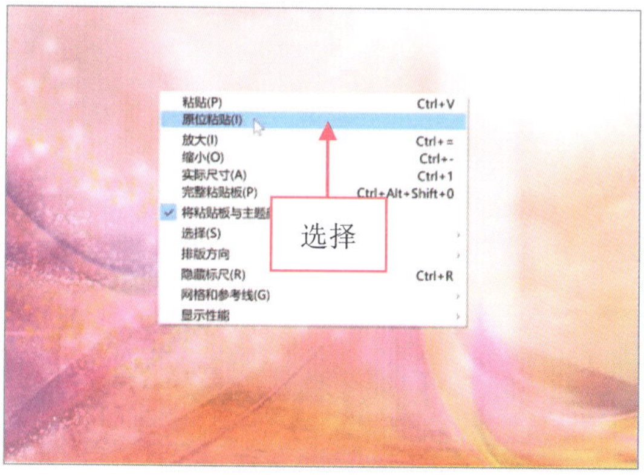

图 5-42　选择“原位粘贴”选项

图 5-43　原位粘贴图像素材

5.2.5　贴入内部对象

在 InDesign 2021 中，使用“粘贴内部”命令可以在框架内嵌套图形，制作出极具艺术化的版面效果。下面介绍贴入内部对象的操作方法。

贴入内部对象

Step 01　打开图像文件（素材\第 5 章\房产广告.indd），如图 5-44 所示。

Step 02　选择下方的黄色背景图形，单击鼠标右键，在弹出的快捷菜单中选择“复制”选项，如图 5-45 所示，复制背景图像。

图 5-44　打开图像文件

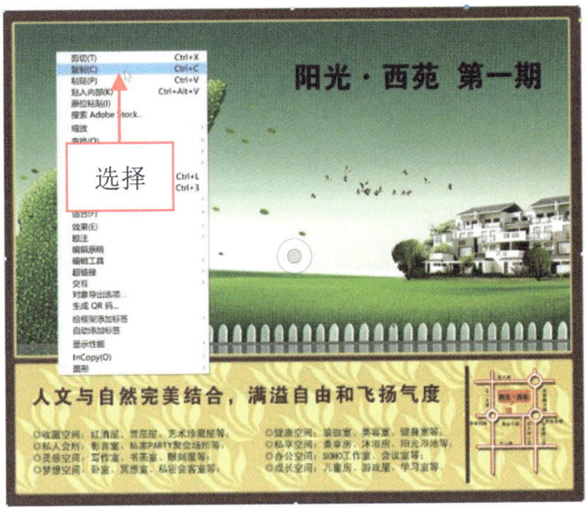

图 5-45　选择“复制”选项

Step 03　在文档窗口中，选择上方的标题文字内容，如图 5-46 所示。

Step 04　在菜单栏中，单击“文字”|“创建轮廓”命令，如图 5-47 所示。

图 5-46　选择标题文字内容

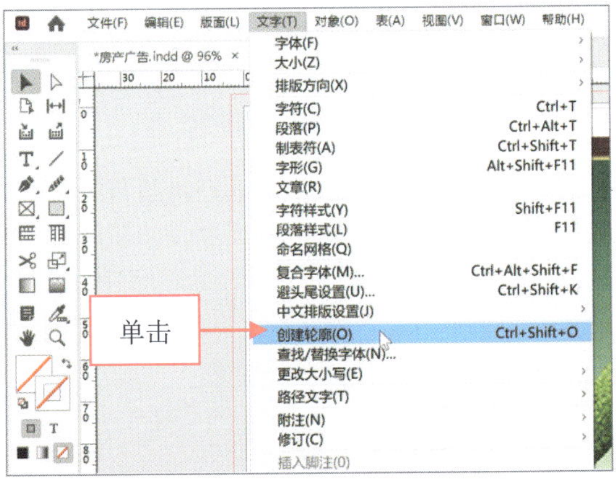

图 5-47　单击“创建轮廓”命令

▶ 专家指点

在 InDesign 2021 中，还有以下两种方法可以执行“贴入内部”命令。

- 命令：在菜单栏中，单击“编辑”|“贴入内部”命令。
- 快捷键：按【Ctrl + Alt + V】组合键。

Step 05 执行上述操作后，即可创建文字轮廓，在文字上单击鼠标右键，在弹出的快捷菜单中选择“贴入内部”选项，如图 5-48 所示。

Step 06 执行上述操作后，即可将图像贴入文字内部，效果如图 5-49 所示。

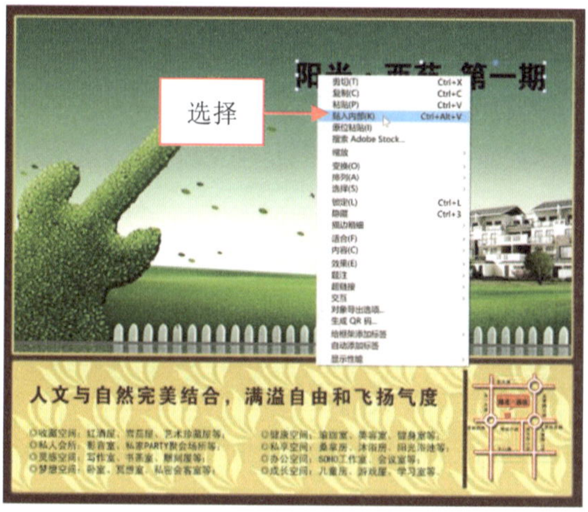

图 5-48　选择“贴入内部”选项

图 5-49　将图像贴入文字内部

5.2.6　剪切对象

在 InDesign 2021 中，使用“剪切”命令可以将图像移入剪切板中，然后通过“粘贴”命令可以调出剪切板中的图像，这两个命令经常配合使用。下面介绍剪切对象的方法。

剪切对象

Step 01 打开图像文件（素材\第 5 章\可爱动物.indd），如图 5-50 所示。

Step 02 选择需要剪切的图像素材，单击鼠标右键，在弹出的快捷菜单中选择“剪切”选项，如图 5-51 所示。

图 5-50　打开图像文件

图 5-51　选择“剪切”选项

> **▶ 专家指点**
>
> 在 InDesign 2021 中，用户还可以通过以下两种方法剪切图像素材。
>
> ➢ 命令：单击“编辑”|“剪切”命令，也可以剪切图像素材。
>
> ➢ 快捷键：按【Ctrl + X】组合键。

Step03 执行上述操作后，即可剪切图像素材，原位置的图像素材消失了，如图 5-52 所示。

Step04 将鼠标定位到第二页中，如图 5-53 所示。

图 5-52 剪切图像素材

图 5-53 将鼠标定位到第二页中

Step05 在菜单栏中，单击“编辑”|“粘贴”命令，如图 5-54 所示。

Step06 执行上述操作后，即可将图像素材粘贴到第二页中，为图像素材添加描边效果，如图 5-55 所示。

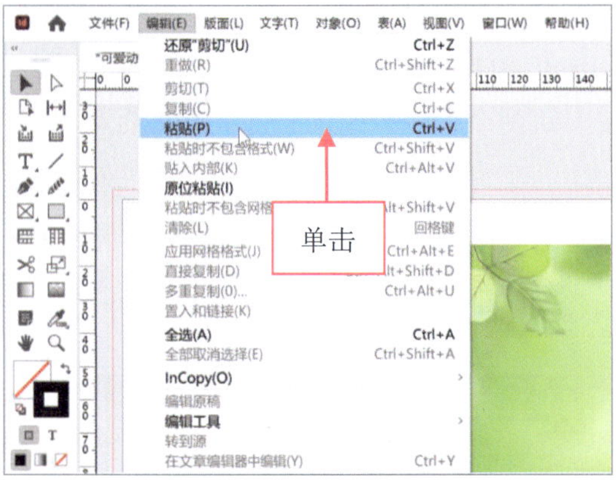

图 5-54 单击“粘贴”命令

图 5-55 为图像添加描边效果

5.2.7 清除对象

在 InDesign 2021 中，如果用户不需要再使用该对象，此时可以使用“清除”命令清除图像素材。下面介绍清除对象的操作方法。

第一种：在页面中选择需要清除的图像素材，单击“编辑”|“清除”命令，如图 5-56 所示；执行上述操作后，即可清除图像素材，效果如图 5-57 所示。

第二种：选择相应图像后，依次按键盘上的【Alt】、【E】和【L】键，也可以快速执行“清除”命令。

第三种：选择相应图像后，按【Delete】键。

第四种：选择相应图像后，按【Backspace】键。

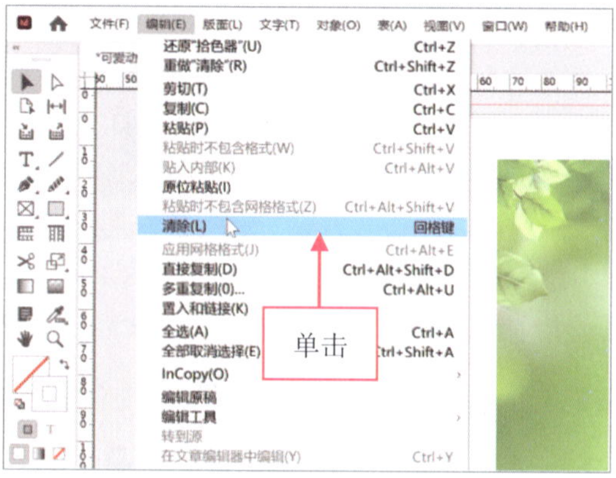

图 5-56　单击“清除”命令

图 5-57　清除图像素材

5.2.8　还原与重做对象

在 InDesign 2021 中，“还原”与“重做”命令可以对文档中所进行的操作进行还原与重做。下面介绍还原与重做对象的操作方法。

还原与重做对象

Step 01 打开图像文件（素材\第 5 章\魅力新娘.indd），如图 5-58 所示。

Step 02 选择中间的广告文字，将“填色”修改为洋红色（CMYK 参数值分别为 0%、100%、0%、0%），如图 5-59 所示。

图 5-58　打开图像文件

图 5-59　将“填色”修改为洋红色

Step 03 在菜单栏中，单击“编辑”|“还原‘色板’”命令，如图 5-60 所示。

Step 04 执行上述操作后，即可还原之前的文字颜色，如图 5-61 所示。

Step 05 在菜单栏中，单击“编辑”|“重做‘色板’”命令，如图 5-62 所示。

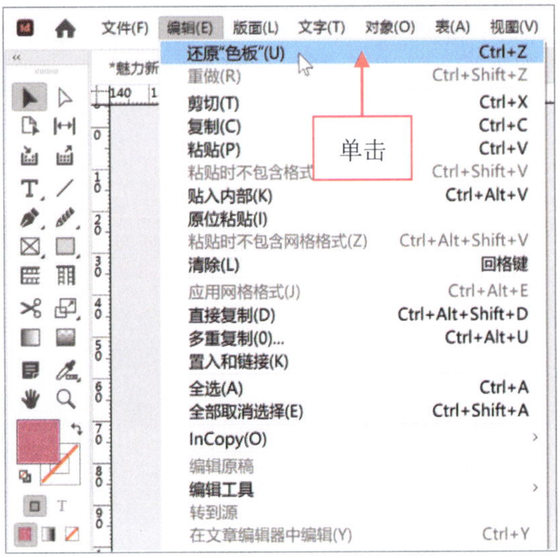

图 5-60 单击“还原‘色板’”命令

图 5-61 还原之前的文字颜色

Step 06 执行上述操作后，即可重做文字颜色，效果如图 5-63 所示。

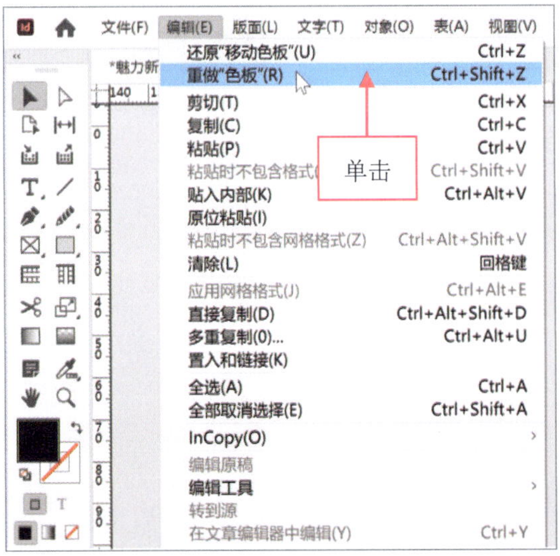

图 5-62 单击“重做‘色板’”命令

图 5-63 重做文字颜色

▶ 专家指点

在 InDesign 2021 中，还可以通过以下快捷键对图像进行还原与重做。

- 按【Ctrl + Z】组合键，可以执行“还原”命令。
- 按【Ctrl + Shift + Z】组合键，可以执行“重做”命令。

5.2.9　编组与取消编组对象

编组与取消编组对象

在 InDesign 2021 中，可以将多个对象进行编组操作，这样就能对素材进行统一的管理与编辑。下面介绍编组与取消编组对象的操作方法。

Step 01　打开图像文件（素材\第 5 章\商品展示.indd），如图 5-64 所示。

Step 02　在文档窗口中，选择需要编组的多个对象，如图 5-65 所示。

图 5-64　打开图像文件

图 5-65　选择需要编组的多个对象

Step 03　在菜单栏中，单击“对象”|“编组”命令，如图 5-66 所示。

Step 04　或者在文档窗口中选择的对象上，单击鼠标右键，在弹出的快捷菜单中选择“编组”选项，如图 5-67 所示。

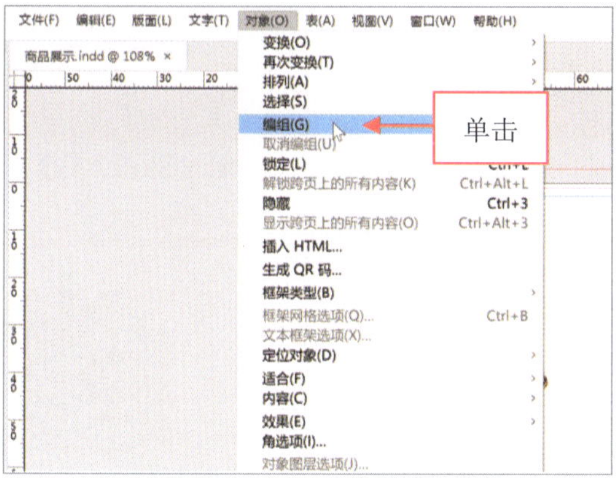

图 5-66　单击“编组”命令

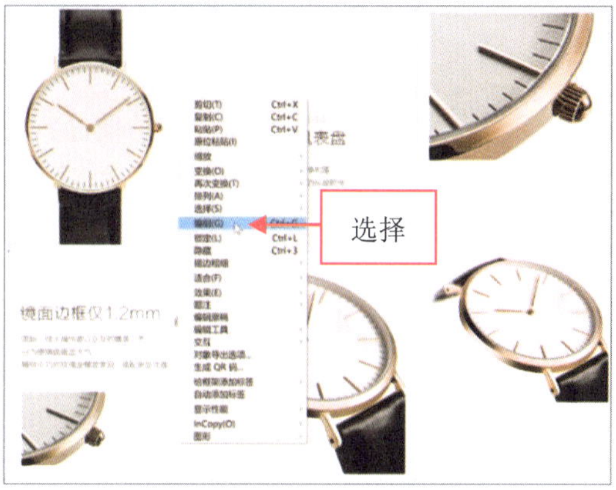

图 5-67　选择“编组”选项

Step 05　执行上述操作后，即可编组多个对象，被编组后的对象四周显示一个虚线框，如图 5-68 所示，表示编组完成。

Step 06　在菜单栏中，单击“对象”|“取消编组”命令，如图 5-69 所示。

Step 07　或者在文档窗口中已编组的对象上，单击鼠标右键，在弹出的快捷菜单中选择“取消编组”选项，如图 5-70 所示。

Step 08　执行上述操作后，即可取消编组，此时素材对象呈单个选中状态，如图 5-71 所示。

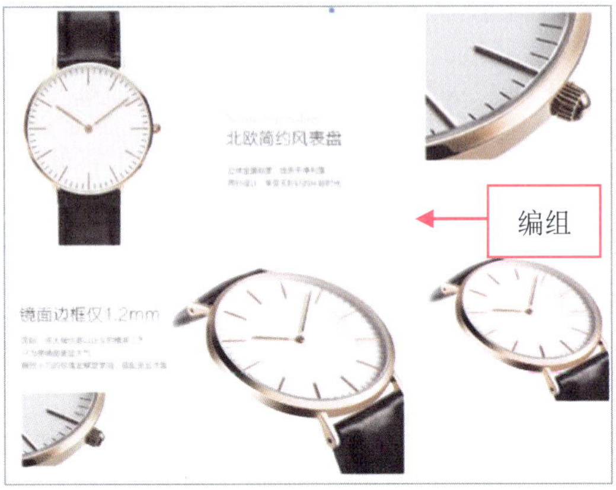

图 5-68　编组多个对象

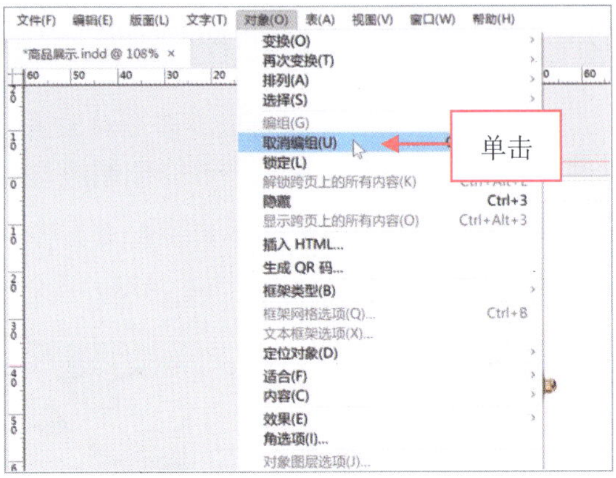

图 5-69　单击“取消编组”命令

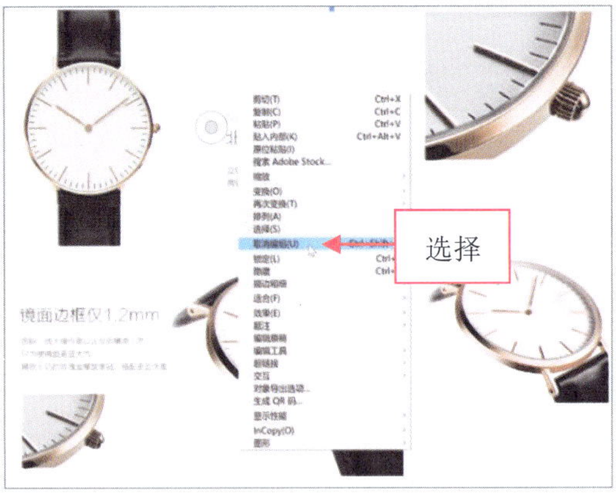

图 5-70　选择“取消编组”选项

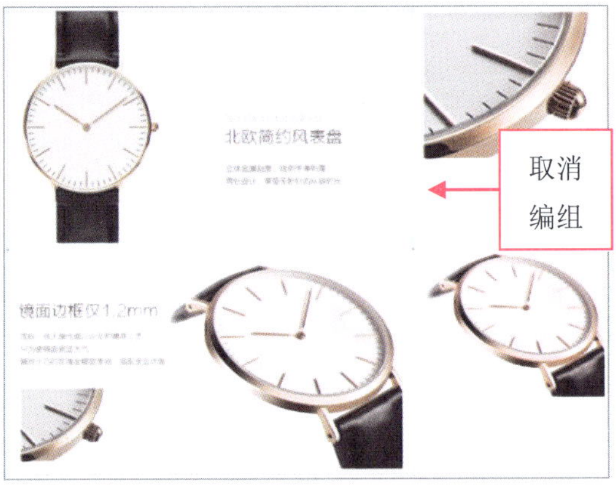

图 5-71　素材对象呈单个选中状态

▶ 专家指点

在 InDesign 2021 中，按【Ctrl + G】组合键，可以编组对象；按【Ctrl + Shift + G】组合键，可以取消编组对象。

5.2.10　锁定与解除锁定对象

锁定与解除
锁定对象

在 InDesign 2021 中进行排版时，如果安排好了某些图形的位置而不想进行移动时，可以将这些图形锁定，被锁定后的图形不能选中，也不能被编辑。下面介绍锁定与解除锁定对象的操作方法。

Step 01　打开图像文件（素材\第 5 章\时尚搭配.indd），如图 5-72 所示。

Step 02　在文档窗口中，选择需要锁定的对象，如图 5-73 所示。

▶ 专家指点

在 InDesign 2021 中，按【Ctrl + L】组合键，可以锁定对象；按【Ctrl + Alt + L】组合键，可以解除锁定对象。

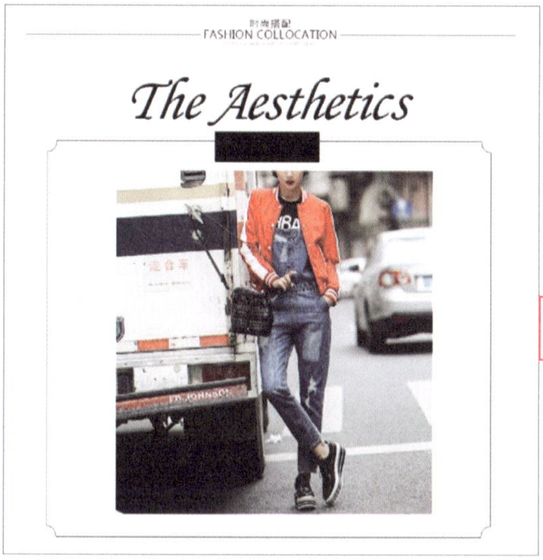

图 5-72 打开图像文件

图 5-73 选择需要锁定的对象

Step 03 在菜单栏中，单击“对象”|“锁定”命令，如图 5-74 所示。

Step 04 或者在文档窗口中的对象上，单击鼠标右键，在弹出的快捷菜单中选择“锁定”选项，如图 5-75 所示。

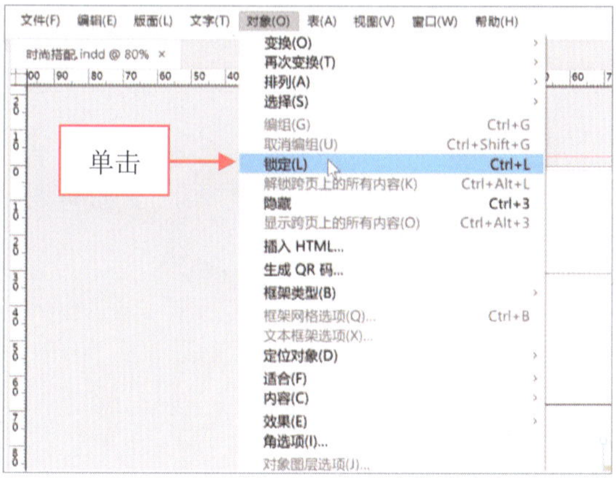

图 5-74 单击“锁定”命令

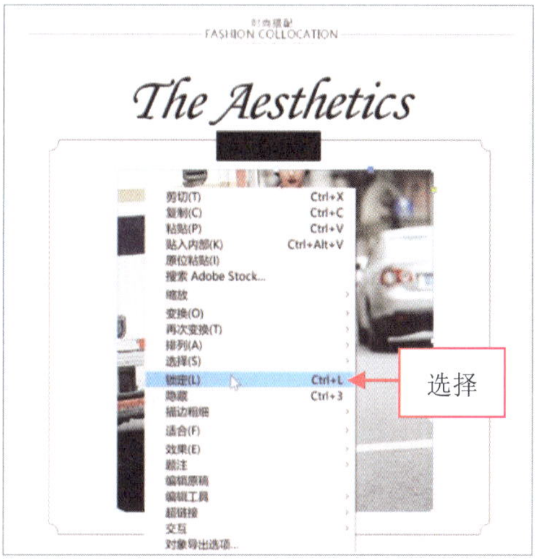

图 5-75 选择“锁定”选项

> ▶ **专家指点**
>
> 依次按键盘上的【Alt】、【O】和【L】键，也可以快速执行“锁定”命令。

Step 05 执行上述操作后，即可锁定对象。当框选所有素材时，被锁定的素材不会被选中；当移动所选素材时，被锁定的素材也不会被移动，如图 5-76 所示。

Step 06 在菜单栏中，单击“对象”|“解锁跨页上的所有内容”命令，如图 5-77 所示，即可解锁所有被锁定的素材对象。

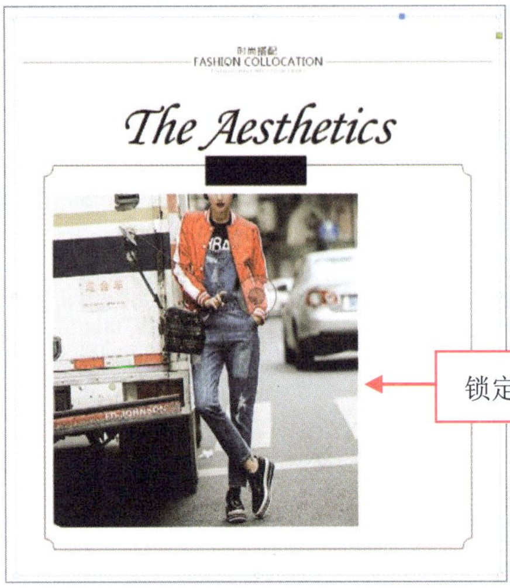

图 5-76　锁定对象

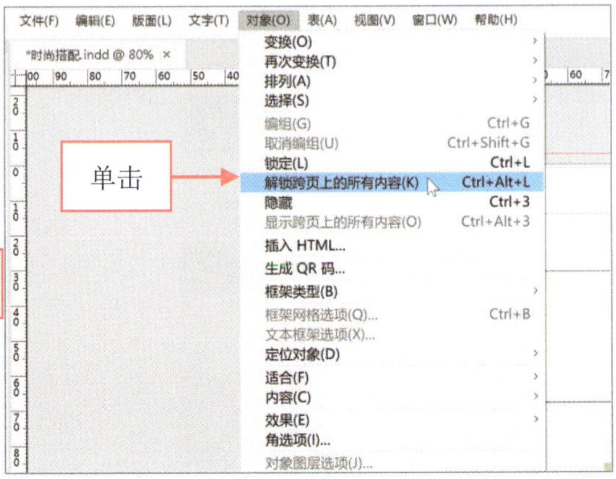

图 5-77　单击“解锁跨页上的所有内容”命令

5.2.11　隐藏与显示对象

隐藏与显示对象

当文档中的素材较多时，不利于观察版面中的细节，此时可以对部分素材进行隐藏操作，以便于观察版面效果。下面介绍隐藏与显示对象的操作方法。

Step 01　打开图像文件（素材\第 5 章\商场广告.indd），如图 5-78 所示。

Step 02　在文档窗口中，选择需要隐藏的对象，如图 5-79 所示。

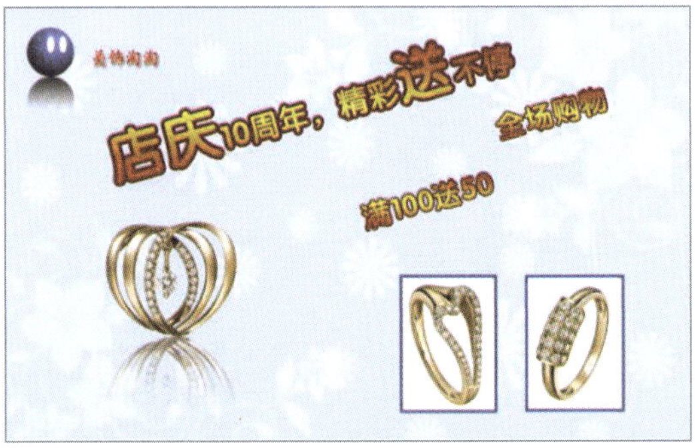

图 5-78　打开图像文件

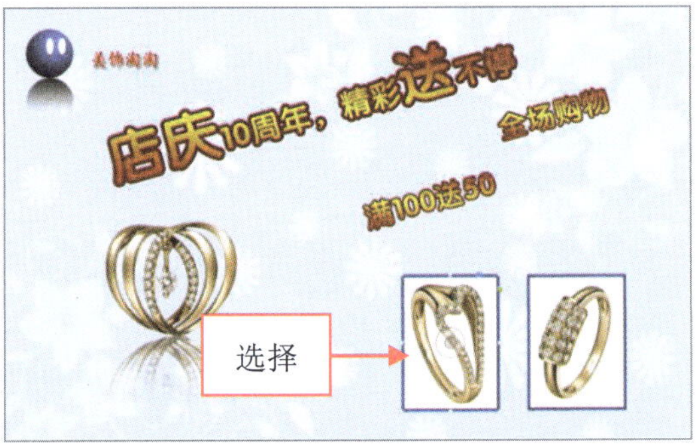

图 5-79　选择需要隐藏的对象

Step 03　在菜单栏中，单击“对象”|“隐藏”命令，如图 5-80 所示。

Step 04　或者在文档窗口中的对象上，单击鼠标右键，在弹出的快捷菜单中选择“隐藏”选项，如图 5-81 所示。

> **▶ 专家指点**
>
> 在 InDesign 2021 中，按【Ctrl + 3】组合键，可以隐藏对象；按【Ctrl + Alt + 3】组合键，可以显示跨页上的所有内容；依次按键盘上的【Alt】、【O】和【O】键，也可以显示跨页上的所有内容。

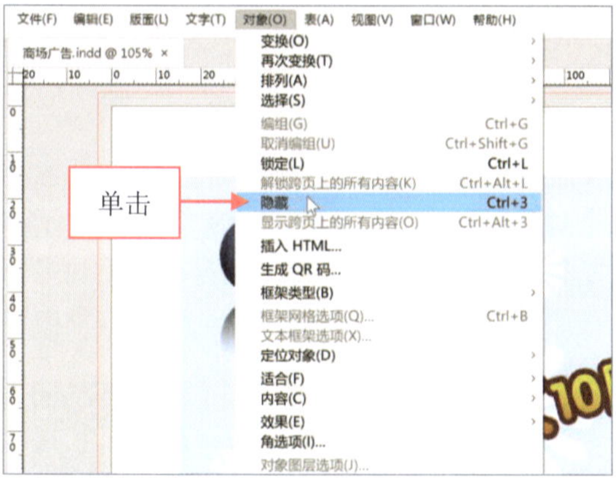

图 5-80　单击“隐藏”命令

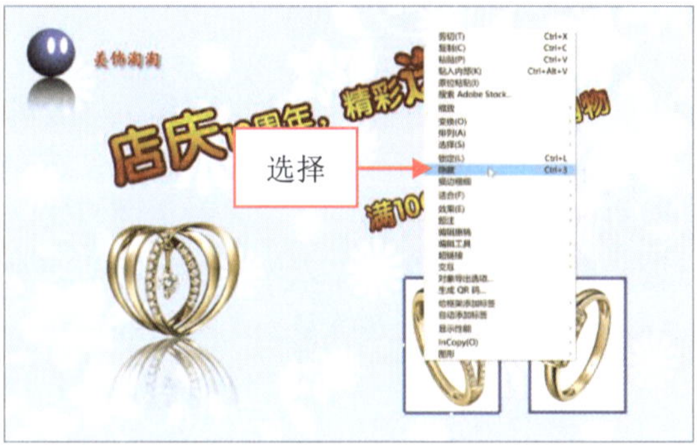

图 5-81　选择“隐藏”选项

Step 05 执行上述操作后，即可隐藏对象，效果如图 5-82 所示。

Step 06 在菜单栏中，单击“对象”|“显示跨页上的所有内容”命令，如图 5-83 所示。

图 5-82　隐藏对象后的版面效果

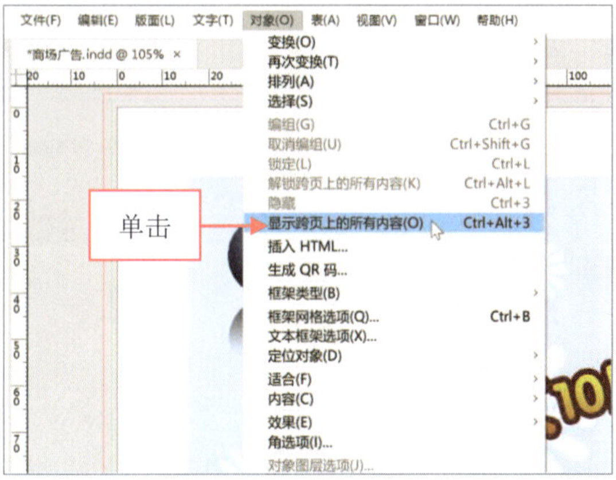

图 5-83　单击“显示跨页上的所有内容”命令

Step 07 或者在文档窗口中的任意图像上，单击鼠标右键，在弹出的快捷菜单中选择“显示跨页上的所有内容”选项，如图 5-84 所示。

Step 08 执行上述操作后，即可显示对象，效果如图 5-85 所示。

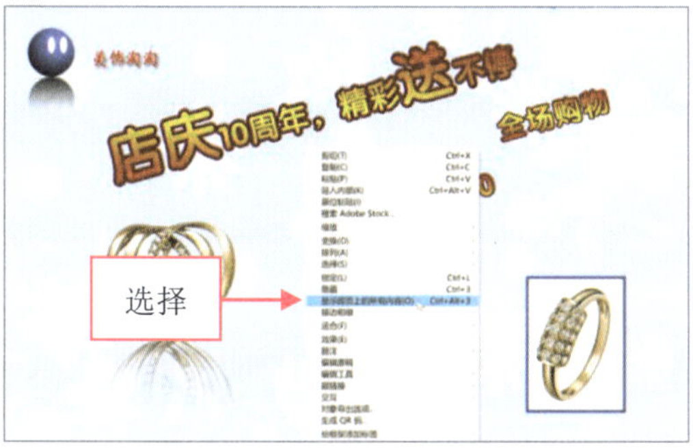

图 5-84　选择“显示跨页上的所有内容”选项

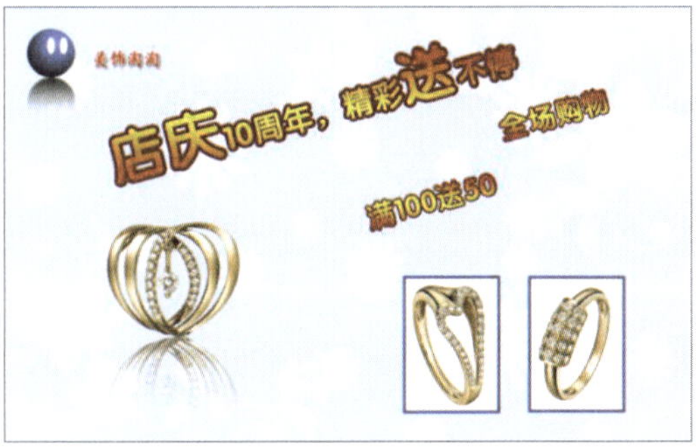

图 5-85　显示对象后的版面效果

本章小结

本章主要向读者介绍了选择、移动与编辑对象的操作方法，首先介绍了选择对象的各种操作，如选择单个对象、选择路径对象、选择多个对象以及全部取消选择等；然后介绍了移动对象的方法；最后介绍了编辑对象的方法，如复制与粘贴对象、直接复制对象、复制多个对象、原位粘贴对象、贴入内部对象、剪切对象、清除对象以及还原对象等。通过本章内容的学习，希望读者能熟练掌握选择与编辑对象的一些常用操作。

课后习题

课后习题

鉴于本章知识的重要性，为了帮助读者更好地掌握所学知识，本节将通过上机习题，帮助读者进行简单的知识回顾和补充。

本习题需要掌握显示对象的方法，然后贴入内部对象，填充文字效果，素材与效果如图 5-86 所示。

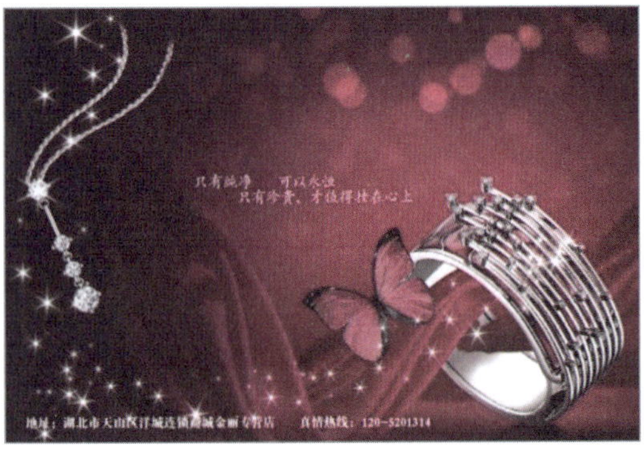

图 5-86　素材与效果

第 6 章

变换与管理版式中的对象

本章主要讲解变换与管理对象的各种常用操作，如变换对象、旋转对象、缩放对象、排列与对齐对象等。通过本章内容的学习，读者可以深入地掌握变换与管理对象的方法，提高操作的效率，使设计的版式更加精美、漂亮。

本章重点

- 变换对象
- 旋转对象
- 缩放对象
- 切变对象
- 再次变换对象
- 排列与对齐对象

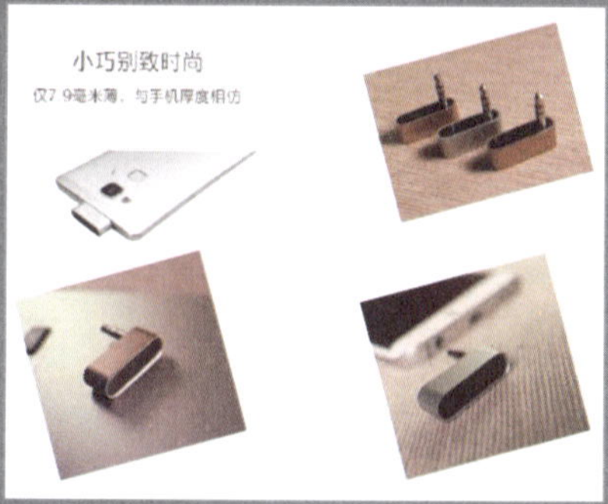

6.1 变换对象

在 InDesign 2021 中对图形或图像进行变换操作，可以轻松改变对象的大小、形状、位置以及方向等，使设计的版面效果更加符合用户的需求。本节主要介绍变换对象的操作方法。

6.1.1 使用工具变换对象

使用自由变换工具可以方便、快捷的变换对象，使制作的图像效果更加美观。下面介绍使用工具变换对象的操作方法。

使用工具变换对象

Step 01 打开图像文件（素材\第 6 章\雅怡花苑.indd），如图 6-1 所示。

Step 02 按【Ctrl + D】组合键，弹出“置入”对话框，选择需要置入的图像素材（素材\第 6 章\图像 1.jpg），如图 6-2 所示。

图 6-1 打开图像文件

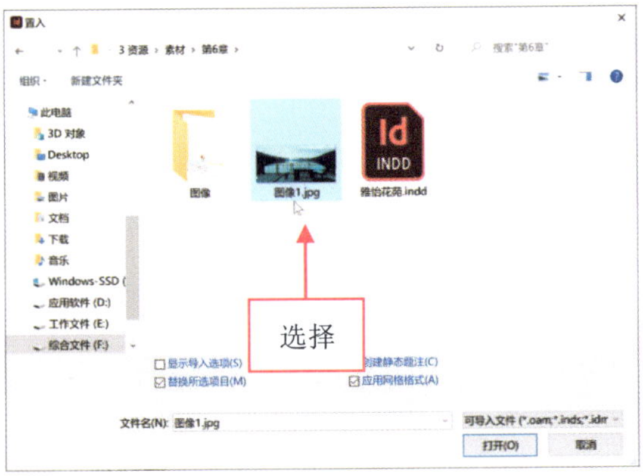

图 6-2 选择需要置入的素材

Step 03 单击“打开”按钮，将图像置入文档窗口中，如图 6-3 所示。

Step 04 在工具箱中，选取自由变换工具，如图 6-4 所示。

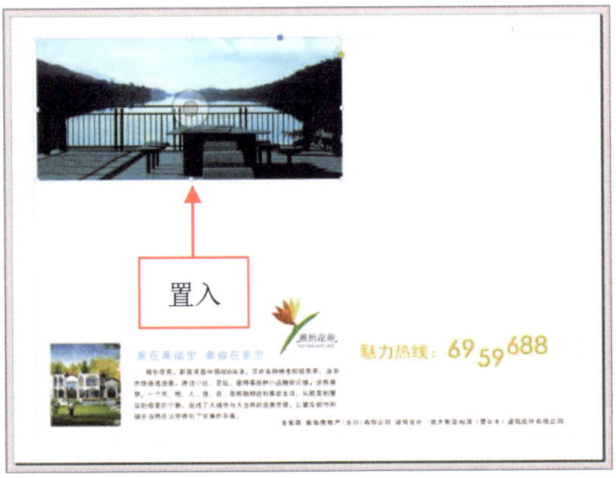

图 6-3 将图像置入文档窗口中

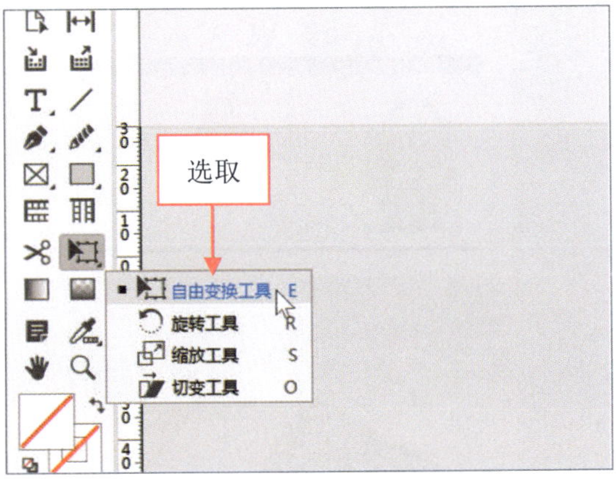

图 6-4 选取自由变换工具

Step 05 将鼠标移至图像右下角的控制柄上，当鼠标指针呈双向箭头形状时，按住鼠标左键并向右下角拖动，显示虚线框，表示素材将被放大，如图 6-5 所示。

Step 06 至合适位置后，释放鼠标左键，即可调整素材的大小，效果如图 6-6 所示。

图 6-5　按住鼠标左键并向右下角拖动

图 6-6　调整素材的大小

> **▶ 专家指点**
>
> 在 InDesign 2021 中，按【E】键，也可以快速切换至自由变换工具。

6.1.2　精确变换对象

精确变换对象

通过在“属性”面板的“变换”选项区中设置各参数，可以精确变换对象。下面介绍精确变换对象的操作方法。

Step 01 打开图像文件（素材\第 6 章\化妆品.indd），如图 6-7 所示。

Step 02 按【Ctrl + D】组合键，弹出“置入”对话框，选择需要置入的图像素材（素材\第 6 章\图像 2.jpg），单击“打开”按钮，将图像置入文档窗口中，如图 6-8 所示。

图 6-7　打开图像文件

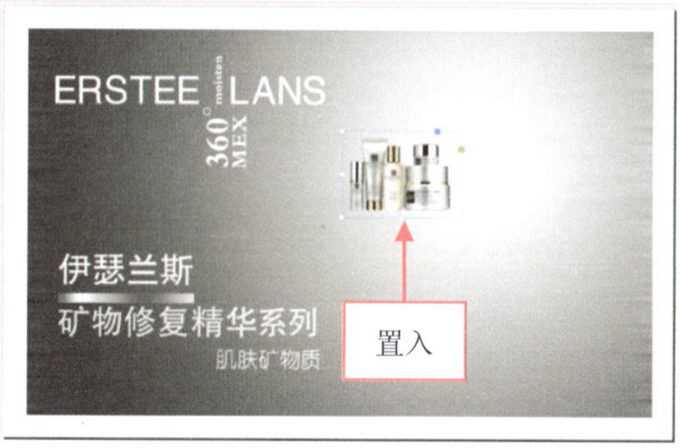

图 6-8　将图像置入文档窗口中

Step 03 在“属性”面板中，设置“X 缩放百分比”为 250%，表示放大图像素材；设置 X 为 421 毫米、Y 为 215 毫米，表示页面水平和垂直方向的具体位置；如图 6-9 所示。

> **▶ 专家指点**
>
> 在“属性”面板中，还可以设置对象的旋转角度、旋转方向以及镜像效果等。

Step 04 按【Enter】键确认，即可精确调整图像的大小和位置，效果如图 6-10 所示。

图 6-9　设置各参数

图 6-10　精确调整图像

6.1.3　使用命令变换对象

在 InDesign 2021 中，使用“变换”命令也可以变换素材对象。

首先在文档窗口中选择需要变换的素材，单击“对象”|“变换”|“移动”命令，如图 6-11 所示；弹出“移动”对话框，在其中设置“水平”为-20 毫米，单击“确定”按钮，即可变换对象的位置，效果如图 6-12 所示。

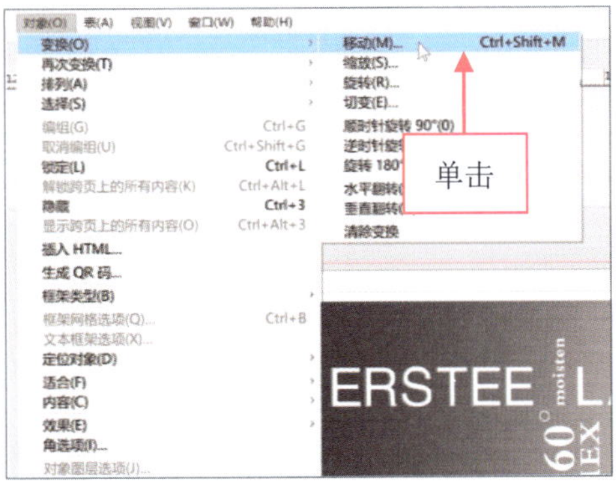

图 6-11　单击“移动”命令

图 6-12　变换对象的位置

6.2　旋转对象

在 InDesign 2021 中，用户可以对图形进行各种旋转操作，如自由旋转、顺时针旋转 90°、逆时针旋转 90°、旋转 180°、水平翻转以及垂直翻转等，使制作的图形或图像效果更加符合要求。本节主要介绍旋转对象的各种常用方法。

6.2.1　自由旋转对象

自由旋转对象

在 InDesign 2021 中，使用旋转工具可以自由旋转对象，下面介绍具体操作方法。

Step 01 打开图像文件（素材\第 6 章\眼影.indd），如图 6-13 所示。

Step 02 在工具箱中，选取旋转工具，如图 6-14 所示。

图 6-13　打开图像文件

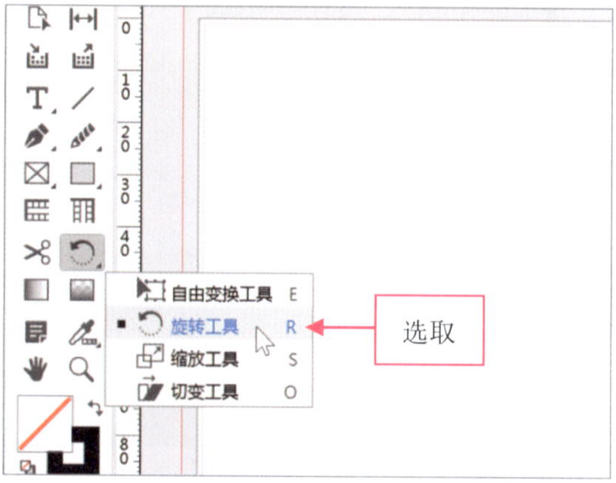

图 6-14　选取旋转工具

▶ 专家指点

在 InDesign 2021 中，按【R】键，也可以快速切换至旋转工具。

Step 03 在图像的右上角位置单击鼠标左键，定位旋转的中心点，如图 6-15 所示。

Step 04 在图像上按住鼠标左键并拖动，即可旋转图像，右侧显示了旋转角度参数，如图 6-16 所示。

图 6-15　定位旋转的中心点

图 6-16　按住鼠标左键并拖动

Step 05 拖动至合适角度后，释放鼠标左键，即可旋转图像，效果如图 6-17 所示。

Step 06 在图像的中心位置单击鼠标左键，调整旋转的中心点，按住鼠标左键并拖动，此时以图像中心的旋转点为参考点进行旋转，如图 6-18 所示。

Step 07 还可以在“属性”面板中，设置“旋转角度”为-20°，如图 6-19 所示。

图 6-17　旋转图像后的效果

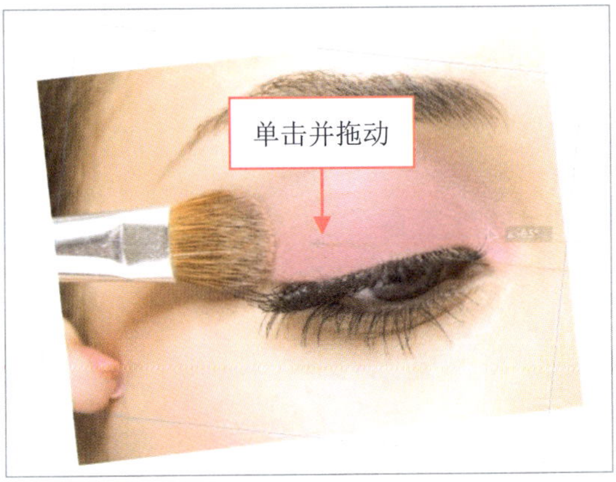

图 6-18　以图像中心的旋转点为参考点

Step 08　按【Enter】键确认，即可对图像进行精确旋转，效果如图 6-20 所示。

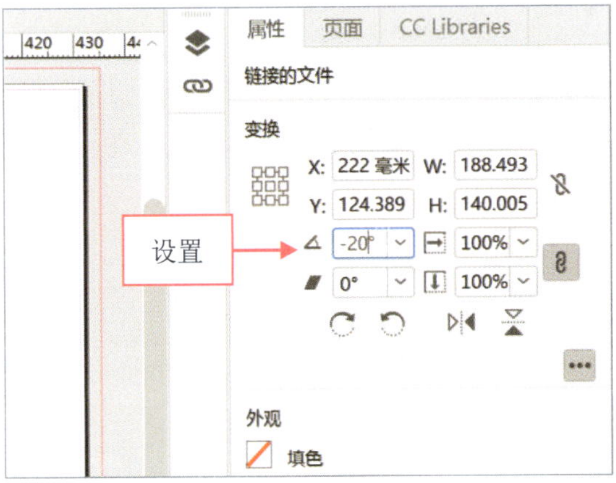

图 6-19　设置“旋转角度”为-20°

图 6-20　对图像进行精确旋转

> ▶ **专家指点**
>
> 在 InDesign 2021 中对图像进行旋转操作时，按住【Shift】键拖动图像，可以将旋转角度约束在 45° 倍数的方向上。

6.2.2　顺时针旋转 90°

顺时针旋转 90°

在 InDesign 2021 中，使用“顺时针旋转 90° ”命令可以对图像顺时针旋转 90° ，下面介绍具体操作方法。

Step 01　打开图像文件（素材\第 6 章\产品尺寸.indd），如图 6-21 所示。

Step 02　在文档窗口中，选择需要旋转的图像素材，如图 6-22 所示。

Step 03　在菜单栏中，单击“对象”|“变换”|“顺时针旋转 90° ”命令，如图 6-23 所示。

Step 04　执行上述操作后，即可将图像顺时针旋转 90° ，效果如图 6-24 所示。

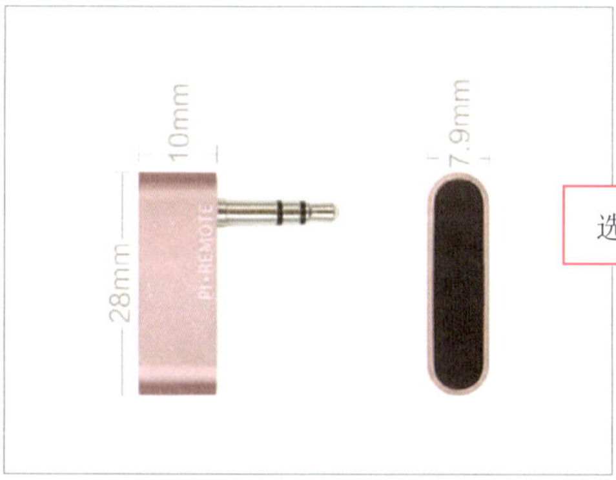

图 6-21　打开图像文件

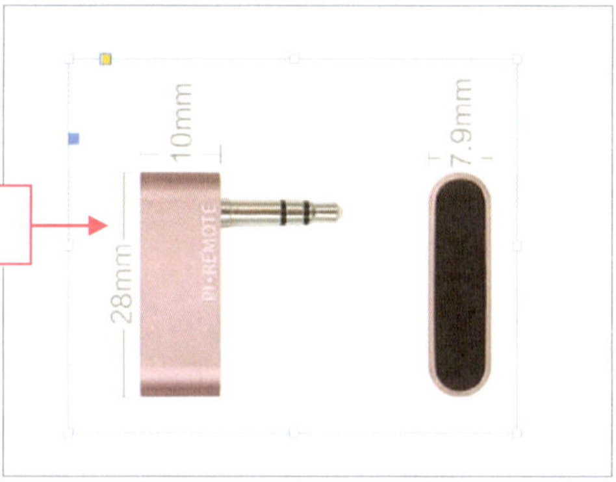

图 6-22　选择图像素材

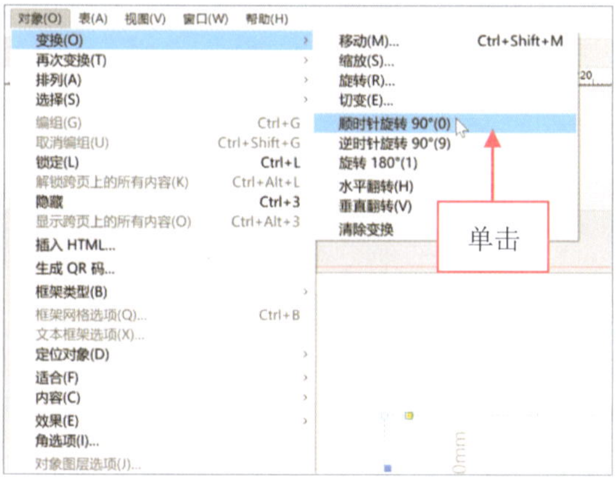

图 6-23　单击“顺时针旋转 90°”命令

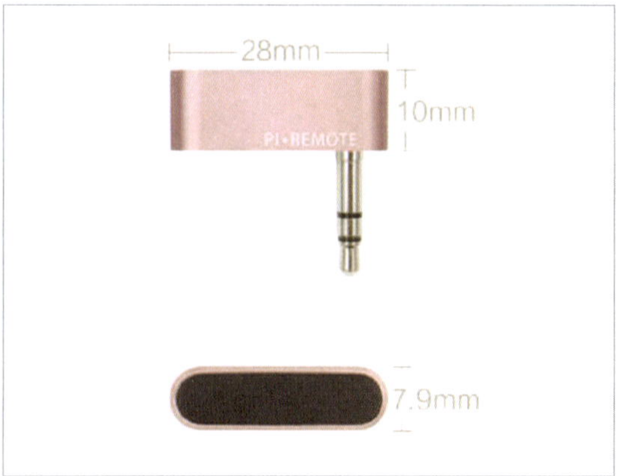

图 6-24　将图像顺时针旋转 90°

▶ 专家指点

在 InDesign 2021 中，依次按键盘上的【Alt】、【O】、【O】和【0】键，也可以快速执行“顺时针旋转 90°”命令。

Step 05　或者在“属性”面板中，单击“顺时针旋转 90°”按钮，如图 6-25 所示。

Step 06　执行上述操作后，也可以对图像顺时针旋转 90°，效果如图 6-26 所示。

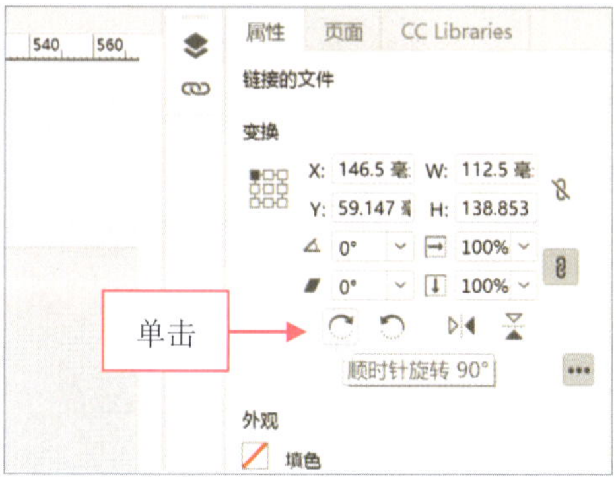

图 6-25　单击“顺时针旋转 90°”按钮

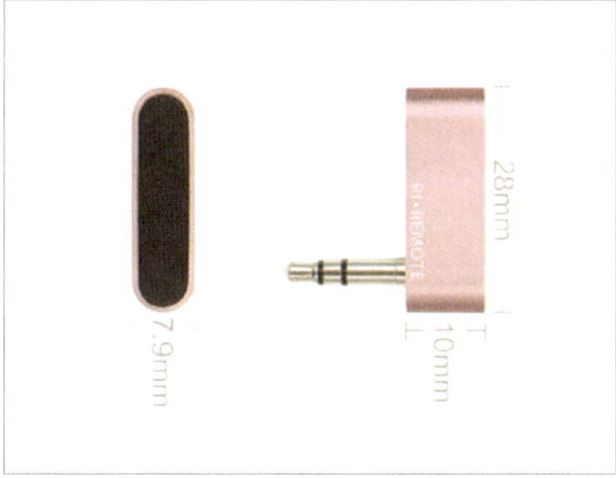

图 6-26　对图像顺时针旋转 90°

6.2.3 逆时针旋转 90°

在 InDesign 2021 中，对图像逆时针旋转 90° 与顺时针旋转 90° 的操作刚好相反。下面介绍 X 种逆时针旋转 90° 的方法。

第一种：在菜单栏中单击“对象”|“变换”|“逆时针旋转 90° ”命令，如图 6-27 所示。

第二种：在“属性”面板中，单击“逆时针旋转 90° ”按钮，如图 6-28 所示。

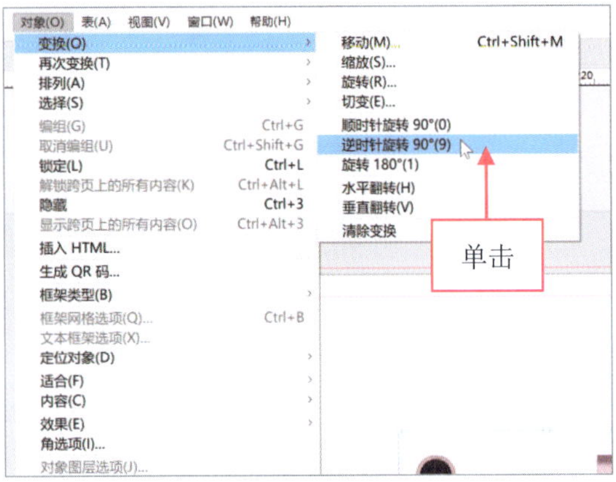

图 6-27 单击“逆时针旋转 90° ”命令

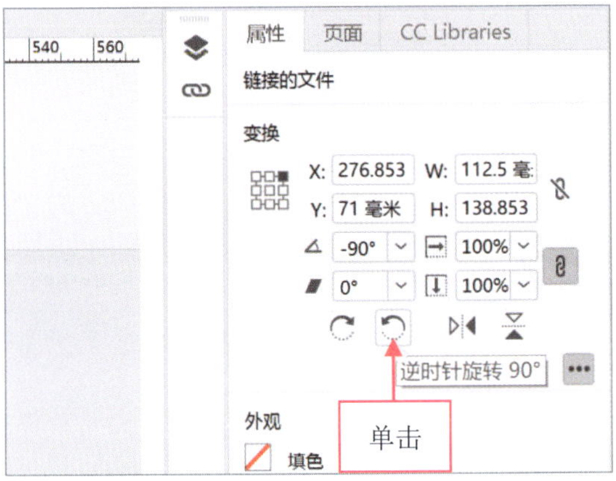

图 6-28 单击“逆时针旋转 90° ”按钮

第三种：在需要旋转的图像上，单击鼠标右键，在弹出的快捷菜单中选择“变换”|“逆时针旋转 90° ”选项，如图 6-29 所示；执行上述操作后，即可对图像逆时针旋转 90° ，效果如图 6-30 所示。

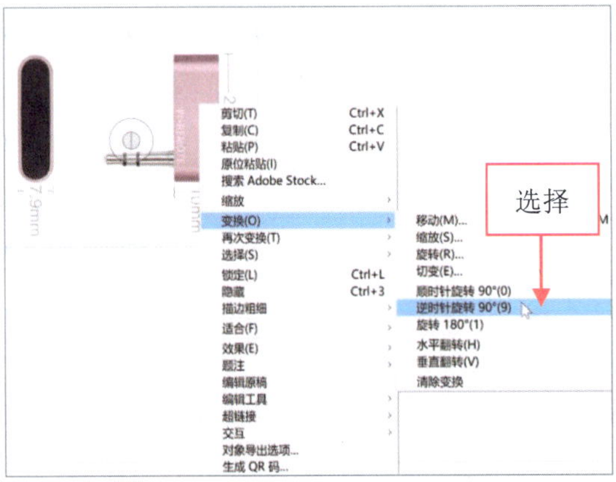

图 6-29 选择“逆时针旋转 90° ”选项

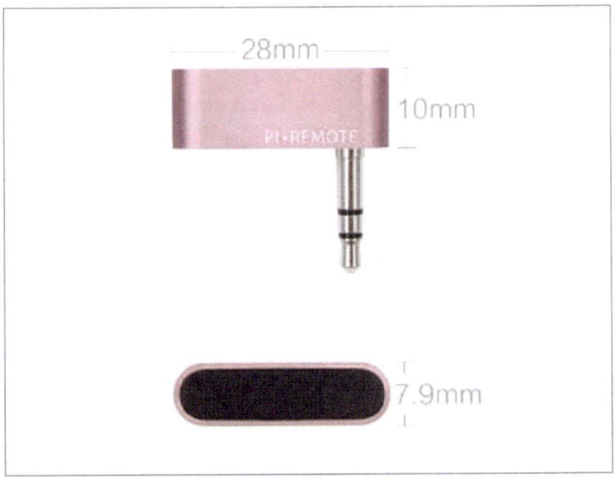

图 6-30 对图像逆时针旋转 90°

第四种：选择相应图像后，依次按键盘上的【Alt】、【O】、【O】和【9】键，也可以快速执行“逆时针旋转 90° ”命令。

6.2.4 将对象旋转 180°

将对象旋转 180°

在 InDesign 2021 中，还可以对图像进行 180° 的旋转操作，下面介绍具体操作方法。

Step 01　打开图像文件（素材\第 6 章\蛋糕.indd），如图 6-31 所示。

Step 02　选择图像素材，单击“对象”|“变换”|“旋转 180°”命令，如图 6-32 所示。

图 6-31　打开图像文件

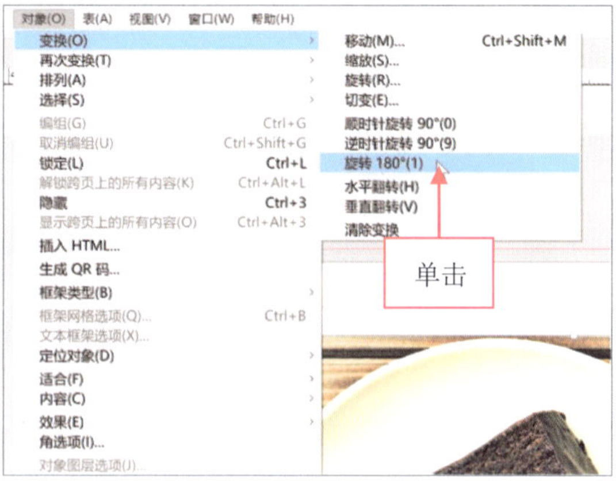

图 6-32　单击“旋转 180°”命令

Step 03　或者在文档窗口中需要旋转的图像上，单击鼠标右键，在弹出的快捷菜单中选择“变换”|“旋转 180°”选项，如图 6-33 所示。

Step 04　执行上述操作后，即可将图像旋转 180°，效果如图 6-34 所示。

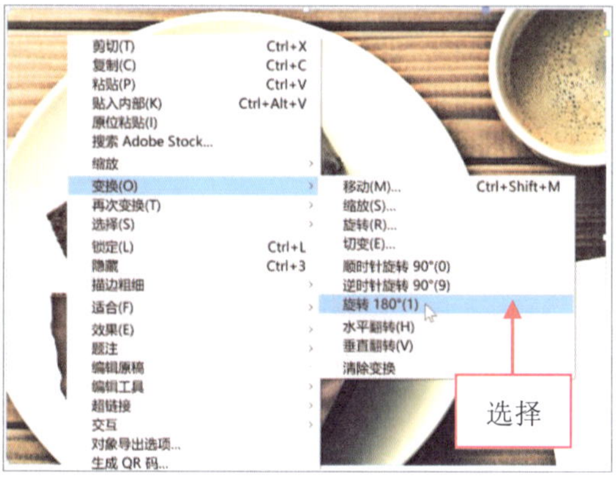

图 6-33　选择“旋转 180°”选项

图 6-34　将图像旋转 180°

> **专家指点**
>
> 在 InDesign 2021 中，用户还可以通过以下两种方法将图像旋转 180°。
>
> ➢ 面板：在“属性”面板中，设置“旋转角度”为 180°。
>
> ➢ 快捷键：依次按键盘上的【Alt】、【O】、【O】和【1】键，也可以快速执行“旋转 180°”命令。

6.2.5　水平翻转对象

在 InDesign 2021 中，使用“水平翻转”命令可以对图像进行水平翻转。下面介绍水平翻转图像素材的操作方法。

水平翻转对象

Step 01 打开图像文件（素材\第 6 章\汽车.indd），如图 6-35 所示。

Step 02 选择图像素材，单击“对象”|“变换”|“水平翻转”命令，如图 6-36 所示。

图 6-35 打开图像文件

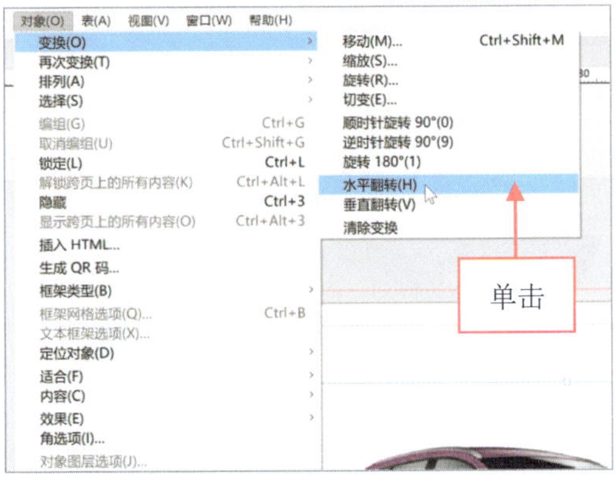

图 6-36 单击“水平翻转”命令

Step 03 或者在文档窗口中的图像上，单击鼠标右键，在弹出的快捷菜单中选择“变换”|“水平翻转”选项，如图 6-37 所示。

Step 04 执行上述操作后，即可对图像进行水平翻转，效果如图 6-38 所示。

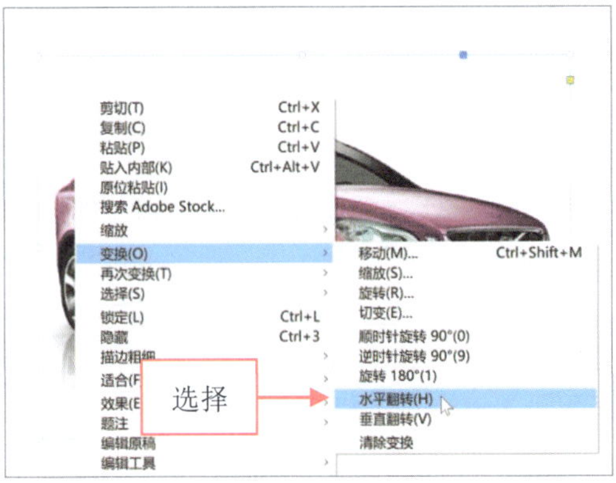

图 6-37 选择“水平翻转”选项

图 6-38 对图像进行水平翻转

▶ 专家指点

在 InDesign 2021 中，用户还可以通过以下两种方法对图像进行水平翻转操作。

➢ 按钮：在“属性”面板中，单击“水平翻转”按钮▷|◀。

➢ 快捷键：依次按键盘上的【Alt】、【O】、【O】和【H】键，也可以快速执行“水平翻转”命令。

6.2.6 垂直翻转对象

在 InDesign 2021 中，使用“垂直翻转”命令可以对图像进行垂直翻转。下面介绍垂直翻转图像素材的操作方法。

垂直翻转对象

Step 01 打开图像文件（素材\第 6 章\水面倒影.indd），如图 6-39 所示。

Step 02 选择图像素材，单击“对象”|“变换”|“垂直翻转”命令，如图 6-40 所示。

图 6-39　打开图像文件

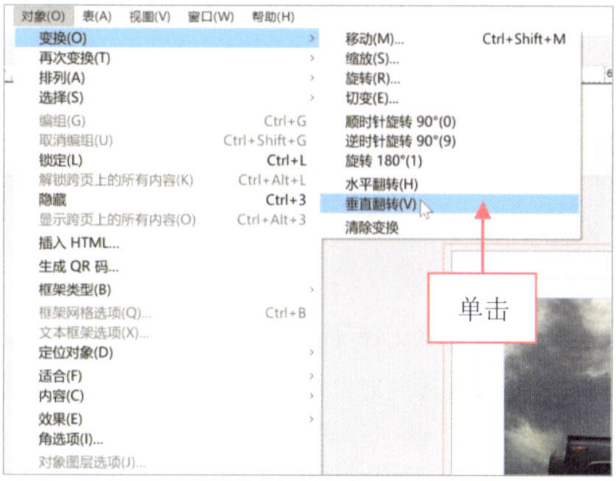

图 6-40　单击“垂直翻转”命令

Step 03 或者在文档窗口中的图像上，单击鼠标右键，在弹出的快捷菜单中选择“变换”|“垂直翻转”选项，如图 6-41 所示。

Step 04 执行上述操作后，即可对图像进行垂直翻转，效果如图 6-42 所示。

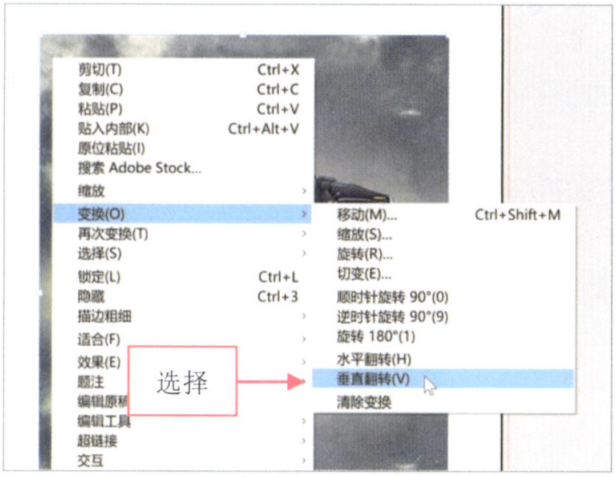

图 6-41　选择“垂直翻转”选项

图 6-42　对图像进行垂直翻转

▶ 专家指点

在 InDesign 2021 中，用户还可以通过以下两种方法对图像进行垂直翻转操作。

➢ 按钮：在“属性”面板中，单击“垂直翻转”按钮。

➢ 快捷键：依次按键盘上的【Alt】、【O】、【O】和【V】键，也可以快速执行“垂直翻转”命令。

6.3 缩放对象

在 InDesign 2021 中，如果用户对素材的大小不满意，此时可以对素材进行缩放操作，使制作的图像效果更加符合用户的要求。本节主要讲解缩放对象的两种常用方法，一种是使用缩放工具进行操作；另一种是使用“属性”面板进行操作。

6.3.1 使用工具缩放对象

使用缩放工具可以随意调整图像的大小，下面介绍使用工具缩放对象的操作方法。

使用工具缩放对象

Step01 打开图像文件（素材\第 6 章\商品描述.indd），如图 6-43 所示。

Step02 在文档窗口中，选择需要缩放的图像素材，如图 6-44 所示。

图 6-43 打开图像文件

图 6-44 选择需要缩放的对象

Step03 在工具箱中，选取缩放工具，如图 6-45 所示，定位素材左上角为缩放中心点。

Step04 将鼠标移至图像上，按住【Shift】键的同时按住鼠标左键并向右下角拖动，显示虚线框，表示素材将被放大，如图 6-46 所示。

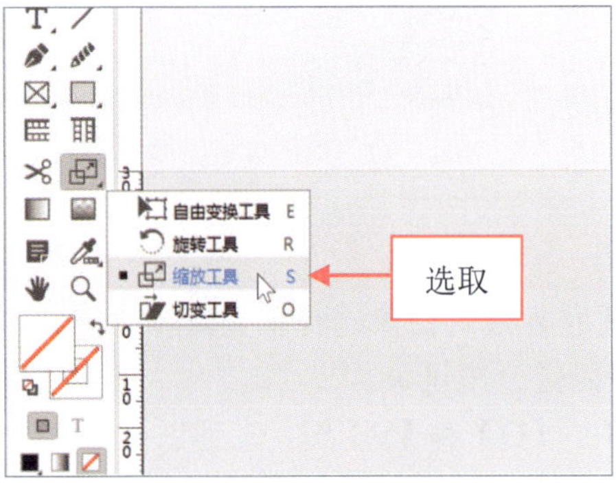

图 6-45 选取缩放工具

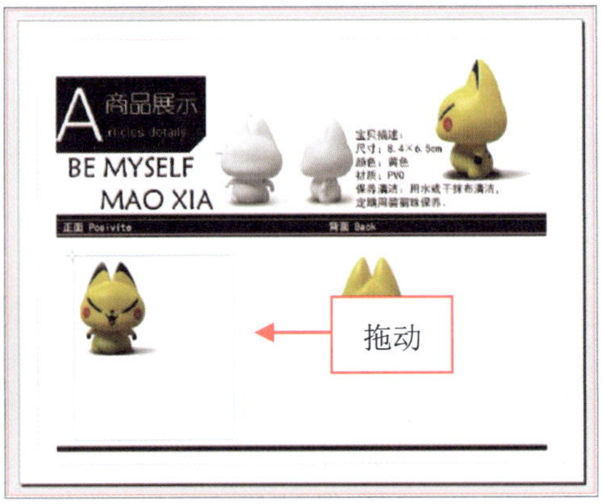

图 6-46 显示虚线框

Step05 拖动至合适位置后释放鼠标左键，即可放大图像，效果如图 6-47 所示。

图 6-47　放大图像后的效果

6.3.2　精确缩放对象

在缩放工具上双击鼠标左键，在弹出的“缩放”对话框中设置各参数，可以精确调整对象的大小。下面介绍精确缩放对象的操作方法。

精确缩放对象

Step 01 在 6.3.1 的基础上，使用选择工具选择右侧的图像素材，如图 6-48 所示。

Step 02 定位素材左上角为缩放中心点，在工具箱中双击缩放工具，弹出“缩放”对话框，在其中设置“X 缩放”和“Y 缩放”均为 180%，如图 6-49 所示。

图 6-48　选择图像

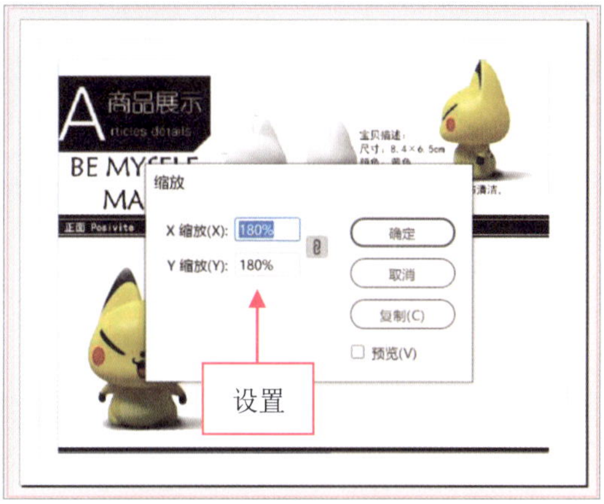

图 6-49　设置各参数

> **▶ 专家指点**
>
> 在 InDesign 2021 中，按【S】键，也可以快速切换至缩放工具。另外，在“属性”面板中设置“X 缩放百分比”参数，也可以精确调整图像的大小。

Step 03 单击“确定”按钮，即可精确缩放图像，效果如图 6-50 所示。

图 6-50　精确缩放图像

6.4　切变对象

在 InDesign 2021 中，使用切变工具可以对图像进行斜切变换处理，制作出变化多样的图像效果。本节主要介绍两种切变对象的操作方法，希望读者熟练掌握本节内容。

6.4.1　使用工具切变对象

使用工具切变对象

选取工具箱中的切变工具，可以随意切变图像的样式，具体操作步骤如下。

Step 01　打开图像文件（素材\第 6 章\幸福进行曲.indd），如图 6-51 所示。

Step 02　在文档窗口中，选择需要切变的图像素材，如图 6-52 所示。

图 6-51　打开图像文件

图 6-52　选择需要切变的对象

▶ 专家指点

在 InDesign 2021 中，按【O】键，也可以快速切换至切变工具。

Step 03　在工具箱中，选取切变工具，如图 6-53 所示。

Step 04　在图像的右下角位置单击鼠标左键，确定切变的中心点，按住【Shift】键的同时按住鼠标左键并向右拖动，即可对图像进行切变处理，效果如图 6-54 所示。

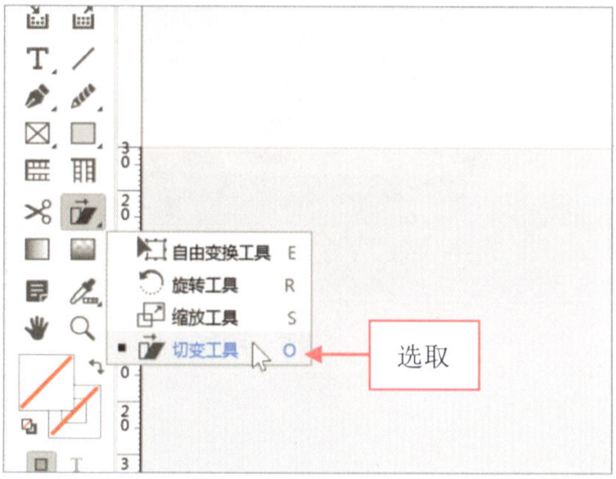

图 6-53　选取切变工具

图 6-54　对图像进行切变处理

6.4.2　精确切变对象

在 InDesign 2021 中，运用“切变”对话框可以设置切变参数，对图像进行精确切变处理。下面介绍精确切变对象的操作方法。

精确切变对象

Step 01　打开图像文件（素材\第 6 章\宣传页.indd），如图 6-55 所示。

Step 02　在文档窗口中，选择需要切变的图像素材，如图 6-56 所示。

图 6-55　打开图像文件

图 6-56　选择图像素材

▶ 专家指点

在“属性”面板中，设置“X 切变角度”参数，也可以精确切变图像素材。

Step 03　在工具箱中，双击切变工具，弹出“切变”对话框，在其中设置“切变角度”为-20°，在“轴”选项区中选中“水平”单选按钮，如图 6-57 所示。

Step 04　单击“确定”按钮，即可运用对话框精确切变图像，效果如图 6-58 所示。

图 6-57　设置各参数

图 6-58　精确切变图像

6.5　再次变换对象

在 InDesign 2021 中，当用户对某个素材进行了变换操作后，运用“再次变换”命令可以重复变换操作。在“再次变换”子菜单中，包括“再次变换”“逐个再次变换”“再次变换序列”以及“逐个再次变换序列”等命令，本节主要针对这四个命令进行详细讲解，希望读者熟练掌握再次变换的操作方法。

6.5.1　再次变换对象

再次变换对象

运用“再次变换”命令可以将最后一个变换操作应用于当前选择的图像素材中，相当于重复之前的变换操作。下面介绍再次变换对象的操作方法。

Step 01　打开图像文件（素材\第 6 章\鞋子.indd），如图 6-59 所示。

Step 02　在文档窗口中，选择需要变换的图像素材，如图 6-60 所示。

图 6-59　打开图像文件

图 6-60　选择图像素材

Step 03　定位左上角为旋转中心点，在菜单栏中单击“对象”|“变换”|“旋转”命令，弹出“旋转”对话框，在其中设置“角度”为 15°，如图 6-61 所示。

Step 04　单击“确定”按钮，即可对图像进行旋转操作，如图 6-62 所示。

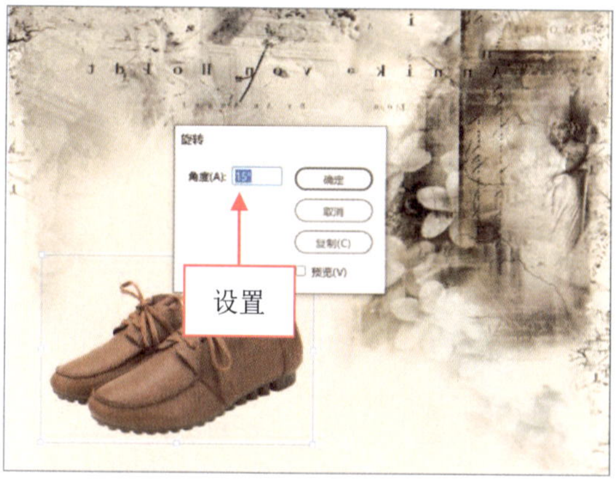

图 6-61　设置“角度”为 15°

图 6-62　对图像进行旋转操作

> ▶ **专家指点**
>
> 在旋转工具上双击鼠标左键，也可以弹出“旋转”对话框，在该对话框中各主要选项含义如下。
>
> ➢ “角度”数值框：在其中输入相应参数，可以对选中的素材进行任意旋转。输入正数时，为逆时针方向旋转；输入负数时，为顺时针方向旋转。
>
> ➢ “复制”按钮：单击该按钮，在旋转的同时对选中的图像进行复制操作。
>
> ➢ “预览”复选框：选中该复选框，可以预览旋转后的图像效果。

Step 05　在菜单栏中，单击“对象”|“再次变换”|“再次变换”命令，如图 6-63 所示。

Step 06　执行上述操作后，即可将图像再次旋转 15°，效果如图 6-64 所示。

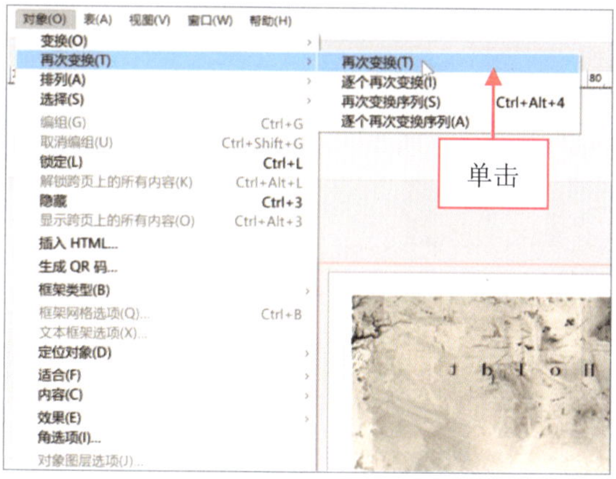

图 6-63　单击“再次变换”命令

图 6-64　将图像再次旋转 15°

Step 07　还可以在文档窗口中的图像上，单击鼠标右键，在弹出的快捷菜单中选择“再次变换”|“再次变换”选项，如图 6-65 所示。

Step 08　执行上述操作后，继续将图像旋转 15°，然后调整图像位置，效果如图 6-66 所示。

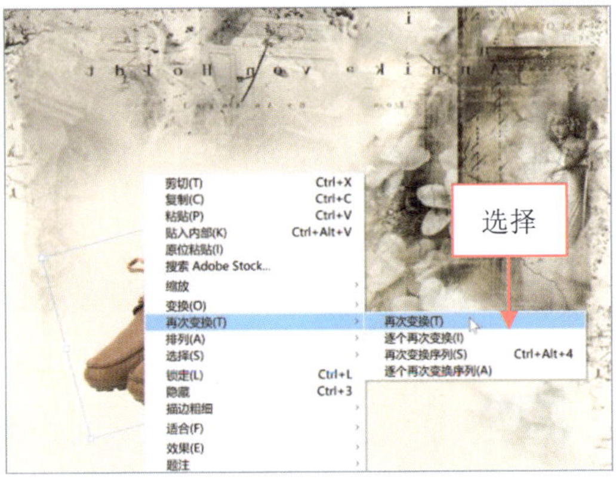

图 6-65 选择“再次变换”选项

图 6-66 继续将图像旋转 15°

6.5.2 逐个再次变换对象

逐个再次变换对象

“逐个再次变换”命令可以将最后一个变换操作逐个应用于选中的素材中，而“再次变换”命令会将选中的所有素材作为一个整体进行变换，这是两个命令的区别。下面介绍逐个再次变换对象的操作方法。

Step 01 打开图像文件（素材\第 6 章\产品.indd），如图 6-67 所示。

Step 02 选择右上角的图像素材，将其旋转 15°，效果如图 6-68 所示。

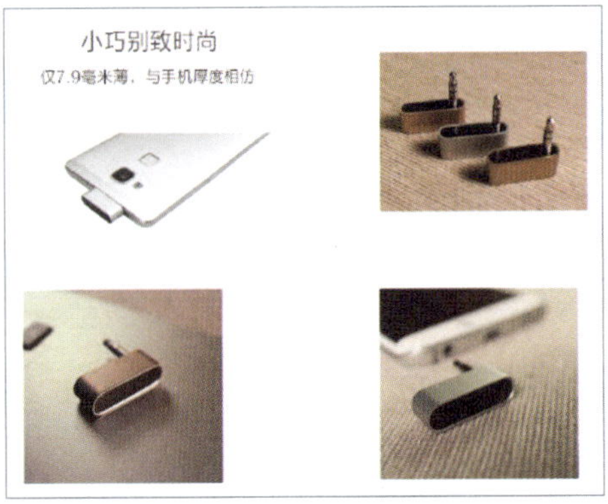

图 6-67 打开图像文件

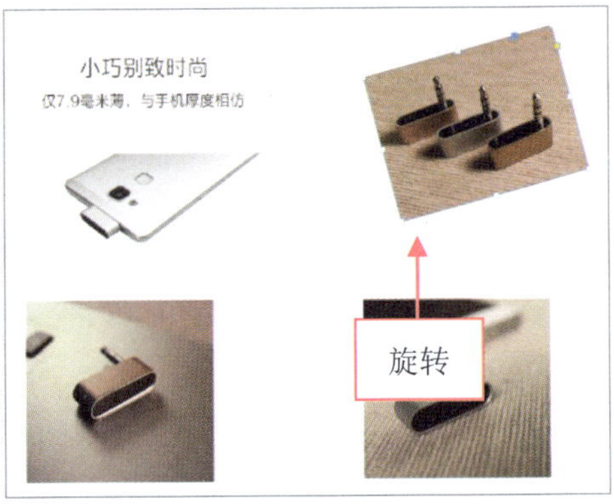

图 6-68 将素材旋转 15°

Step 03 选择下方的两个图像素材，如图 6-69 所示。

Step 04 如果运用“对象”|“再次变换”|“再次变换”命令，则两个素材会作为一个整体进行变换操作，如图 6-70 所示。

▶ 专家指点

在需要逐个变换的图像素材上，单击鼠标右键，在弹出的快捷菜单中选择“再次变换”|“逐个再次变换”选项，也可以对图像进行逐个变换操作。

Step 05 按【Ctrl + Z】组合键，还原操作。在菜单栏中单击“对象”|“再次变换”|“逐个再次变换”命令，如图 6-71 所示。

Step 06 执行上述操作后，两个素材会作为单独的对象进行逐个变换操作，效果如图 6-72 所示。

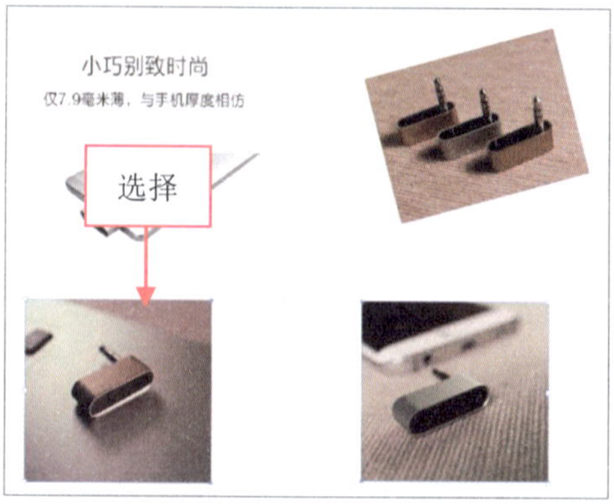

图 6-69　选择两个图像素材

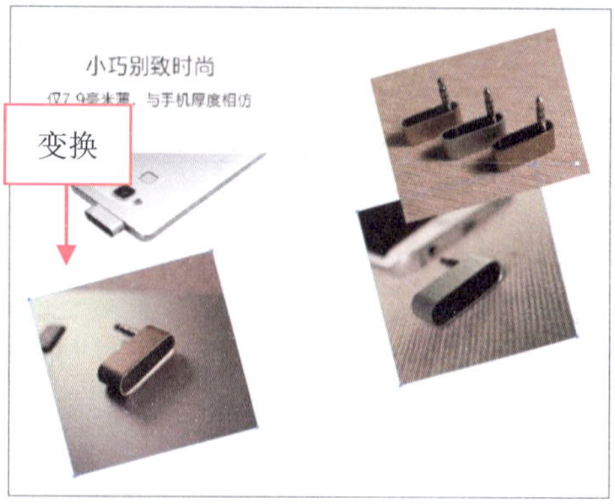

图 6-70　运用“再次变换”命令进行操作

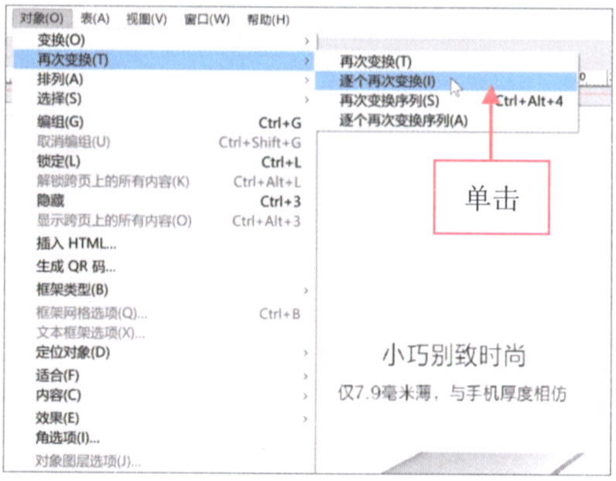

图 6-71　单击“逐个再次变换”命令

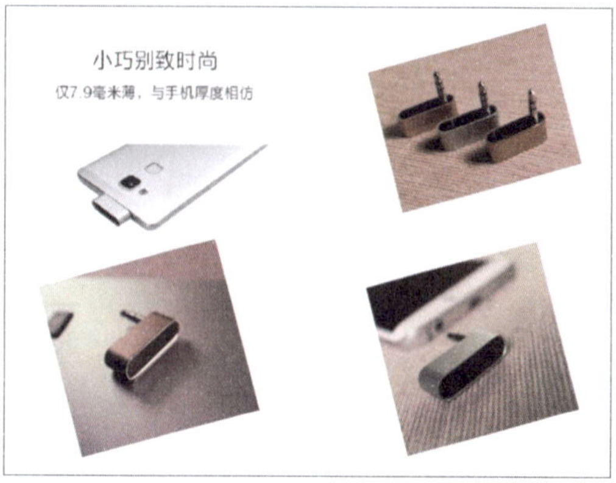

图 6-72　逐个变换图像的效果

> **▶ 专家指点**
>
> 在 InDesign 2021 中，依次按键盘上的【Alt】、【O】、【T】和【I】键，也可以快速执行“逐个再次变换”命令。

6.5.3　再次变换序列对象

再次变换序列对象

在 InDesign 2021 中，使用“再次变换序列”命令可以将最后一组变换操作序列应用于当前选择的图像素材上。下面介绍再次变换序列对象的操作方法。

Step 01 打开图像文件（素材\第 6 章\荷花.indd），如图 6-73 所示。

Step 02 运用选择工具选择三张照片，将照片向右移动一段距离，如图 6-74 所示。

> **▶ 专家指点**
>
> 在 InDesign 2021 中，按【Ctrl + Alt + 4】组合键，也可以执行“再次变换序列”命令。

图 6-73　打开图像文件

图 6-74　向右移动一段距离

Step 03　在“属性”面板中设置“旋转角度”为 10°，进行旋转操作，如图 6-75 所示。

Step 04　在菜单栏中单击“对象”|“再次变换”|“再次变换序列”命令，如图 6-76 所示。

图 6-75　对 3 张照片进行旋转操作

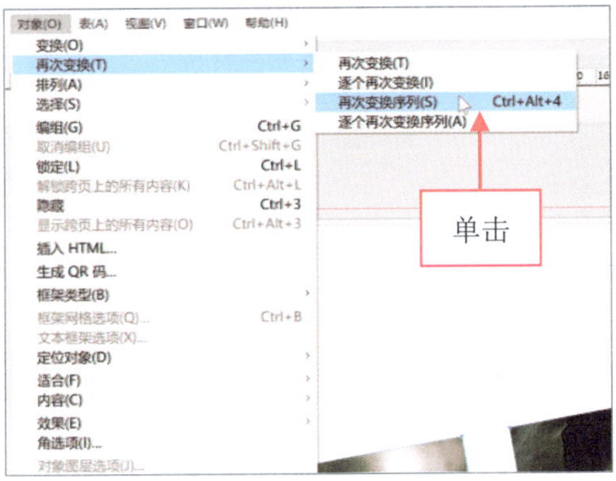

图 6-76　单击“再次变换序列”命令

Step 05　或者在选择的照片上，单击鼠标右键，在弹出的快捷菜单中选择“再次变换”|“再次变换序列”选项，如图 6-77 所示。

Step 06　执行上述操作后，即可再次对三张照片进行移动、旋转操作，效果如图 6-78 所示。

图 6-77　选择“再次变换序列”选项

图 6-78　再次进行移动、旋转操作

6.5.4　逐个再次变换序列

在 InDesign 2021 中，使用“逐个再次变换序列”命令可以将最后一组变换操作序列逐个应用于当前选择的图像素材上。下面介绍逐个再次变换序列对象的操作方法。

逐个再次变换序列

Step 01 打开图像文件（素材\第 6 章\桃花.indd），如图 6-79 所示。

Step 02 运用选择工具选择三张照片，将照片向右移动一段距离，如图 6-80 所示。

图 6-79　打开图像文件

图 6-80　向右移动一段距离

Step 03 在“属性”面板中设置“旋转角度”为 10° ，进行旋转操作，如图 6-81 所示。

Step 04 在菜单栏中，单击“对象”|“再次变换”|“逐个再次变换序列”命令，如图 6-82 所示。

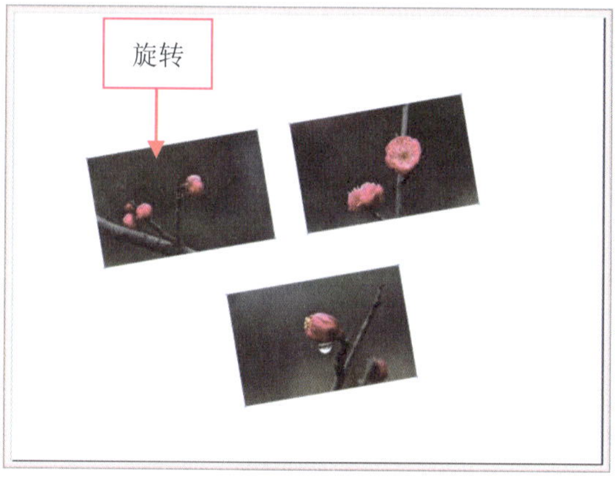

图 6-81　对照片进行旋转操作

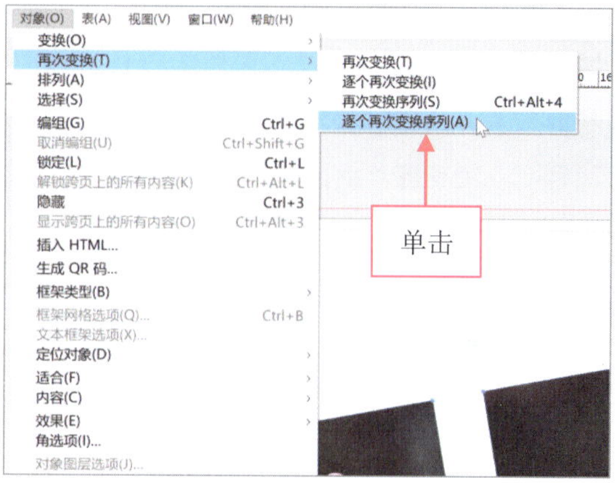

图 6-82　单击“逐个再次变换序列”命令

> **▶ 专家指点**
>
> 在 InDesign 2021 中，依次按键盘上的【Alt】、【O】、【T】和【A】键，也可以快速执行“逐个再次变换序列”命令。

Step 05 或者在选择的照片上，单击鼠标右键，在弹出的快捷菜单中选择“再次变换”|“逐个再次变换序列”选项，如图 6-83 所示。

Step 06 执行上述操作后，即可再次对三张照片进行逐个移动、旋转操作，效果如图 6-84 所示。

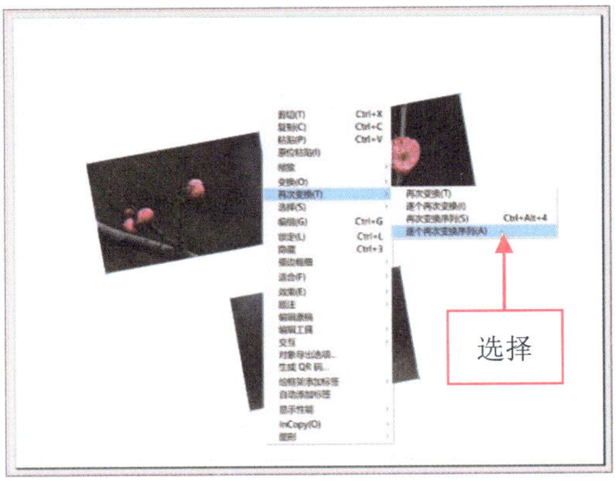

图 6-83　选择“逐个再次变换序列”选项

图 6-84　对照片进行逐个变换序列操作

6.6　排列与对齐对象

在 InDesign 2021 中，当用户在文档窗口中置入多个图像素材时，可以根据需要调整图像的排列与对齐方式，图像的堆叠顺序不同，展现出来的版面效果也不同。本节主要介绍排列与对齐对象的各种常用方法。

6.6.1　置于顶层

置于顶层

使用“置于顶层”命令可以将素材置于画面的顶层，不受其他素材的遮挡。下面介绍将素材置于顶层的操作方法。

Step 01　打开图像文件（素材\第 6 章\汽车保养.indd），如图 6-85 所示。

Step 02　在文档窗口中，选择需要置于顶层的汽车素材，如图 6-86 所示。

图 6-85　打开图像文件

图 6-86　选择汽车素材

Step 03　在菜单栏中，单击“对象”|“排列”|“置于顶层”命令，如图 6-87 所示。

Step 04　执行上述操作后，即可将汽车素材置于顶层，效果如图 6-88 所示。

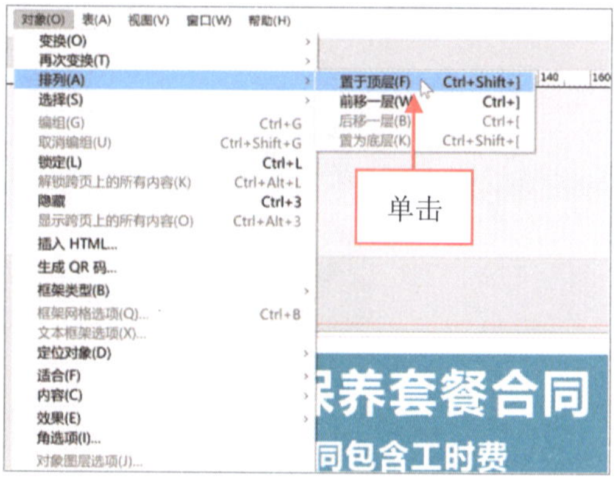

图 6-87　单击“置于顶层”命令

图 6-88　将汽车素材置于顶层

▶ 专家指点

在 InDesign 2021 中，用户还可以通过以下三种方法将对象置于顶层。

➢ 快捷键：按【Ctrl + Shift +]】组合键。

➢ 选项一：在文档窗口中的素材上，单击鼠标右键，在弹出的快捷菜单中选择“排列”|“置于顶层”选项，如图 6-89 所示。

➢ 选项二：在“属性”面板中的“快速操作”选项区中，单击“排列”按钮，在弹出的列表框中选择“置于顶层”选项，如图 6-90 所示。

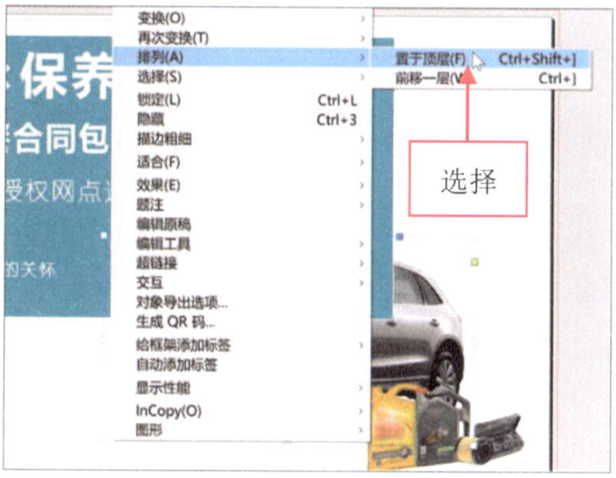

图 6-89　选择“置于顶层”选项（1）

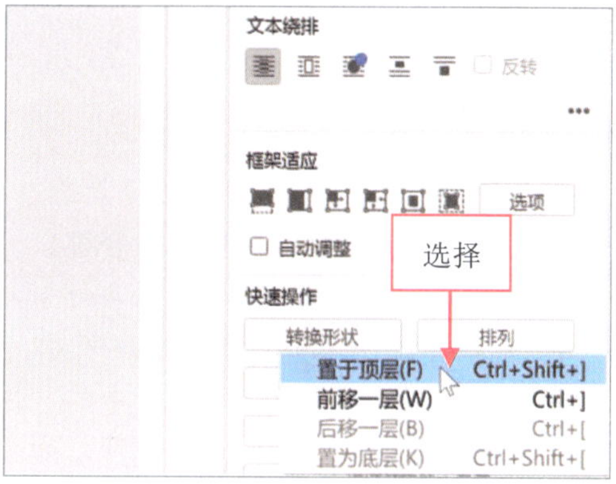

图 6-90　选择“置于顶层”选项（2）

6.6.2　前移一层

在 InDesign 2021 中，“前移一层”命令是指将素材向前移一层，下面介绍具体操作方法。

前移一层

Step 01　打开图像文件（素材\第 6 章\吉普车.indd），如图 6-91 所示。

Step 02　在文档窗口中，选择需要前移一层的汽车素材，如图 6-92 所示。

Step 03　在菜单栏中，单击“对象”|“排列”|“前移一层”命令，如图 6-93 所示。

Step 04　执行上述操作后，即可将汽车素材前移一层，效果如图 6-94 所示。

图 6-91　打开图像文件

图 6-92　选择汽车素材

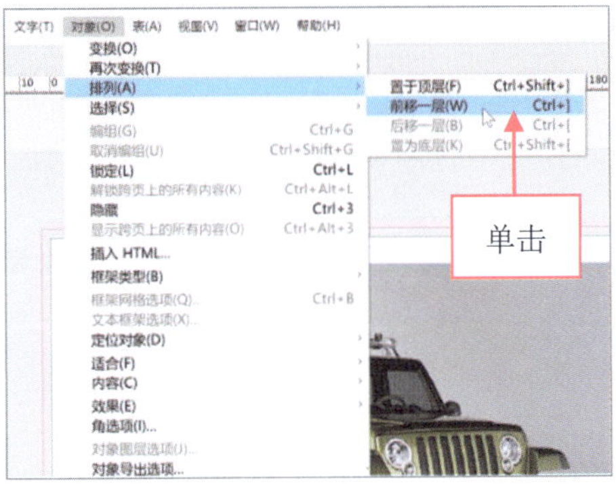

图 6-93　单击“前移一层”命令

图 6-94　将汽车素材前移一层

▶ 专家指点

在 InDesign 2021 中，用户还可以通过以下三种方法将对象置于顶层。

➢ 快捷键：按【Ctrl +]】组合键。

➢ 选项一：在文档窗口中的素材上，单击鼠标右键，在弹出的快捷菜单中选择“排列”|“前移一层”选项，如图 6-95 所示。

➢ 选项二：在“属性”面板中的“快速操作”选项区中，单击“排列”按钮，在弹出的列表框中选择“前移一层”选项，如图 6-96 所示。

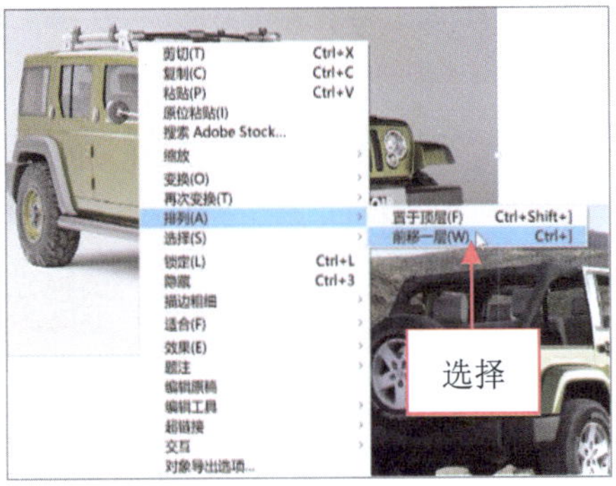

图 6-95　选择“前移一层”选项（1）

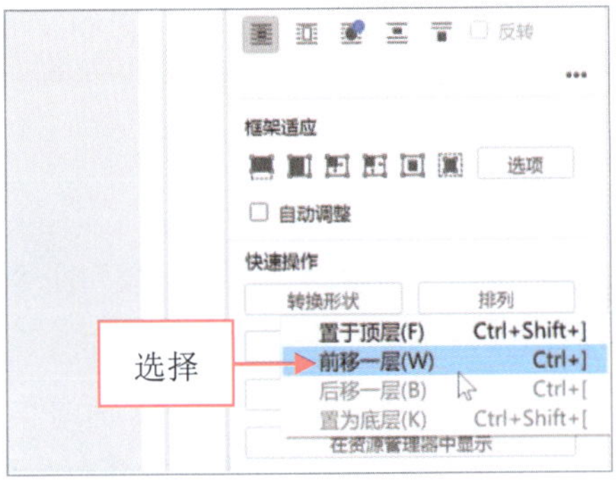

图 6-96　选择“前移一层”选项（2）

6.6.3　后移一层

在 InDesign 2021 中，“后移一层”命令是指将素材向后移一层，主要有以下四种方法。

第一种：在菜单栏中，单击“对象”|“排列”|“后移一层”命令，如图 6-97 所示。

第二种：在文档窗口中的素材上，单击鼠标右键，在弹出的快捷菜单中选择“排列”|“后移一层”选项，如图 6-98 所示。

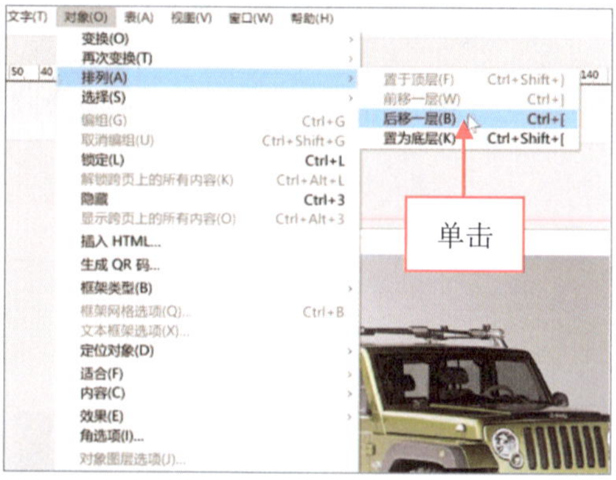

图 6-97　单击“后移一层”命令

图 6-98　选择“后移一层”选项（1）

第三种：在“属性”面板中的“快速操作”选项区中，单击“排列”按钮，在弹出的列表框中选择“后移一层”选项，如图 6-99 所示。

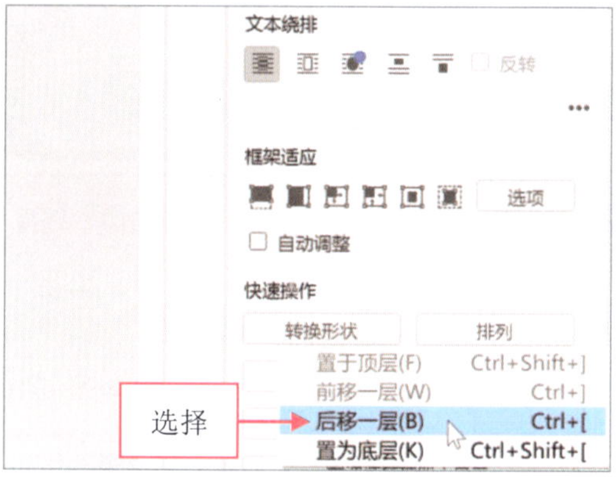

图 6-99　选择“后移一层”选项（2）

第四种：按【Ctrl + [】组合键。

6.6.4　置为底层

如果上方的图像遮挡了下方的图像，此时可以将上方的图像置为底层，将下方的图像显示出来。下面介绍将图象置为底层的操作方法。

置为底层

Step 01　打开图像文件（素材\第 6 章\路牌广告.indd），如图 6-100 所示。

Step 02　在文档窗口中，选择需要置为底层的图像素材，如图 6-101 所示。

图 6-100　打开图像文件

图 6-101　选择图像素材

Step03 在菜单栏中，单击“对象”|“排列”|“置为底层”命令，如图 6-102 所示。

Step04 或者在文档窗口中的图像素材上，单击鼠标右键，在弹出的快捷菜单中选择“排列”|“置为底层”选项，如图 6-103 所示。

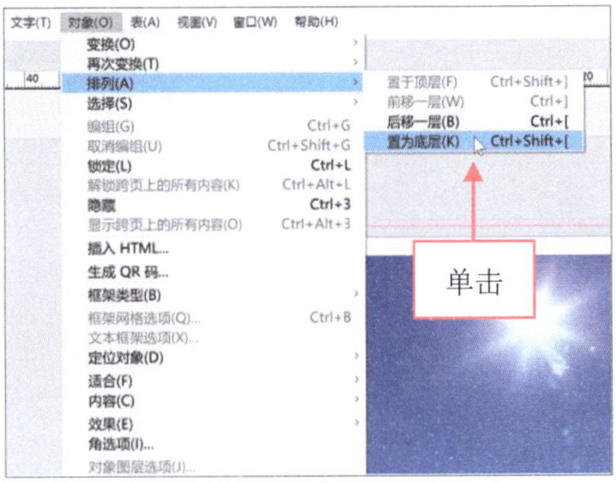

图 6-102　单击“置为底层”命令

图 6-103　选择“置为底层”选项（1）

Step05 还可以在“属性”面板中的“快速操作”选项区中，单击“排列”按钮，在弹出的列表框中选择“置为底层”选项，如图 6-104 所示。

Step06 执行上述操作后，即可将图像素材置为底层，效果如图 6-105 所示。

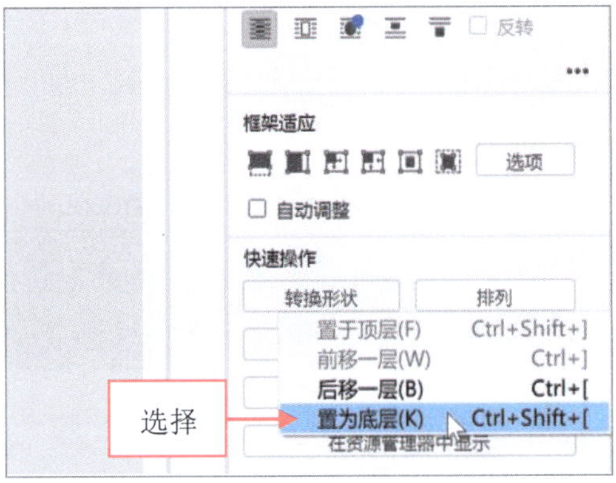

图 6-104　选择“置为底层”选项（2）

图 6-105　将图像素材置为底层

6.6.5　对齐对象

在 InDesign 2021 中，提供了六种对齐方式，分别为左对齐、水平居中对齐、右对齐、顶对齐、垂直居中对齐和底对齐，下面分别进行讲解。

对齐对象

Step 01 打开图像文件（素材\第 6 章\包.indd），如图 6-106 所示。

Step 02 在文档窗口中，选择需要对齐的图像素材，如图 6-107 所示。

图 6-106　打开图像文件

图 6-107　选择图像素材

Step 03 在“属性”面板的“对齐”选项区中，单击“左对齐”按钮，如图 6-108 所示。

Step 04 执行上述操作后，即可左对齐图像素材，如图 6-109 所示。

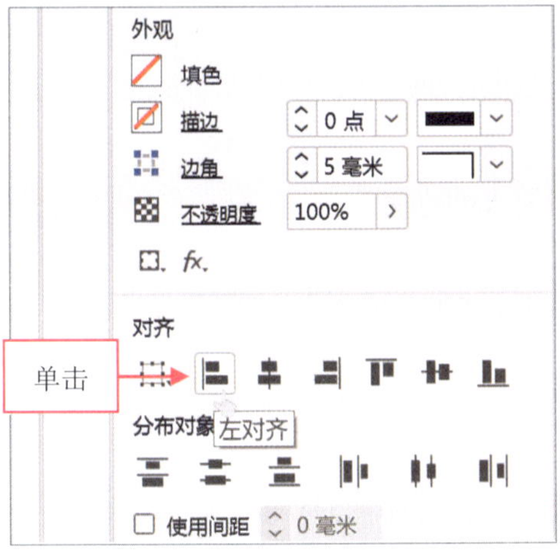

图 6-108　单击“左对齐”按钮

图 6-109　左对齐图像素材

Step 05 按【Ctrl + Z】组合键，还原操作。在“属性”面板的“对齐”选项区中，单击“水平居中对齐”按钮，如图 6-110 所示。

Step 06 执行上述操作后，即可水平居中对齐图像素材，如图 6-111 所示。

Step 07 还原上一步操作，然后在“属性”面板的“对齐”选项区中，单击“右对齐”按钮，如图 6-112 所示。

Step 08 执行上述操作后，即可右对齐图像素材，如图 6-113 所示。

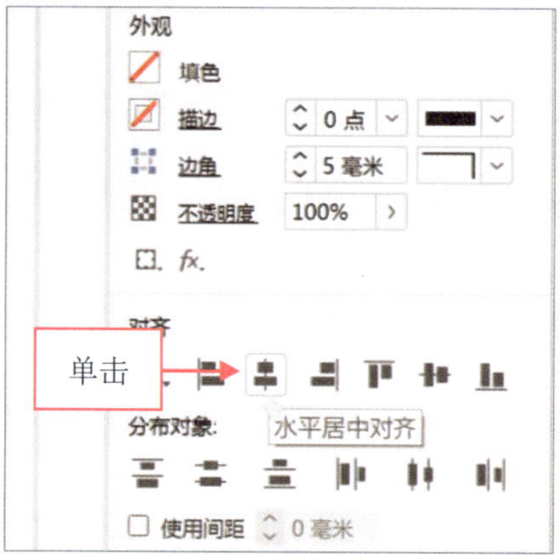

图 6-110　单击“水平居中对齐”按钮

图 6-111　水平居中对齐图像素材

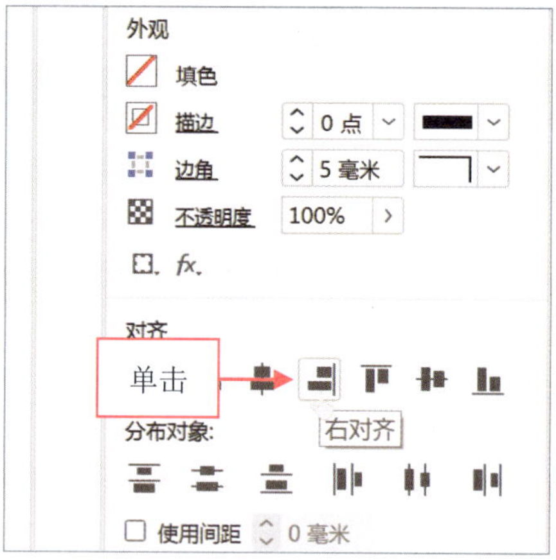

图 6-112　单击“右对齐”按钮

图 6-113　右对齐图像素材

Step 09　还原上一步操作，然后在“属性”面板的“对齐”选项区中，单击“顶对齐”按钮，如图 6-114 所示。

Step 10　执行上述操作后，即可顶对齐图像素材，如图 6-115 所示。

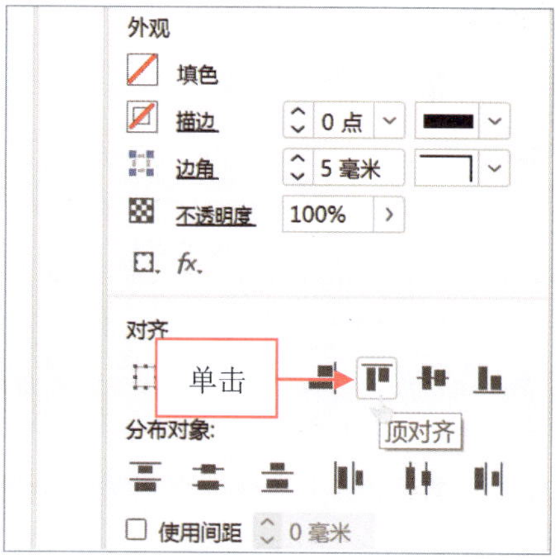

图 6-114　单击“顶对齐”按钮

图 6-115　顶对齐图像素材

Step 11 还原上一步操作，然后在“属性”面板的“对齐”选项区中，单击“垂直居中对齐”按钮，如图 6-116 所示。

Step 12 执行上述操作后，即可垂直居中对齐图像素材，如图 6-117 所示。

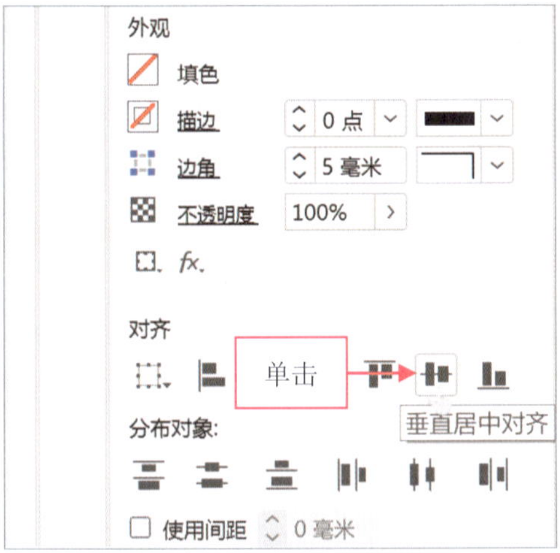

图 6-116　单击“垂直居中对齐”按钮

图 6-117　垂直居中对齐图像素材

Step 13 还原上一步操作，然后在“属性”面板的“对齐”选项区中，单击“底对齐”按钮，如图 6-118 所示。

Step 14 执行上述操作后，即可底对齐图像素材，如图 6-119 所示。

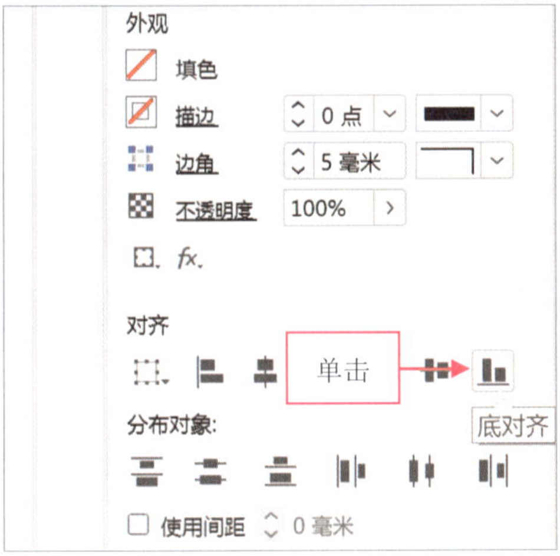

图 6-118　单击“底对齐”按钮

图 6-119　底对齐图像素材

6.6.6　分布对象

在 InDesign 2021 中，单击“分布对象”选项区中的相应按钮，可以对图像素材进行分布操作。下面介绍分布对象的操作方法。

分布对象

Step 01 打开图像文件（素材\第 6 章\高跟鞋.indd），如图 6-120 所示。

Step 02 在文档窗口中，选择需要分布的图像素材，如图 6-121 所示。

图 6-120　打开图像文件

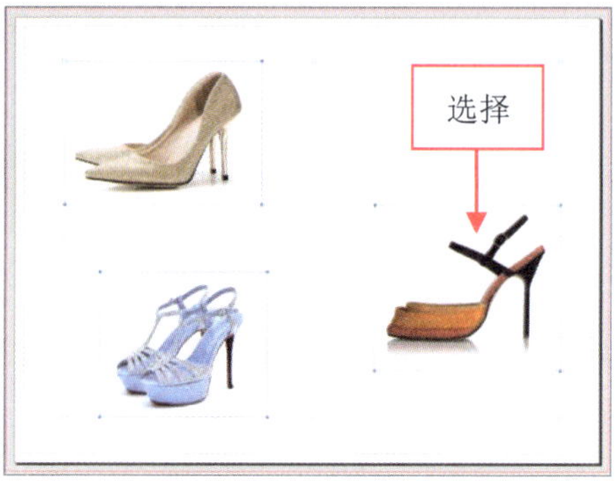

图 6-121　选择需要分布的对象

Step 03　在“属性”面板的“对齐”选项区中，单击“对齐选区”按钮，在弹出的列表框中选择“对齐页面”选项，如图 6-122 所示。

Step 04　在“分布对象”选项区中，单击“垂直居中分布”按钮，如图 6-123 所示。

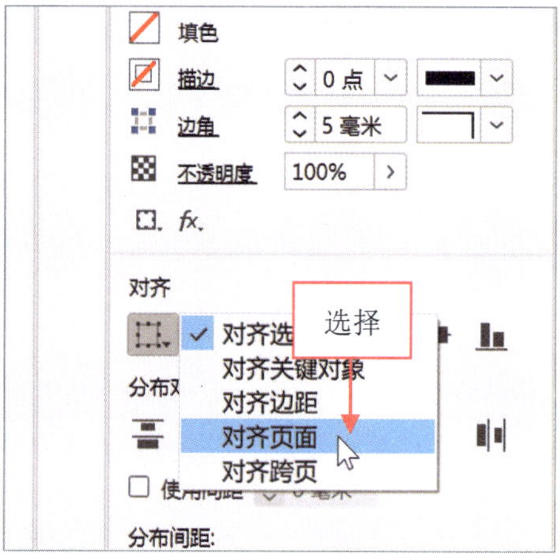

图 6-122　选择“对齐页面”选项

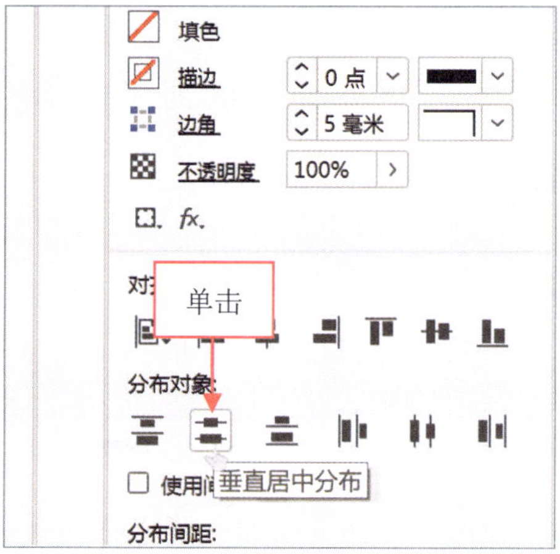

图 6-123　单击“垂直居中分布”按钮

Step 05　执行上述操作后，即可垂直分布对象，效果如图 6-124 所示。

图 6-124　垂直分布对象

本章小结

本章主要向读者介绍了变换与管理对象的方法，包括变换对象、旋转对象、水平翻转对象、垂直翻转对象、缩放对象、切变对象、再次变换对象、排列对象、对齐对象以及分布对象等内容。通过本章内容的学习，希望读者能够对图像的变换、对齐与分布操作有很好的掌握，能轻松管理各种图形或图像。

课后习题

课后习题

鉴于本章知识的重要性，为了帮助读者更好地掌握所学知识，本节将通过上机习题，帮助读者进行简单的知识回顾和补充。

本习题需要掌握矩形工具与钢笔工具的使用方法，绘制出矩形与直线图形，素材与效果如图 6-125 所示。

图 6-125　素材与效果

第 7 章 设置对象的颜色与效果

InDesign 2021 是一款专业的彩色排版软件，能够对出版物中的对象填充不同的颜色和渐变色等效果，并能运用到文字、图形和路径上，从而使出版物更加丰富生动。本章主要向读者介绍设置对象颜色与效果的操作方法，希望读者熟练掌握本章内容。

本章重点

- 颜色的类型与模式
- 使用“色板”面板
- 使用“颜色”面板填充对象
- 使用“渐变”面板填充对象
- 使用“描边”面板描边对象
- 使用工具箱中的填色与描边功能
- 为对象添加效果样式

7.1 颜色的类型与模式

色彩具有营造空间、突出主体、平衡画面、勾勒形态、制造氛围以及抒发情感等重要的画面创造功能。它能使图像变得明亮绚丽，也能使一幅本来毫无生气的图像充满活动。用户在应用 InDesign 2021 进行排版操作时，需要了解颜色的类型与模式，才能设计出丰富多彩的版面效果。

7.1.1 了解颜色类型

在 InDesign 2021 中，颜色类型分为两种：一种是印刷色；另一种是专色。当新建颜色色板时，在“颜色类型”列表框中可以选择这两种颜色类型，如图 7-1 所示。

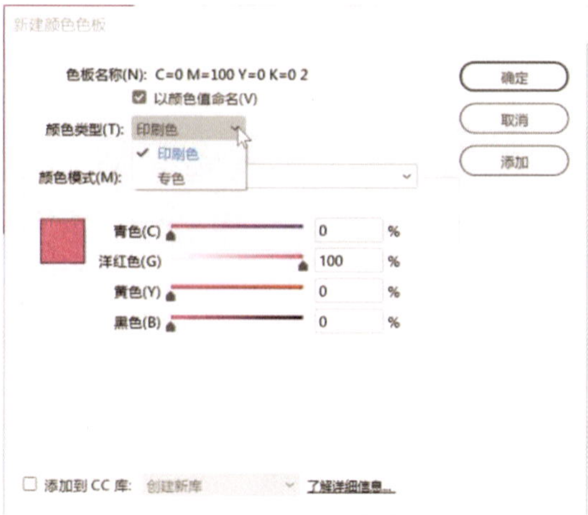

图 7-1 印刷色和专色

1. 印刷色

印刷色是由不同的 C、M、Y、K 百分比组成的颜色，也称为混合色，其中 C 代表青色，M 代表洋红色、Y 代表黄色、K 代表黑色，这四种颜色都有自己的色板，把这四种色板合到一起就形成了原色。用 RGB 模式定义的颜色，通常是专色或者用于屏幕显示。相反，由 CMYK 模式定义的颜色只能用于使用标准印刷色印刷的设计方案。

2. 专色

专色是一种特定的油墨色彩。在印刷时，不是通过印刷 C、M、Y、K 四色合成这种颜色，而是专门用一种特定的油墨来印刷该颜色。它是一种预先混合的特殊油墨，在印刷时需要使用专门的印版。

> ▶ 专家指点
>
> 指定专色印刷时，要想在打印的文档中实现最佳的颜色效果，就需要指定印刷商所支持的颜色匹配系统中的专色。

7.1.2 了解颜色模式

颜色模式是将某种颜色表现为数字形式的模型，或者说是一种记录图像颜色的方式，常用的颜色模式有 RGB 模式、CMYK 模式以及 Lab 模式等。

1. RGB 模式

RGB 模式是图形图像设计中最常用的色彩模式，它代表了可视光线的三种基本色，即红、绿、蓝，也称为“光学三原色”，每一种颜色存在着 256 个等级的强度变化。当三原色重叠时，由不同的混色比例和强度会产生其他的间色，三原色相加会产生白色，如图 7-2 所示。

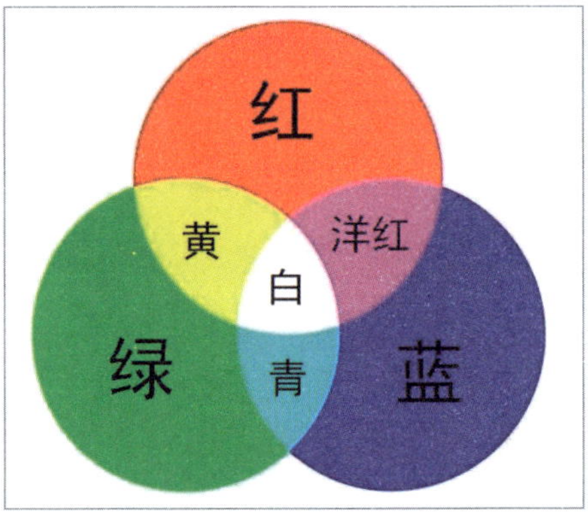

图 7-2 RGB 颜色模型

这三种颜色加起来共有 256×256×256＝16 777 216（24 位）种颜色，是目前应用得最广泛的色彩模式，也就是常说的真彩色，因此也称为真彩色模式。

2. CMYK 模式

CMYK 颜色模式是一种工业印刷的标准模式，其中四个字母分别指青（Cyan）、洋红（Magenta）、黄（Yellow）、黑（Black），在印刷中代表四种颜色的油墨，如图 7-3 所示。

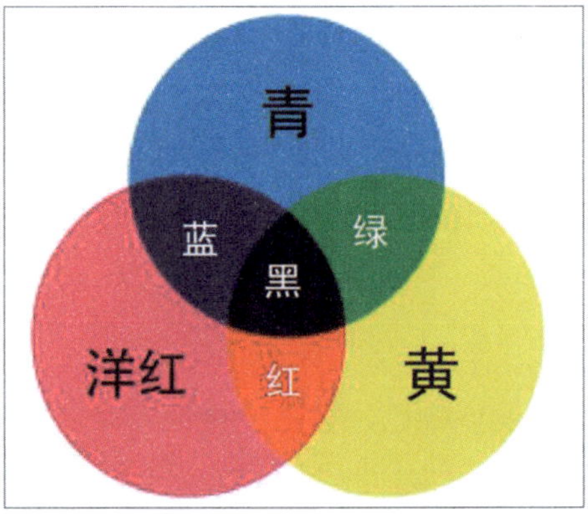

图 7-3 CMYK 颜色模型

由于 C、M、Y、K 在混合成色时，随着四种成分的增多，反射到眼部的光会越来越少，光线的亮度会越来越低，所以 CMYK 模式也是一种“减光”模式。

3. Lab 模式

Lab 颜色由 L 和 a、b 这三个要素组成，L 表示亮度，a 表示从红到绿的范围，b 表示从黄到蓝的范围。L 亮度的取值范围为 0～100，a 和 b 的取值范围为-128～+127。

Lab 颜色是 InDesign 2021 在不同颜色模式间转换时使用的内部颜色模式，它能毫无偏差地在不同系统和平台之间进行转换。

7.2 使用“色板”面板

在 InDesign 2021 中，“色板”面板能对所选文本或对象应用颜色，或查看颜色的名称及种类，它列出了所有定义的颜色，并可以将它们用于文档窗口的对象上。在菜单栏中，单击“窗口”｜“颜色”｜“色板”命令，即可打开“色板”面板，如图 7-4 所示。

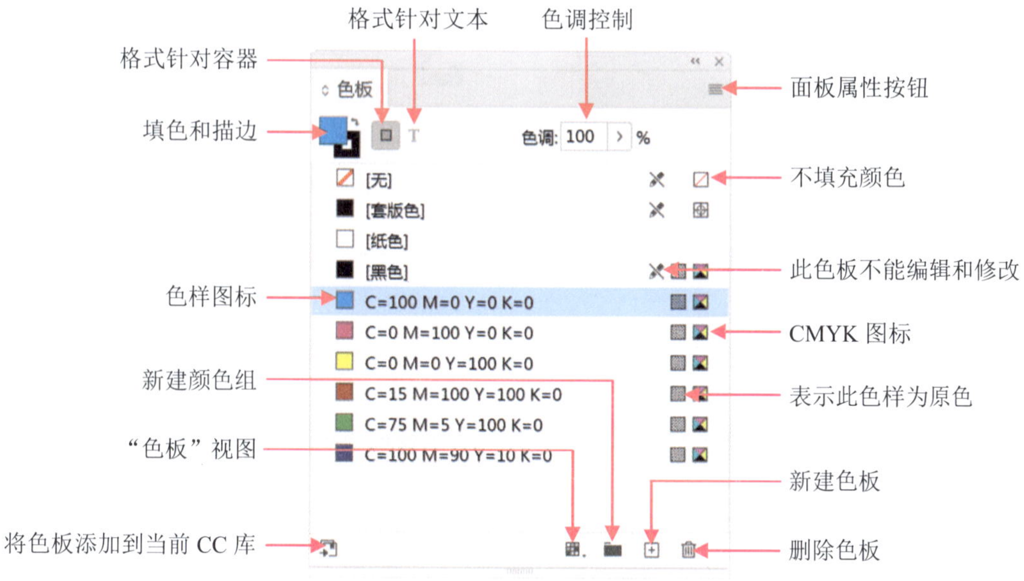

图 7-4　打开“色板”面板

在“色板”面板中，前四种颜色（无、套版色、纸色、黑色）是 InDesign 2021 中内置的默认颜色，是不能被删除的，相关含义如下。

➢ 无：表示删除对象中添加的任何颜色，并且是一种使任意 InDesign 所画对象透明的快速方法。对于一幅应用了颜色的输入图形而言，它也是一种将对象转变为原色的方法。

➢ 套版色：不能对其进行编辑。套版色也定义为 CMYK 都为 100%，因此任何一个已经指定这种颜色的对象能分色成每一层叠或印版。套版色可用于任何情况，例如出版物注释。

➢ 纸色：表示无油墨。InDesign 不将油墨应用于指定为纸色的区域或对象上，包括纸色对象层叠在另一种彩色对象上的任一点。

➢ 黑色：定义为设置成压印的黑色，不能对黑色进行编辑。如果要创建一个让空的黑色，则需要复制默认黑色，并根据要求进行编辑，同时修改名字表示它是让空的黑色。

7.2.1　新建印刷色色板

新建印刷色色板

在 InDesign 2021 中，用户可以通过“色板”面板快速创建印刷色色板，下面介绍具体操作方法。

Step 01　打开图像文件（素材\第 7 章\夏季新品.indd），如图 7-5 所示。

Step 02　在工具箱中，选取吸管工具，如图 7-6 所示。

图 7-5　打开图像文件

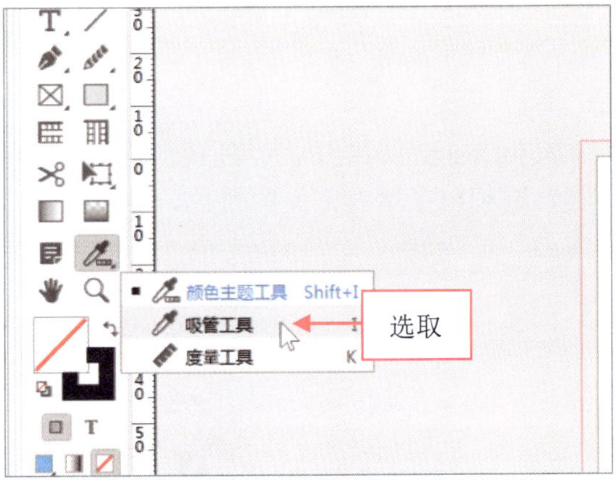

图 7-6　选取吸管工具

Step 03　在人物的裤子上，单击鼠标左键，吸取颜色，如图 7-7 所示。

Step 04　在“色板”面板中，单击右上角的面板属性按钮，在弹出的列表框中选择“新建颜色色板”选项，如图 7-8 所示。

图 7-7　单击鼠标左键吸取颜色

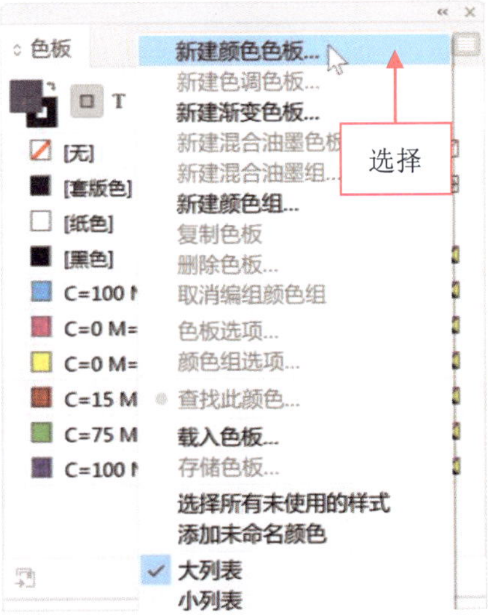

图 7-8　选择“新建颜色色板”选项

Step 05　弹出“新建颜色色板”对话框，设置“颜色类型”为“印刷色”，下方显示了刚吸取的 RGB 颜色参数值，如图 7-9 所示。

Step 06　单击“确定”按钮，即可在“色板”面板中新建印刷色色板，如图 7-10 所示。

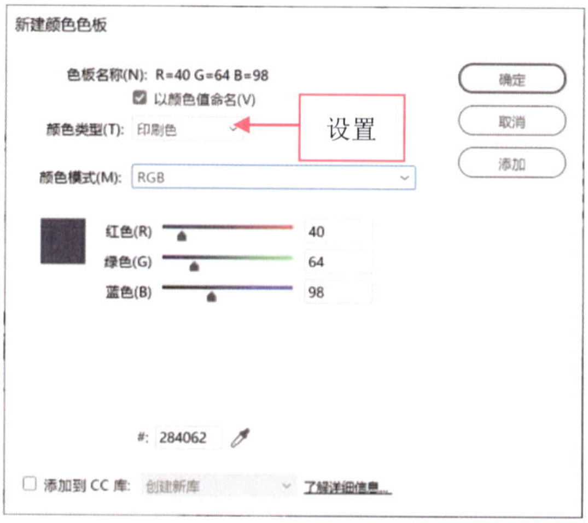

图 7-9　设置"颜色类型"为"印刷色"

图 7-10　新建印刷色色板

Step 07　再次单击右上角的面板属性按钮，在弹出的列表框中选择"新建颜色色板"选项，弹出"新建颜色色板"对话框，在其中设置"颜色模式"为 CMYK，在下方自定义 CMYK 参数值，如图 7-11 所示。

Step 08　单击"确定"按钮，即可通过自定义参数值新建印刷色色板，如图 7-12 所示。

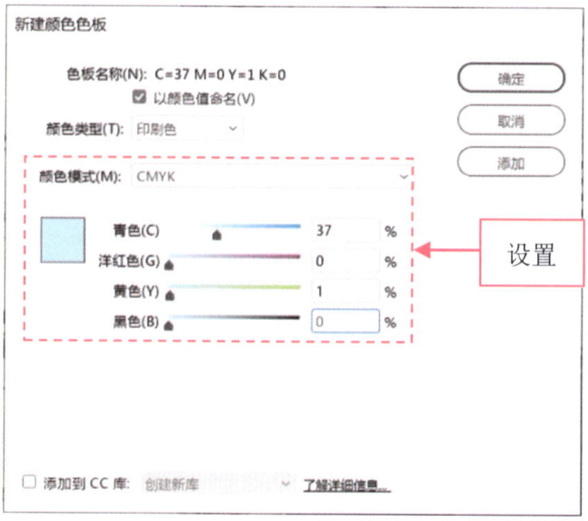

图 7-11　自定义 CMYK 参数值

图 7-12　新建印刷色色板

7.2.2　新建专色色板

如果用户需要使用专色印刷，可以在 InDesign 中新建专色色板，用于填充文档窗口中的图形或图像。下面介绍新建专色色板的操作方法。

新建专色色板

Step 01　打开图像文件（素材\第 7 章\项链.indd），如图 7-13 所示。

Step 02 在“色板”面板中，单击右上角的面板属性按钮≡，在弹出的列表框中选择“新建颜色色板”选项，如图 7-14 所示。

图 7-13　打开图像文件

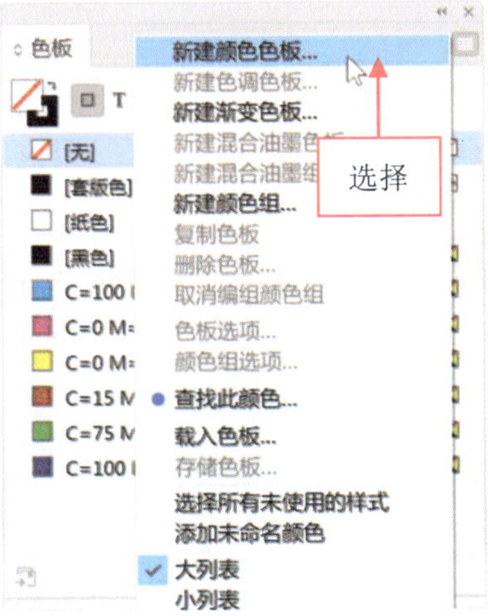

图 7-14　选择“新建颜色色板”选项

Step 03 弹出“新建颜色色板”对话框，在其中设置“颜色类型”为“专色”，在下方设置 CMYK 参数值，如图 7-15 所示。

Step 04 设置完成后，单击“确定”按钮，即可新建一个专色色板，如图 7-16 所示。

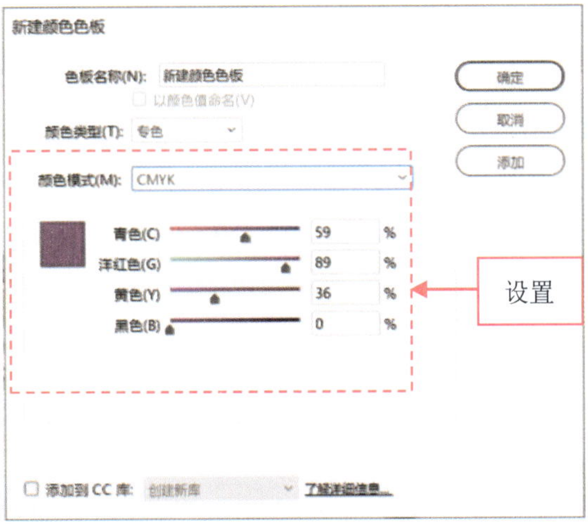

图 7-15　设置 CMYK 参数值

图 7-16　新建一个专色色板

7.2.3　新建色调色板

通过设置“色调”的百分比数值，可以新建色调色板，具体操作步骤如下。

新建色调色板

Step 01 在“色板”面板中，选择一个颜色色板，如图 7-17 所示。

Step 02 单击右上角的面板属性按钮≡，在弹出的列表框中选择“新建色调色板”选项，如图 7-18 所示。

图 7-17　选择一个颜色色板

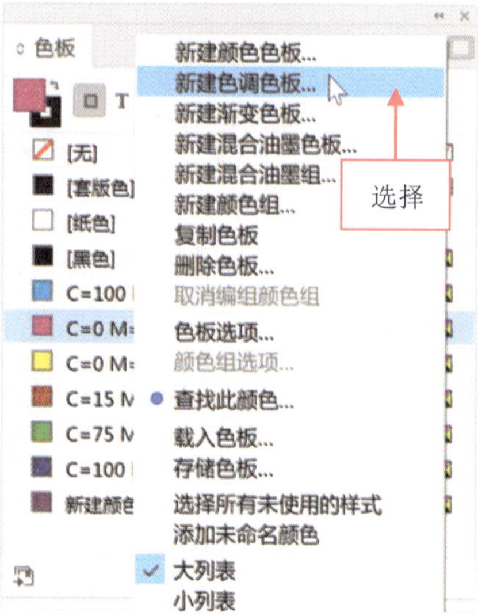

图 7-18　选择“新建色调色板”选项

Step 03　弹出“新建色调色板”对话框，在下方设置“色调”为 64%，如图 7-19 所示。

Step 04　单击“确定”按钮，即可新建一个色调色板，如图 7-20 所示。

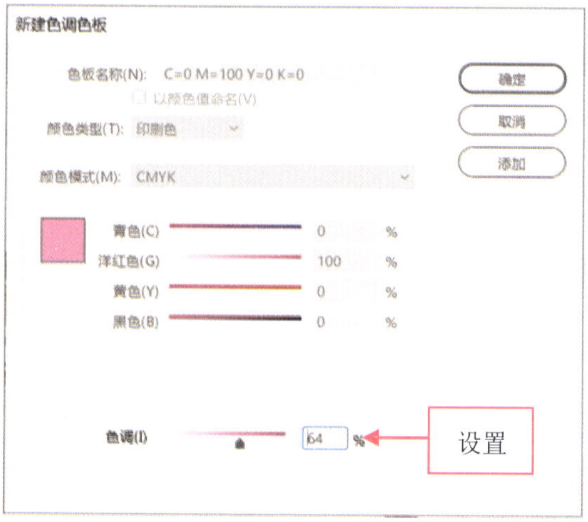

图 7-19　设置“色调”为 64%

图 7-20　新建一个色调色板

7.2.4　新建渐变色板

如果用户需要为图形填充渐变颜色，此时可以新建一个渐变色板，具体操作步骤如下。

新建渐变色板

Step 01　打开图像文件（素材\第 7 章\玫瑰背景.indd），如图 7-21 所示。

Step 02　在“色板”面板中，单击右上角的面板属性按钮≡，在弹出的列表框中选择“新建渐变色板”选项，如图 7-22 所示。

图 7-21　打开图像文件

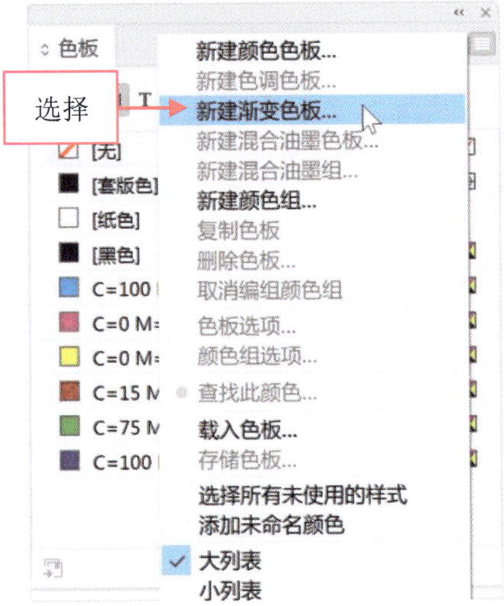

图 7-22　选择“新建渐变色板”选项

Step 03 弹出“新建渐变色板”对话框，单击“类型”右侧的下拉按钮，在弹出的列表框中选择“径向”选项，如图 7-23 所示。

Step 04 在“渐变曲线”右侧单击第一个色标，设置 CMYK 参数值分别为 47%、0%、100%、0%，如图 7-24 所示。

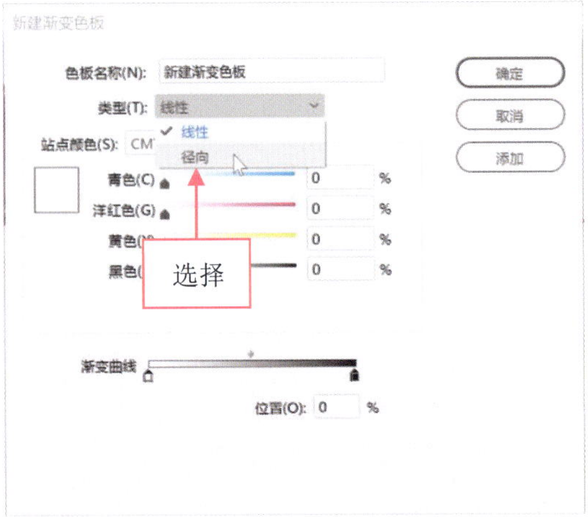

图 7-23　选择“径向”选项

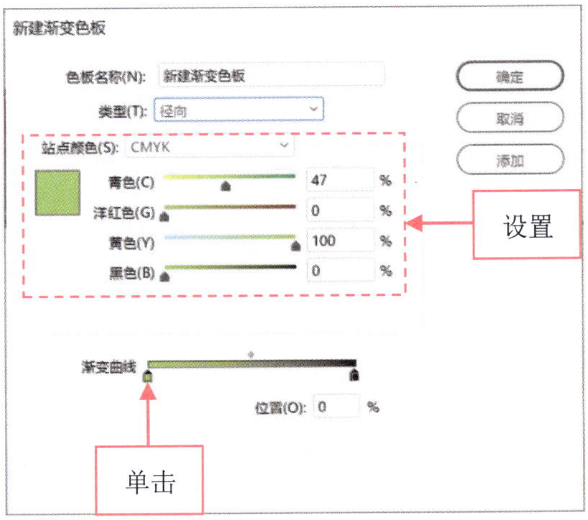

图 7-24　设置第一个色标的颜色

Step 05 在“渐变曲线”右侧单击第二个色标，设置 CMYK 参数值分别为 86%、24%、100%、0%，如图 7-25 所示。

Step 06 单击“确定”按钮，即可新建一个渐变色板，如图 7-26 所示。

Step 07 在文档窗口中选择矩形对象，如图 7-27 所示。

Step 08 在“色板”面板中，选择刚创建的径向渐变色板，即可填充矩形图形，效果如图 7-28 所示。

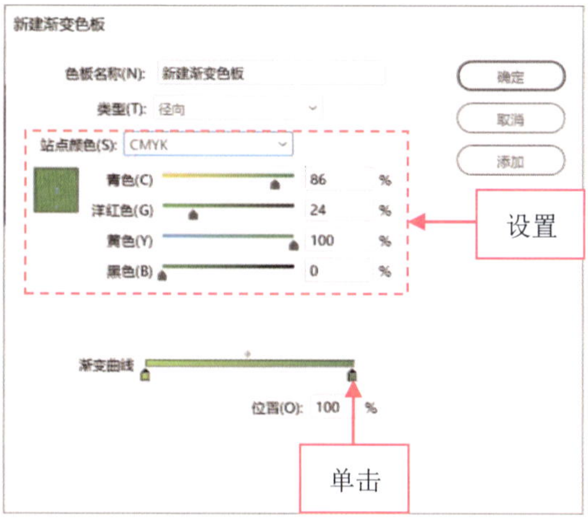

图 7-25　设置第二个色标的颜色

图 7-26　新建一个渐变色板

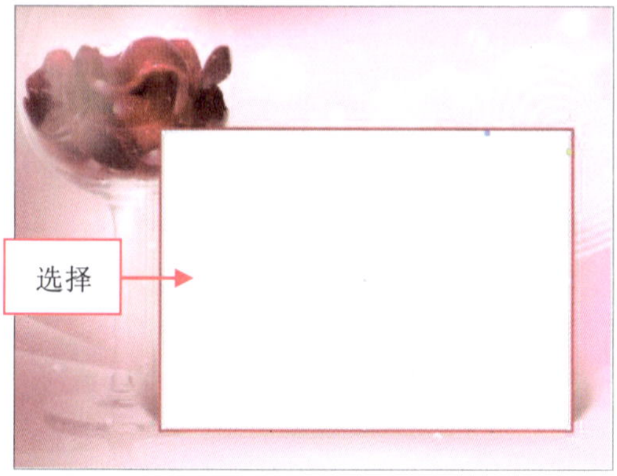

图 7-27　选择矩形对象

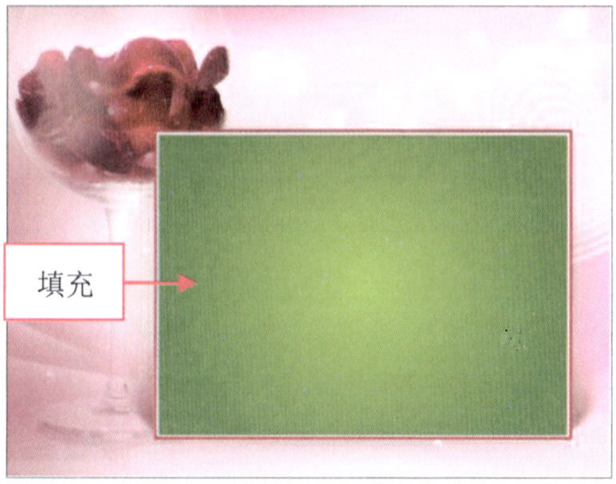

图 7-28　填充矩形对象

▶ 专家指点

用户还可以根据需要修改渐变色板的类型，只需在“色板”面板中双击新建的渐变色板，弹出“渐变选项”对话框，在其中可以将渐变类型修改为“线性”，如图 7-29 所示。单击“确定”按钮，即可修改渐变的填充类型，图形效果如图 7-30 所示。

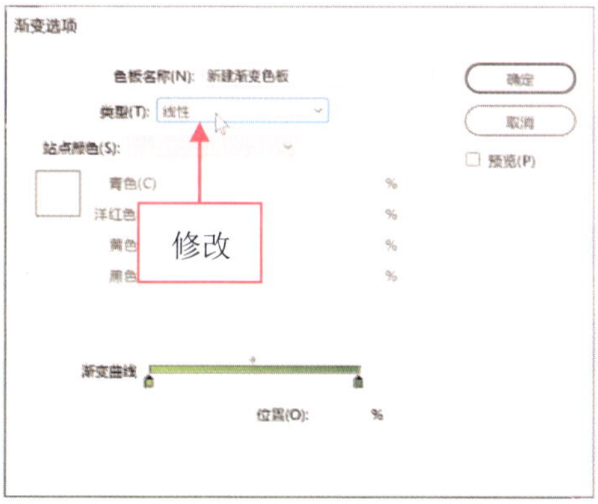

图 7-29　将渐变类型修改为“线性”

图 7-30　修改图形的填充效果

7.2.5 新建混合油墨色板

新建混合油墨色板

在 InDesign 2021 中，首先需要新建一个专色色块，然后通过专色色板才能新建混合油墨色板，具体操作步骤如下。

Step 01 新建空白文件，单击“色板”面板右上角的面板属性按钮≡，在弹出的列表框中选择“新建颜色色板”选项，弹出“新建颜色色板”对话框，在其中设置“色板名称”为“专色色板”、“颜色类型”为“专色”，在下方设置 CMYK 参数值，如图 7-31 所示。

Step 02 单击“确定”按钮，即可新建一个专色色板，如图 7-32 所示。

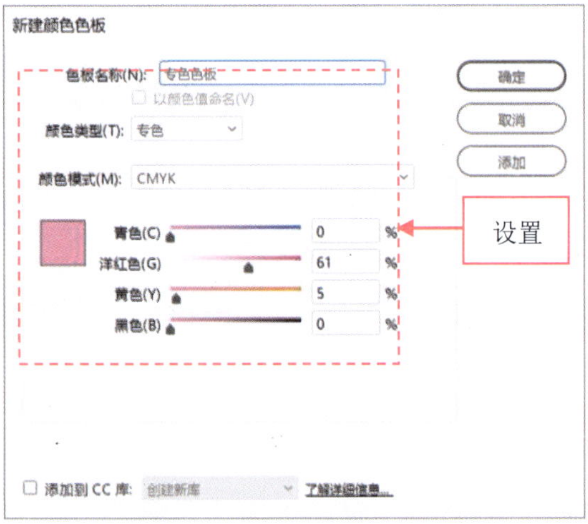

图 7-31 设置 CMYK 参数值

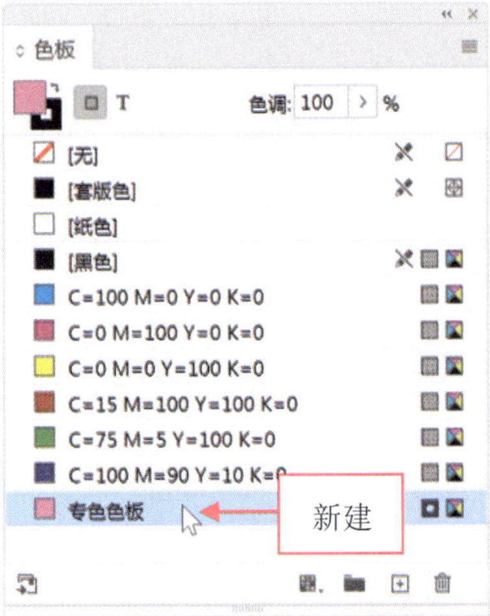

图 7-32 新建一个专色色板

Step 03 单击面板右上角的面板属性按钮≡，在弹出的列表框中选择“新建混合油墨色板”选项，如图 7-33 所示。

Step 04 弹出“新建混合油墨色板”对话框，如图 7-34 所示。

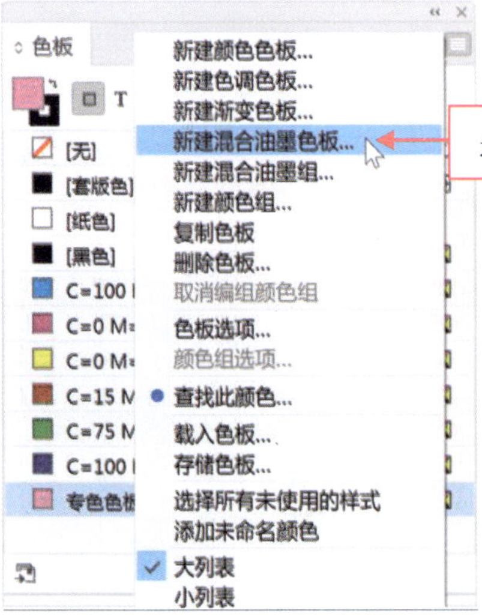

图 7-33 选择“新建混合油墨色板”选项

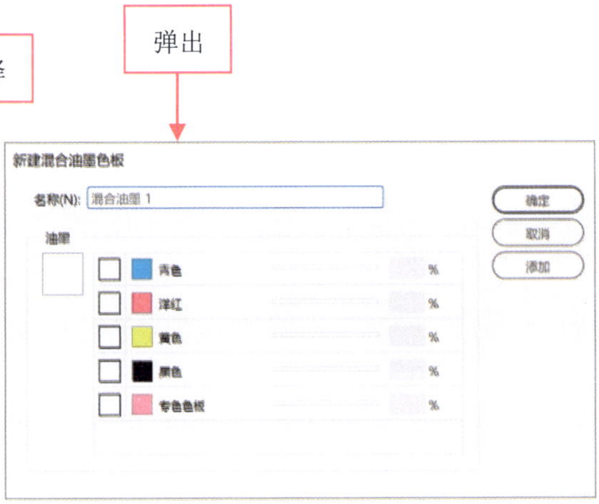

图 7-34 弹出“新建混合油墨色板”对话框

Step 05　单击相应颜色前面的方框，显示图标，在右侧设置参数值，如图 7-35 所示。

Step 06　设置完成后，单击“确定”按钮，即可新建一个混合油墨色板，如图 7-36 所示。

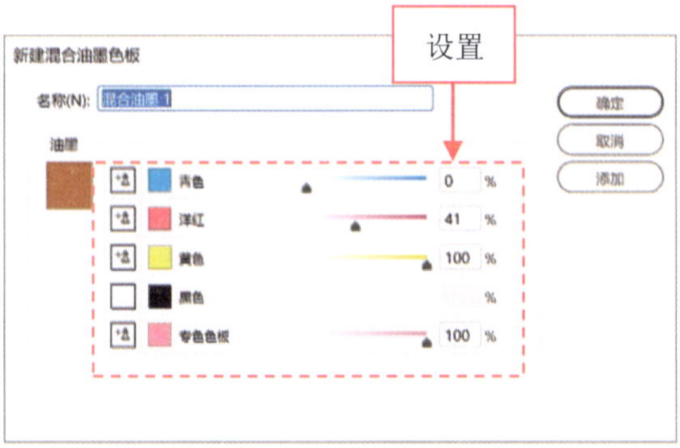

图 7-35　设置参数值

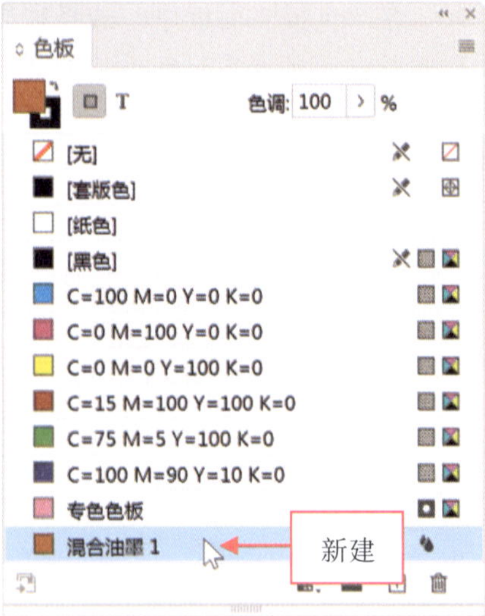

图 7-36　新建混合油墨色板

7.2.6　复制颜色色板

在 InDesign 2021 中，用户可根据需要复制颜色色板，具体操作步骤如下。

复制颜色色板

Step 01　在“色板”面板中，选择需要复制的色板，单击鼠标右键，在弹出的快捷菜单中选择“复制色板”选项，如图 7-37 所示。

Step 02　执行上述操作后，即可复制颜色色板，以副本的方式呈现，如图 7-38 所示。

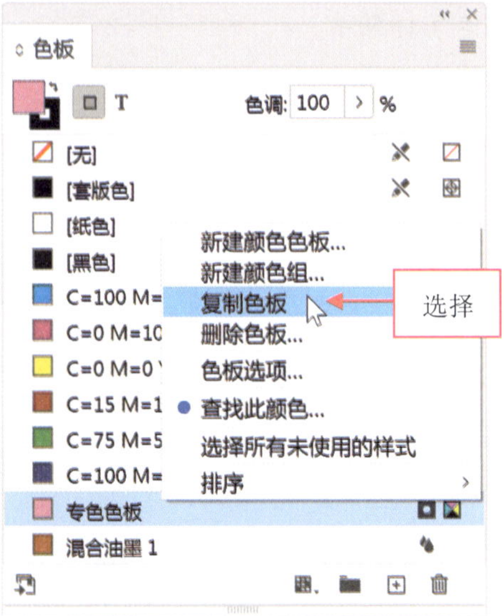

图 7-37　选择“复制色板”选项

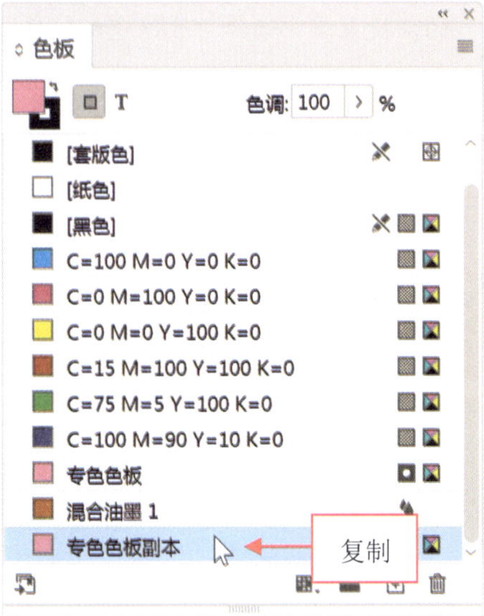

图 7-38　复制颜色色板

▶ 专家指点

在 InDesign 2021 中，用户还可以通过以下两种方法复制色板。

➢ 在“色板”面板中，选择需要复制的色板，单击右上角的面板属性按钮≡，在弹出的列表框中选择“复制色板”选项，如图 7-39 所示。

➢ 在“色板”面板中，选择需要复制的色板，按住鼠标左键并拖动至面板底部的“新建色板”按钮⊞上，如图 7-40 所示。

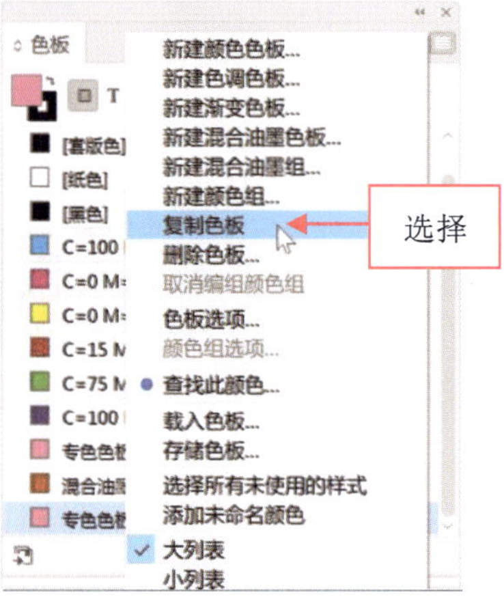

图 7-39　选择“复制色板”选项

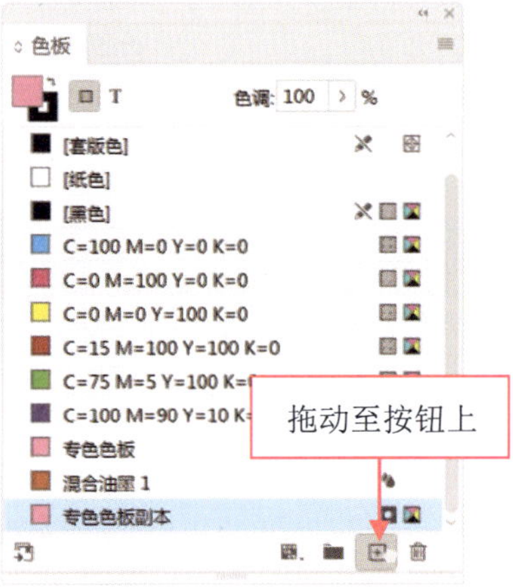

图 7-40　拖动至“新建色板”按钮上

7.2.7　删除颜色色板

在 InDesign 2021 中，用户可以对不需要使用的色板进行删除操作，方便用户更好的管理色板。下面介绍删除颜色色板的操作方法。

删除颜色色板

Step 01 在“色板”面板中，选择需要删除的色板，单击鼠标右键，在弹出的快捷菜单中选择“删除色板”选项，如图 7-41 所示。

Step 02 执行上述操作后，即可删除颜色色板，如图 7-42 所示。

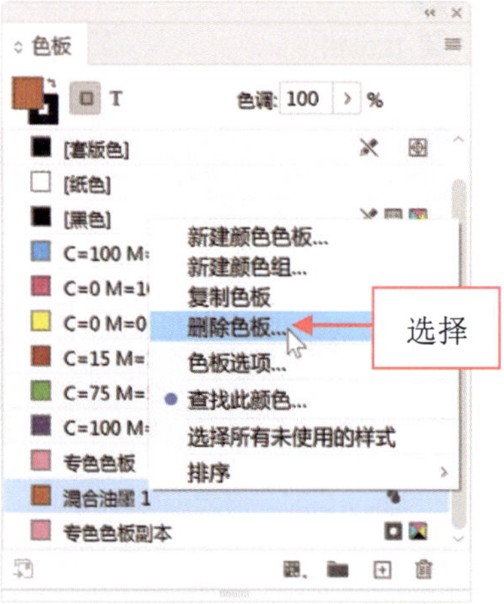

图 7-41　选择“删除色板”选项

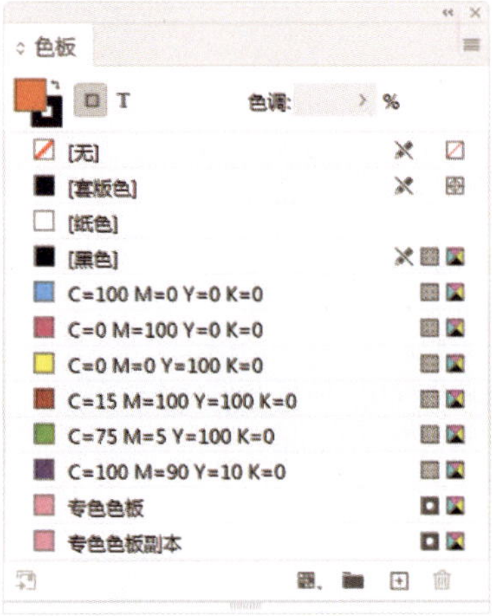

图 7-42　删除颜色色板

▶ 专家指点

在 InDesign 2021 中，用户还可以通过以下两种方法删除色板。

➢ 在“色板”面板中，选择需要删除的色板，单击右上角的面板属性按钮≡，在弹出的列表框中选择“删除色板”选项，如图 7-43 所示。

➢ 在“色板”面板中，选择需要删除的色板，单击面板底部的“删除选定的色板/组”按钮🗑，如图 7-44 所示。

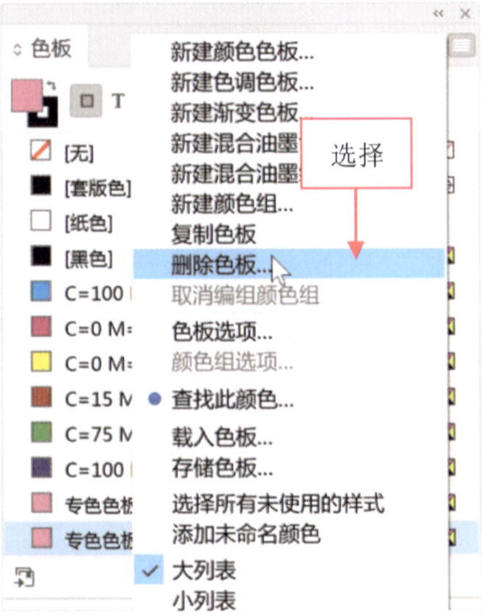

图 7-43　选择“删除色板”选项

图 7-44　单击相应的按钮

在删除色板的时候，如果该色板被应用到了文档窗口中的图形上，此时在删除该色板时会弹出“删除色板”对话框，需要为色板指定替换后的颜色，如图 7-45 所示，单击“确定”按钮，即可删除相应色板。

图 7-45　需要为色板指定替换后的颜色

7.3　使用“颜色”面板填充对象

在“颜色”面板中可以设置单色效果，单色是最基本的一种颜色方式，用户可以使用单色填充图形，或者对图形进行描边操作。

在“颜色”面板中可以设置四种颜色模式的单色效果，如 HSB 模式、Lab 模式、CMYK 模式以及 RGB 模式，如图 7-46 所示，还可以将设置的颜色色块添加到色板。

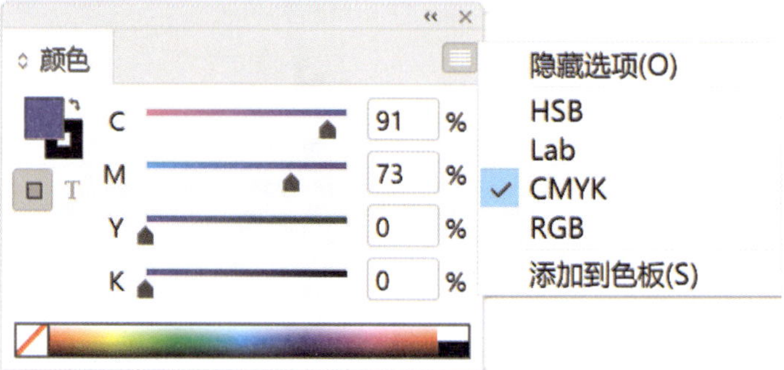

图 7-46　可以设置四种颜色模式的单色效果

本节主要讲解使用“颜色”面板填充和描边图形对象的操作方法。

7.3.1　设置单色填充图形

下面介绍在“颜色”面板中设置 RGB 单色填充图形的方法，具体操作步骤如下。

设置单色填充图形

Step 01　打开图像文件（素材\第 7 章\个人写真.indd），如图 7-47 所示。

Step 02　在文档窗口中，选择需要填充颜色的矩形背景，如图 7-48 所示。

图 7-47　打开图像文件

图 7-48　选择矩形背景

Step 03　单击“窗口”|“颜色”|“颜色”命令，弹出“颜色”面板，单击面板右上角的面板属性按钮≡，在弹出的列表框中选择 RGB 选项，如图 7-49 所示。

Step 04　展开 RGB 参数设置区，设置相应的 RGB 参数值，如图 7-50 所示。

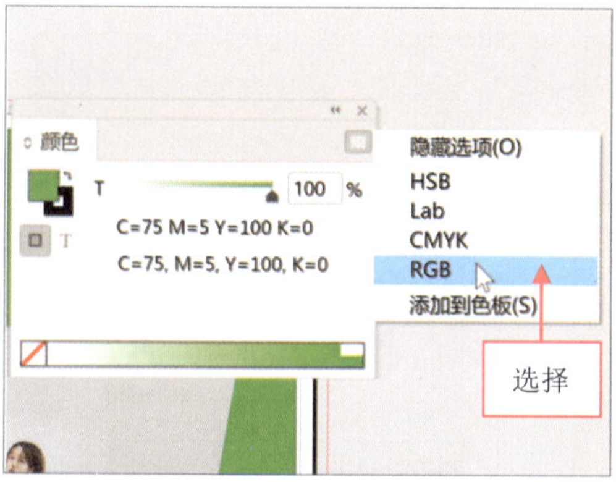

图 7-49　选择 RGB 选项

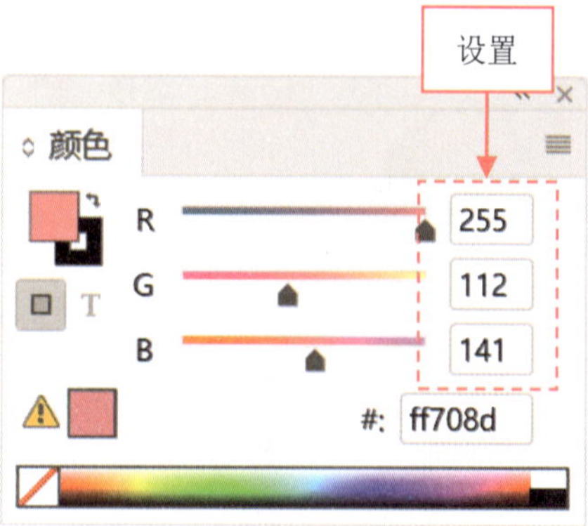

图 7-50　设置 RGB 参数值

▶ 专家指点

在“颜色”面板中，用户可以通过以下三种方法设置颜色参数。

➢ 拖动颜色条下方的滑块，可以设置颜色参数。

➢ 在右侧数值框中输入相应数值，可以设置颜色参数。

➢ 将鼠标移至“颜色”面板底部的彩色条上，此时鼠标指针呈吸管形状，单击鼠标左键，即可吸取相应颜色。

Step 05 执行上述操作后，即可单色填充图形，效果如图 7-51 所示。

图 7-51　单色填充图形的效果

7.3.2　设置单色描边图形

设置单色描边图形

在“颜色”面板中，用户还可以设置描边的颜色，对图形或图像进行描边处理。下面介绍设置单色描边图形的操作方法。

Step 01 打开 7.3.1 的效果文件，选择需要描边的图像，如图 7-52 所示。

Step 02 在“颜色”面板中，单击“描边”色块，设置 RGB 参数值均为 255（白色），如图 7-53 所示。

图 7-52　选择需要描边的图像

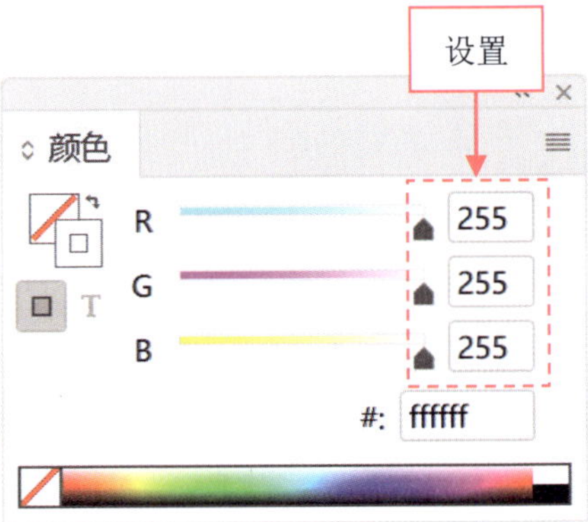

图 7-53　设置 RGB 参数值

Step 03 在“属性”面板的“外观”选项区中，设置“描边”为 8 点，如图 7-54 所示。

Step 04 执行上述操作后，即可为图像添加白色描边效果，如图 7-55 所示。

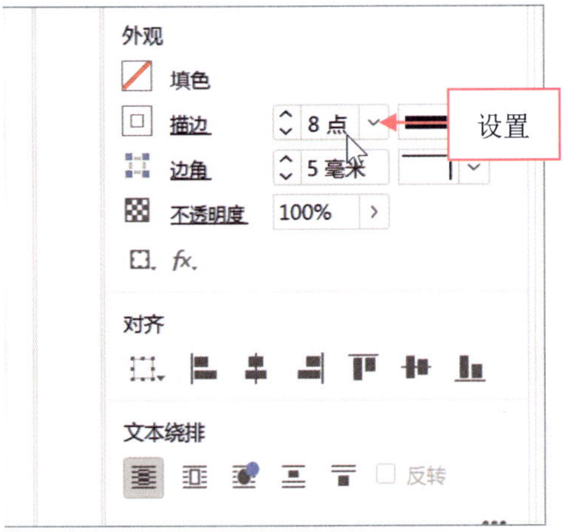

图 7-54　设置“描边”为 8 点

图 7-55　为图像添加白色描边效果

Step 05 用与上述同样的方法，为其他图像添加白色描边效果，如图 7-56 所示。

图 7-56　为其他图像添加白色描边效果

7.4　使用“渐变”面板填充对象

在 InDesign 2021 中，使用“渐变”面板设置好色标的颜色后，可以为图形填充渐变色。默认情况下渐变条上是两个色标，用户可根据需要添加相应的色标，制作出需要的渐变色彩。本节主要介绍使用“渐变”面板填充对象的操作方法。

7.4.1　使用渐变色板工具

使用渐变色板工具

在 InDesign 2021 中，使用渐变色板工具可以为图形填充渐变效果，具体操作方法如下。

Step 01　打开图像文件（素材\第 7 章\婚纱照.indd），如图 7-57 所示。

Step 02　在文档窗口中，选择浅蓝色的矩形背景，单击“窗口”|“颜色”|“渐变”命令，弹出“渐变”面板，如图 7-58 所示。

图 7-57　打开图像文件

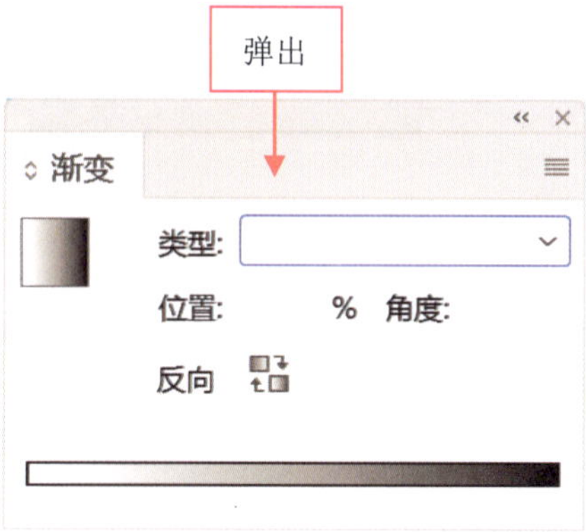

图 7-58　弹出“渐变”面板

Step 03　在底部的渐变条上，单击鼠标左键，显示两个色标，从白色到黑色的渐变色，如图 7-59 所示。

Step 04　执行上述操作后，即可为矩形填充渐变色，效果如图 7-60 所示。

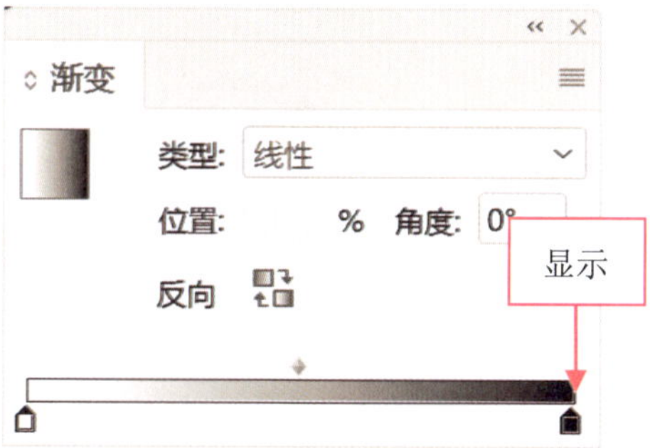

图 7-59　显示两个色标

图 7-60　为矩形填充渐变色

Step 05 在“渐变”面板中，单击左侧的白色色标，在“颜色”面板中设置颜色为黄色（CMYK 参数值分别为 4%、0%、44%、0%），如图 7-61 所示。

Step 06 单击右侧的黑色色标，在“颜色”面板中设置颜色为橘黄色（RGB 参数值分别为 255、143、0），如图 7-62 所示。

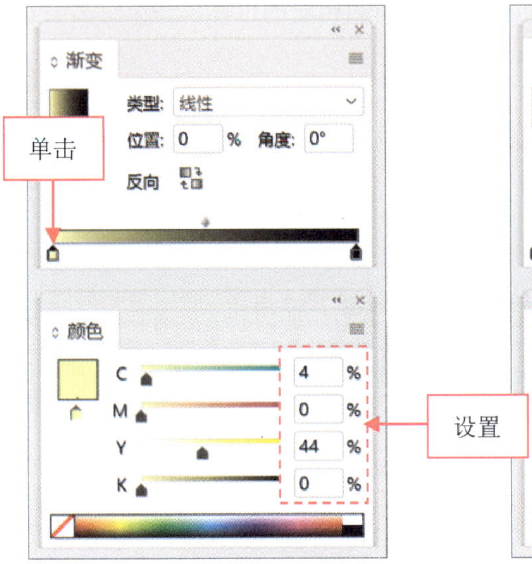

图 7-61　设置颜色为黄色

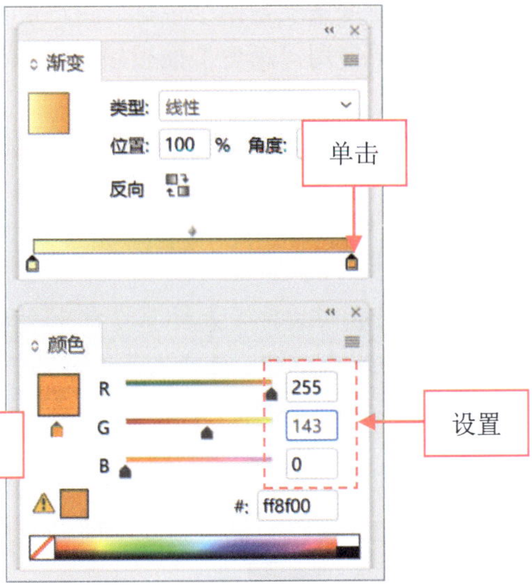

图 7-62　设置颜色为橘黄色

Step 07 执行上述操作后，即可为图形填充黄色到橘黄色的渐变效果，如图 7-63 所示。

Step 08 在“渐变”面板底部渐变条的中间位置，单击鼠标左键，即可添加一个色标，然后在“颜色”面板中设置颜色为绿色（CMYK 参数值分别为 49%、0%、81%、0%），如图 7-64 所示。

图 7-63　为图形填充渐变效果

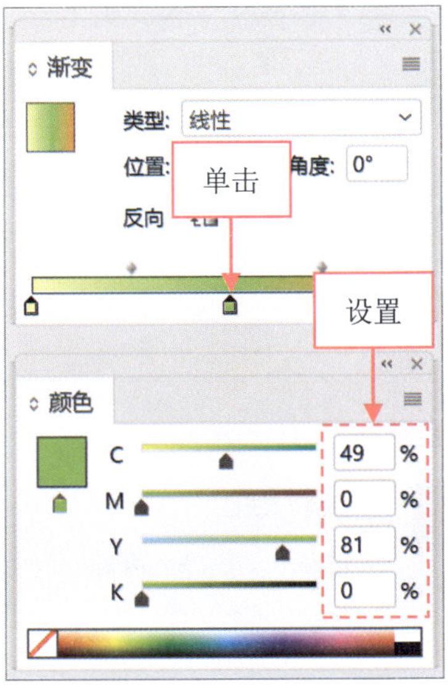

图 7-64　添加一个色标

Step 09 执行上述操作后，预览图形中的渐变效果，如图 7-65 所示。

Step 10　在工具箱中，选取渐变色板工具，如图 7-66 所示。

图 7-65　预览图形中的渐变效果

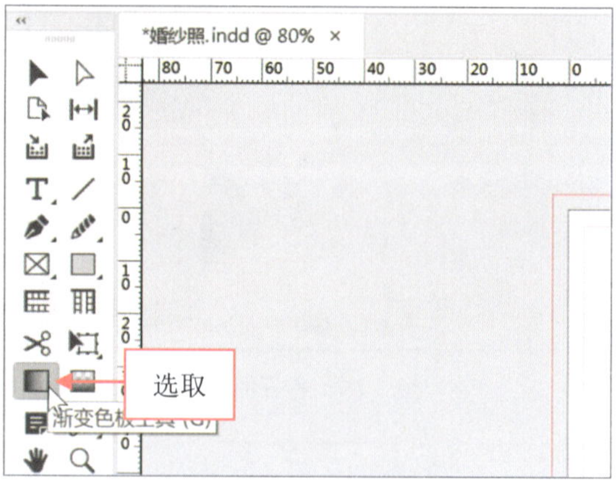

图 7-66　选取渐变色板工具

Step 11　将鼠标移至矩形背景的左上角位置，按住鼠标左键并向右下角拖动，呈一条斜线，如图 7-67 所示。

Step 12　释放鼠标左键，即可为矩形填充斜线式的渐变效果，如图 7-68 所示。

图 7-67　在矩形背景上绘制一条斜线

图 7-68　为矩形填充斜线式的渐变效果

7.4.2　使用渐变羽化工具

在 InDesign 2021 中，使用渐变羽化工具可以对图形进行渐变羽化处理，得到合成的图像效果。下面介绍使用渐变羽化工具处理图形的操作方法。

使用渐变羽化工具

Step 01　打开图像文件（素材\第 7 章\可爱小狗.indd），如图 7-69 所示。

Step 02　在文档窗口中，选择需要编辑的小狗图像素材，如图 7-70 所示。

Step 03　在工具箱中，选取渐变羽化工具，如图 7-71 所示。

Step 04　将鼠标移至图像上，按住【Shift】键的同时按住鼠标左键从右向左进行拖动，呈一条直线，如图 7-72 所示。

图 7-69　打开图像文件

图 7-70　选择小狗图像素材

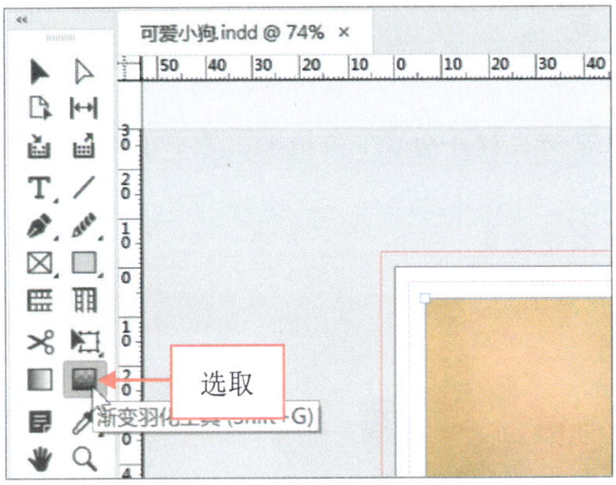

图 7-71　选取渐变羽化工具

图 7-72　从右向左进行拖动

Step 05　释放鼠标左键，即可对图像进行渐变羽化处理，得到合成的图像效果，如图 7-73 所示。

图 7-73　渐变羽化处理的图像效果

▶ 专家指点

在 InDesign 2021 中，按【Shift + G】组合键，也可以快速切换至渐变羽化工具。

7.5　使用“描边”面板描边对象

在 InDesign 2021 中，使用“描边”面板可以对图像进行描边操作。单击“窗口”|“描边”命令，如图 7-74 所示。执行上述操作后，即可弹出“描边”面板，如图 7-75 所示，在其中可以设置描边的粗细、端点、类型、缩放以及对齐等属性。

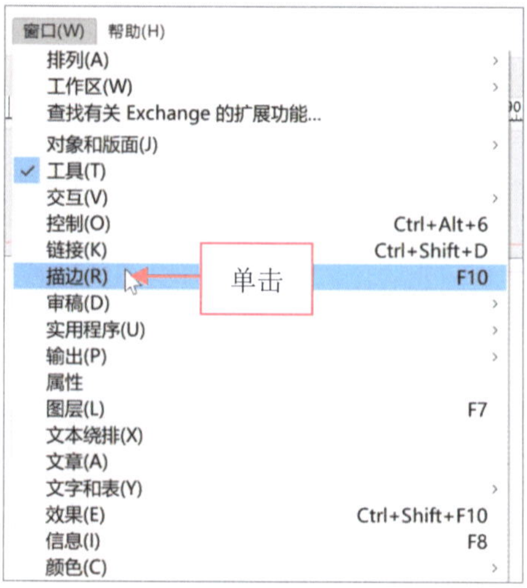

图 7-74　单击“描边”命令

图 7-75　弹出“描边”面板

本节主要向读者介绍使用“描边”面板描边图形对象的操作方法。

7.5.1　设置描边起点与终点形状

设置描边起点与终点形状

在“描边”面板中，可以为开放路径设置“起点处”与“结束处”的形状，制作出极具艺术化的路径样式。下面介绍设置描边起点与终点形状的操作方法。

Step 01　打开图像文件（素材\第 7 章\创意图形.indd），如图 7-76 所示。

Step 02　选取工具箱中的直接选择工具▷，选择文档窗口中的开放路径，如图 7-77 所示。

图 7-76　打开图像文件

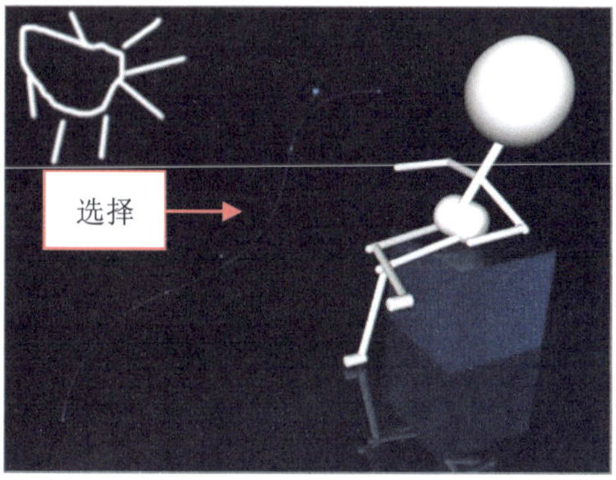

图 7-77　选择开放路径

Step 03 在“描边”面板中，设置“粗细”为 8 点，如图 7-78 所示。

Step 04 在“色板”面板中，选择“纸色”色板，如图 7-79 所示，表示为开放路径设置白色的描边样式。

图 7-78　设置“粗细”为 8 点

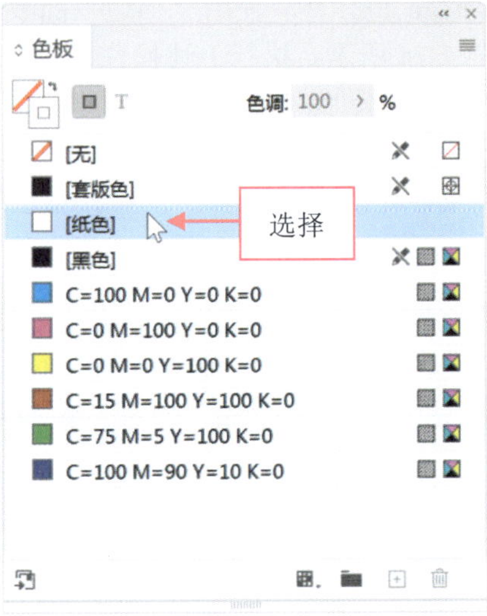

图 7-79　选择“纸色”色板

▶ 专家指点

在 InDesign 2021 中，用户不仅可以在“描边”面板中设置路径描边的粗细，还可以在“属性”面板的“外观”选项区中，设置描边的粗细。

Step 05 在文档窗口中，查看路径的描边效果，如图 7-80 所示。

Step 06 在“描边”面板中，单击“起始处”下拉按钮，在弹出的列表框中选择“圆”选项，如图 7-81 所示，表示开放路径的起始处为圆形。

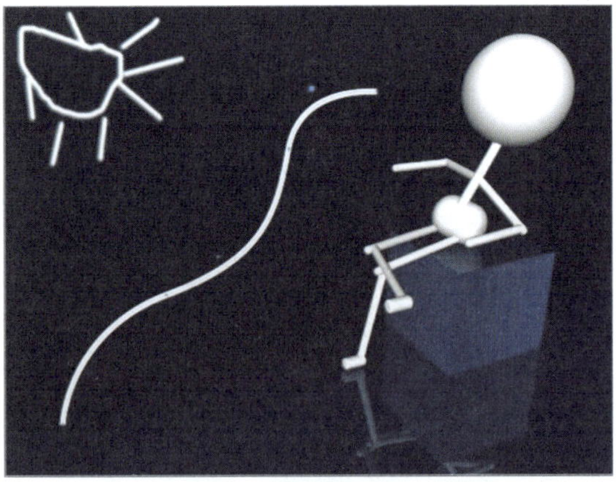

图 7-80　查看路径描边效果

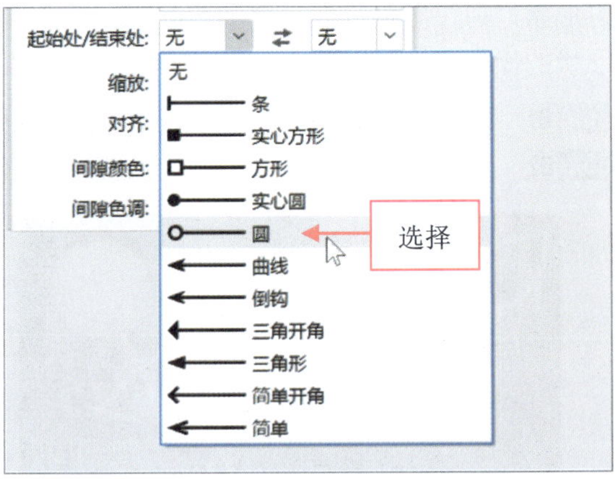

图 7-81　选择“圆”选项

Step 07 单击“结束处”下拉按钮，在弹出的列表框中选择“曲线”选项，如图 7-82 所示，表示开放路径的结束处为箭头曲线。

Step 08 设置完成后，预览路径描边效果，如图 7-83 所示。

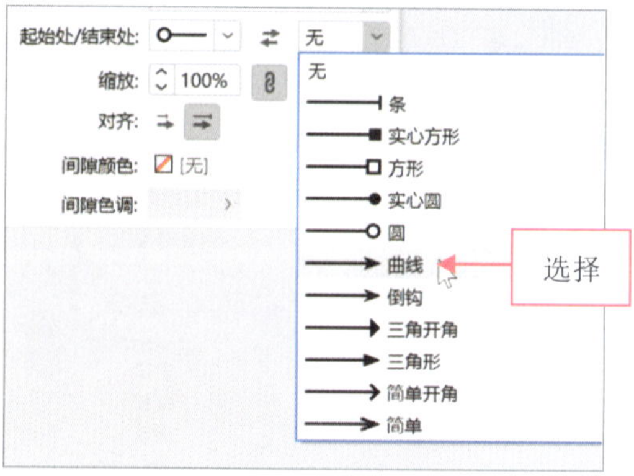

图 7-82　选择“曲线”选项

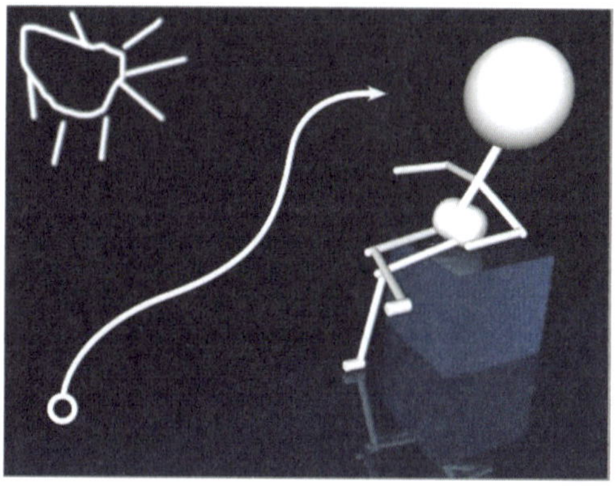

图 7-83　预览路径描边效果

7.5.2　设置描边样式

设置描边样式

在“描边”面板中，用户可根据需要设置描边的样式，可以设置虚线、点线或波浪线，还可以定义描边的图案、端点和角点等属性。下面介绍设置描边样式的操作方法。

Step 01　打开图像文件（素材\第 7 章\美女.indd），如图 7-84 所示。

Step 02　在文档窗口中，选择需要设置描边样式的图像素材，如图 7-85 所示。

图 7-84　打开图像文件

图 7-85　选择图像素材

Step 03　在“描边”面板中，设置“粗细”为 8 点，如图 7-86 所示，设置图像描边线条的粗细效果。

Step 04　在“色板”面板中，选择描边的颜色为洋红色（CMYK 参数值分别为 0%、100%、0%、0%），如图 7-87 所示。

Step 05　在文档窗口中，查看设置的描边效果，如图 7-88 所示。

Step 06　在“描边”面板中，单击“类型”右侧的下拉按钮，在弹出的列表框中选择“点线”选项，如图 7-89 所示。

Step 07　执行上述操作后，即可将描边设置为点线样式，效果如图 7-90 所示。

Step 08　在“描边”面板的“类型”列表框中，若选择“波浪线”选项，即可将描边设置为波浪线样式，效果如图 7-91 所示。

图 7-86　设置“粗细”为 8 点

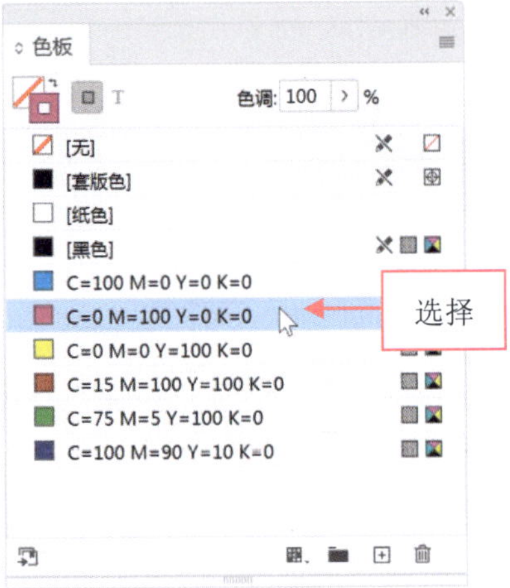

图 7-87　选择描边的颜色为洋红色

图 7-88　查看设置的描边效果

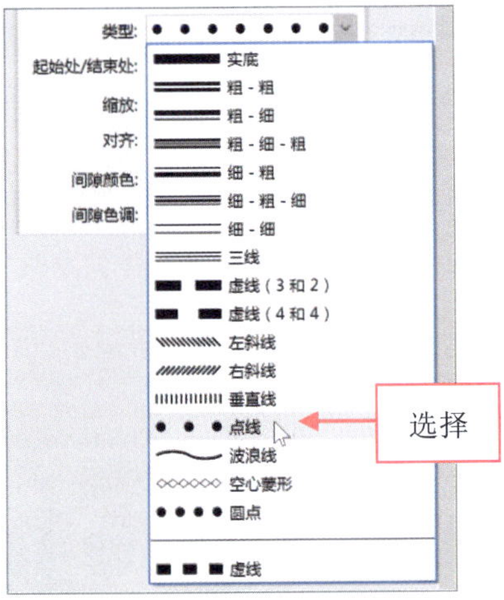

图 7-89　选择“点线”选项

图 7-90　将描边设置为点线样式

图 7-91　将描边设置为波浪线样式

7.6　使用工具箱中的填色与描边功能

在 InDesign 2021 中，运用工具箱底部的“填色”和“描边”功能，可以直接对图形进行填色或描边操作，这是比较常用的一种设置颜色的方式。本节主要介绍使用工具箱中的相关功能对图形进行填色和描边的操作方法。

7.6.1　设置图形的填色效果

设置图形的填色效果

下面介绍使用工具箱中的“填色”功能填充图形颜色的方法，具体操作步骤如下。

Step 01 打开图像文件（素材\第 7 章\如期特卖.indd），选择需要设置填色的图形对象，如图 7-92 所示。

Step 02 在工具箱中，双击“填色”色块，如图 7-93 所示。

图 7-92　选择相应图形对象

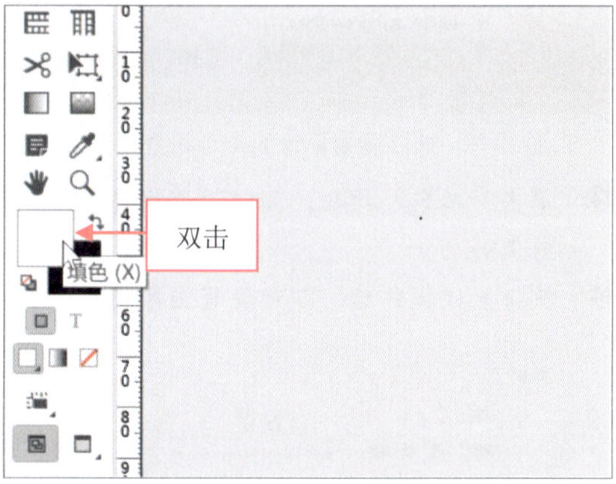

图 7-93　双击“填色”色块

Step 03 弹出“拾色器”对话框，在其中设置颜色为洋红色（CMYK 参数值分别为 1%、80%、0%、0%），如图 7-94 所示。

Step 04 设置完成后，单击“确定”按钮，即可设置图形的填色效果，如图 7-95 所示。

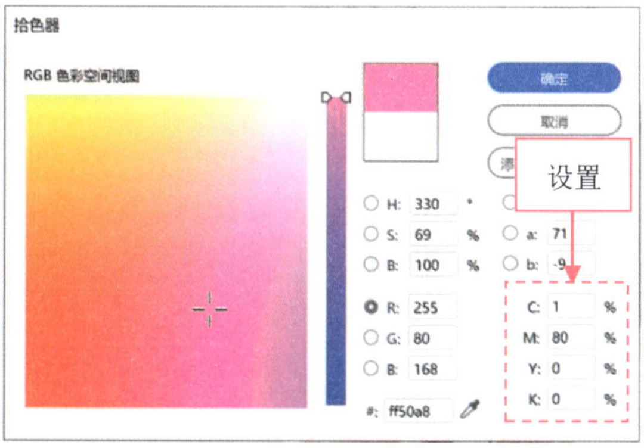

图 7-94　设置颜色为洋红色

图 7-95　设置图形的填色效果

7.6.2　设置图形的描边效果

设置图形的描边效果

下面介绍使用工具箱中的“描边”功能对图像进行描边的方法，具体操作步骤如下。

Step 01 打开图像文件（素材\第 7 章\婚纱名片.indd），在文档窗口中选择需要设置描边的图形对象，如图 7-96 所示。

Step 02 在工具箱中，双击“描边”色块，弹出“拾色器”对话框，在其中设置颜色为白色，如图 7-97 所示。

图 7-96　选择需要设置的图形对象

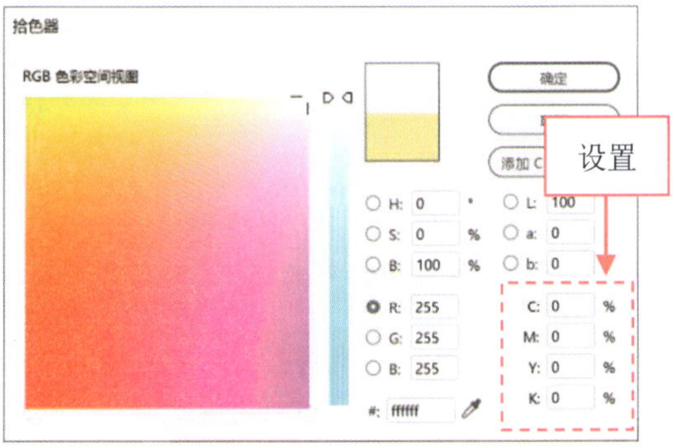

图 7-97　设置颜色为白色

Step 03 单击“确定”按钮，即可设置描边的颜色，在“描边”面板中设置“粗细”为 8 点，如图 7-98 所示。

Step 04 执行上述操作后，即可设置图像的描边效果，如图 7-99 所示。

图 7-98　设置“粗细”为 8 点

图 7-99　设置图像的描边效果

7.7　为对象添加效果样式

在 InDesign 2021 中，用户可以为当前对象添加特殊效果，如透明度、投影、内阴影、外发光、斜面和浮雕等样式。为对象添加不同的效果样式，可以使整个版面更加富有真实感和突出性。本节主要向读者介绍为对象添加效果样式的操作方法。

7.7.1　使用透明度效果

使用透明度效果

在 InDesign 2021 中，为对象设置透明度效果样式可以使画面重叠，达到合成图像的效果。下面介绍使用透明度效果的操作方法。

Step 01 打开图像文件（素材\第 7 章\宝贝详情.indd），如图 7-100 所示。

Step 02 在文档窗口中，选择需要设置透明度的图像对象，如图 7-101 所示。

图 7-100　打开图像文件

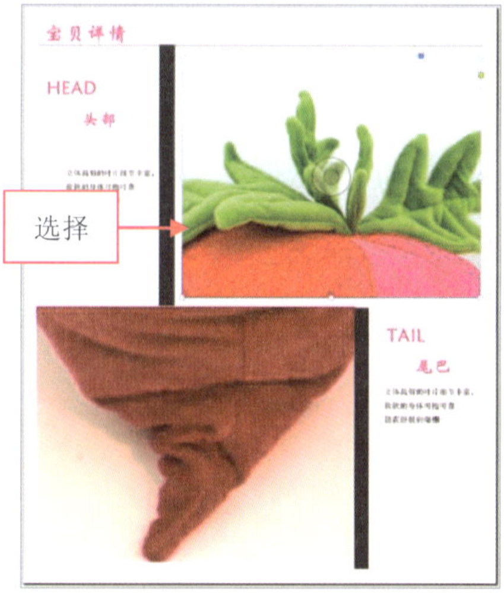

图 7-101　选择相应图像对象

Step 03 在菜单栏中，单击“对象”|“效果”|“透明度”命令，如图 7-102 所示。

Step 04 或者在图像上单击鼠标右键，在弹出的快捷菜单中选择“效果”|“透明度”选项，如图 7-103 所示。

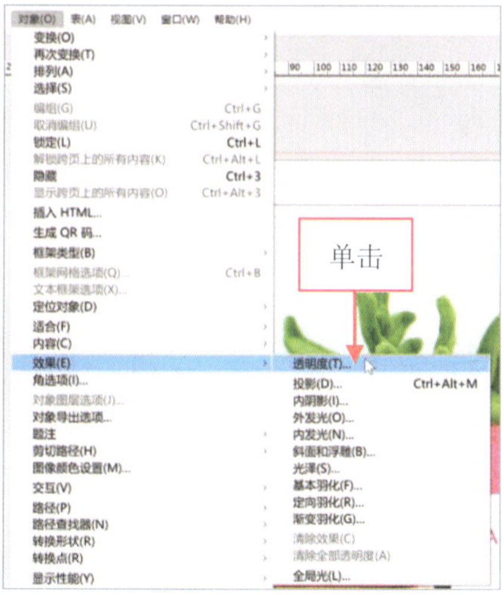

图 7-102　单击“透明度”命令

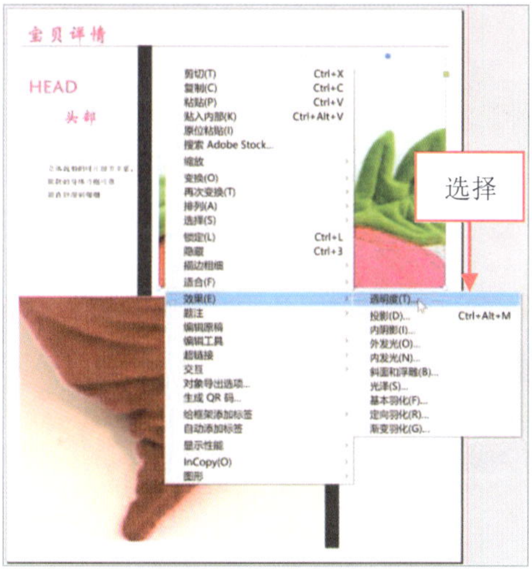

图 7-103　选择“透明度”选项

Step 05 弹出“效果”对话框，在其中设置“不透明度”为 50%，如图 7-104 所示。

Step 06 设置完成后单击“确定”按钮，即可设置图像的不透明度，效果如图 7-105 所示。

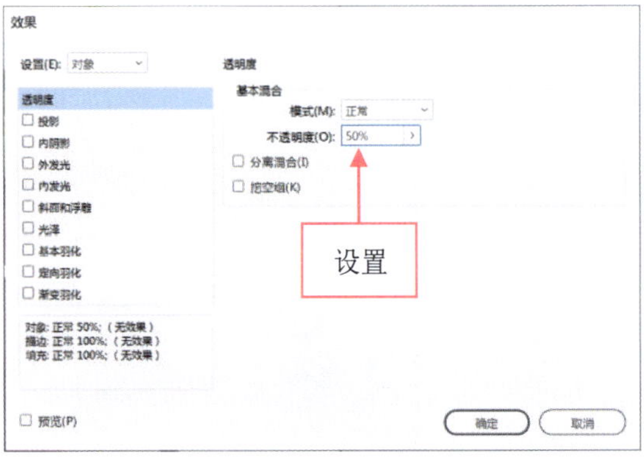

图 7-104　设置“不透明度”为 50%

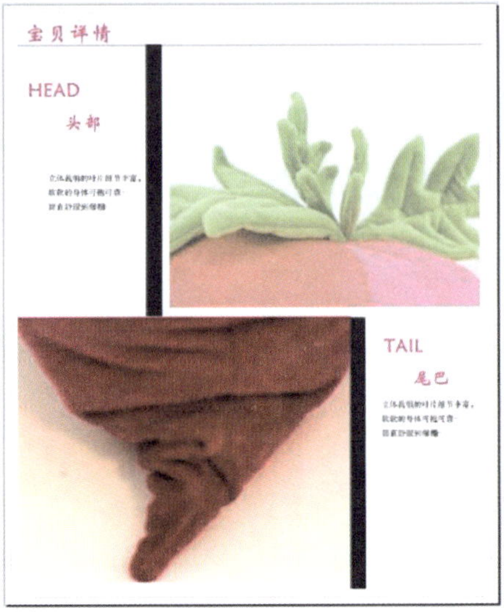

图 7-105　设置图像的不透明度

7.7.2　使用投影效果

使用投影效果

使用投影效果会为对象的下方制造出一种阴影效果，阴影的不透明度、距离和角度等都可以在“效果”对话框中进行设置。下面介绍使用投影效果的操作方法。

Step 01　打开图像文件（素材\第 7 章\特价.indd），如图 7-106 所示。

Step 02　在文档窗口中，选择需要设置投影效果的图形对象，如图 7-107 所示。

图 7-106　打开图像文件

图 7-107　选择相应图形对象

Step 03　在图形对象上，单击鼠标右键，在弹出的快捷菜单中选择“效果”|“投影”选项，如图 7-108 所示。

Step 04　弹出“效果”对话框，在“投影”选项卡中设置各参数，如图 7-109 所示。

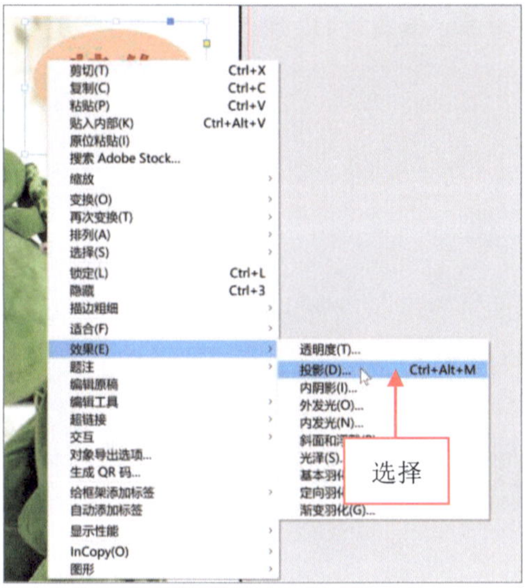

图 7-108　选择“投影”选项

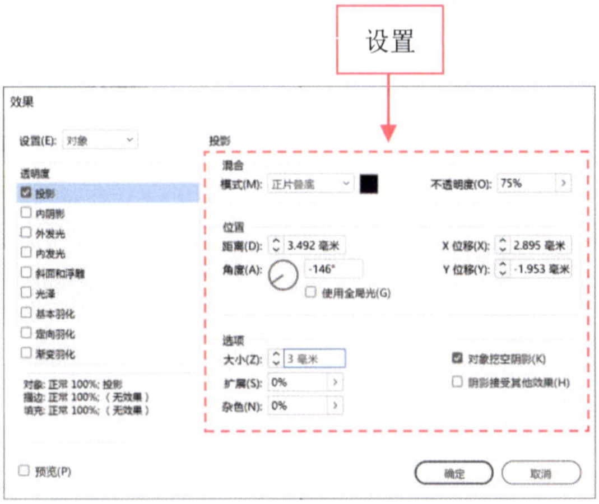

图 7-109　设置各参数

Step 05　单击“确定”按钮，即可为图形添加投影样式，效果如图 7-110 所示。

图 7-110　为图形添加投影样式

> ▶ **专家指点**
>
> 在 InDesign 2021 中，按【Ctrl + Alt + M】组合键，也可以弹出“效果”对话框。

7.7.3　使用内阴影效果

使用内阴影效果

使用内阴影效果可以为对象添加一种内阴影样式，使对象更加显眼。下面介绍使用内阴影效果的操作方法。

Step 01　打开图像文件（素材\第 7 章\百通网络.indd），如图 7-111 所示。

Step 02 在文档窗口中，选择需要设置内阴影的文字对象，如图 7-112 所示。

图 7-111 打开图像文件

图 7-112 选择相应文字对象

Step 03 单击“对象”|“效果”|“内阴影”命令，弹出“效果”对话框，在“内阴影”选项卡中设置各参数，如图 7-113 所示。

Step 04 单击“确定”按钮，即可为文字对象添加内阴影效果，如图 7-114 所示。

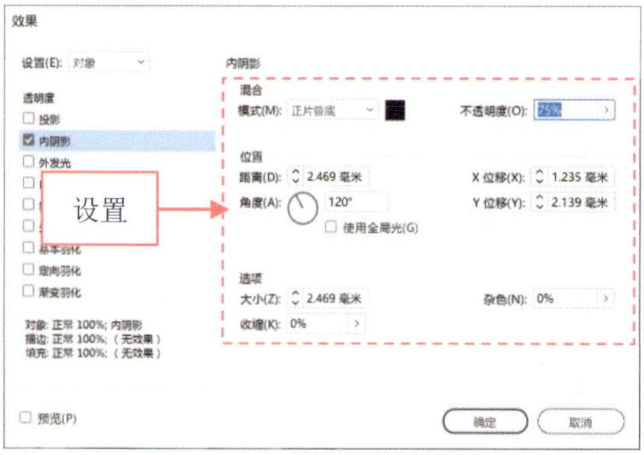

图 7-113 设置各参数

图 7-114 添加内阴影效果

7.7.4 使用外发光效果

使用外发光效果可以为对象的外边缘增添发光效果，使对象更有质感。下面介绍使用外发光效果的操作方法。

使用外发光效果

Step 01 打开图像文件（素材\第 7 章\显示器.indd），在文档窗口中选择需要设置外发光的图像素材，如图 7-115 所示。

Step 02 单击“对象”|“效果”|“外发光”命令，弹出“效果”对话框，在“外发光”选项卡中设置各参数，如图 7-116 所示。

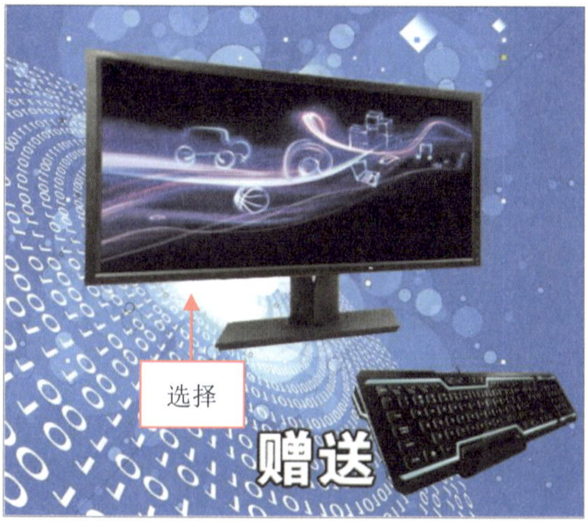

图 7-115　选择需要设置的图像素材

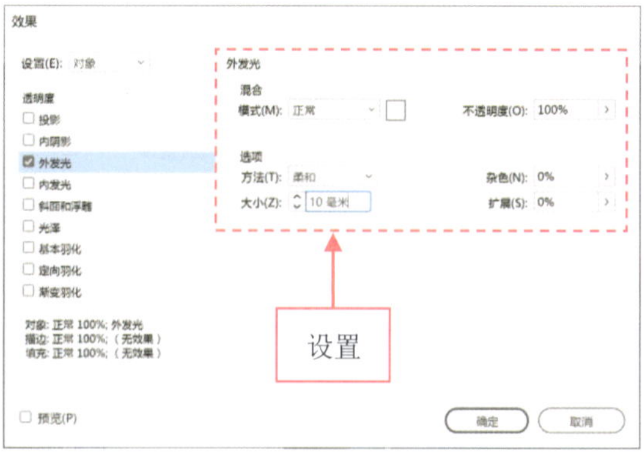

图 7-116　在选项卡中设置各参数

Step 03　单击“确定”按钮，即可为图像添加外发光效果，如图 7-117 所示。

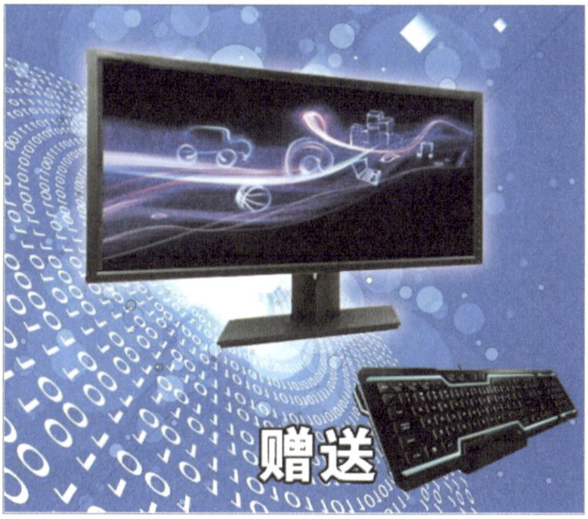

图 7-117　为图像添加外发光效果

7.7.5　使用斜面和浮雕效果

使用斜面和浮雕

浮雕效果

使用斜面和浮雕效果可以制作出各种凹陷和凸出的图像或文字，从而使图像具有一定的立体效果。下面介绍使用斜面和浮雕效果的操作方法。

Step 01　打开图像文件（素材\第 7 章\绿色视觉.indd），如图 7-118 所示。

Step 02　在文档窗口中，选择需要设置斜面和浮雕的图形对象，如图 7-119 所示。

Step 03　单击“对象”|“效果”|“斜面和浮雕”命令，弹出“效果”对话框，在“斜面和浮雕”选项卡中设置各参数，如图 7-120 所示。

Step 04　单击“确定”按钮，即可为图像添加斜面和浮雕效果，如图 7-121 所示。

图 7-118　打开图像文件

图 7-119　选择相应图形对象

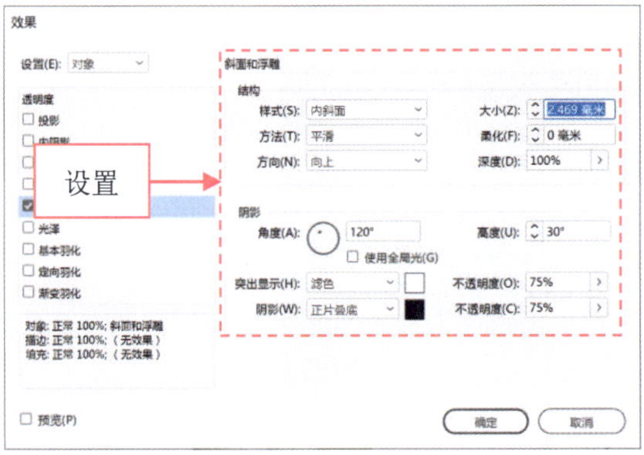

图 7-120　设置各参数

图 7-121　预览图像效果

本章小结

本章主要向读者介绍了设置对象颜色与效果的操作方法，包括了解颜色的类型与模式、使用“色板”面板填充对象、使用“颜色”面板填充对象、使用“渐变”面板填充对象、使用“描边”面板描边对象、使用工具箱中的填色与描边功能以及为对象添加效果样式等内容。

通过本章内容的学习，希望读者熟练掌握各种填充图形颜色与描边图形效果的方法，制作出色彩斑斓的图形与图像效果。

课后习题

课后习题

鉴于本章知识的重要性，为了帮助读者更好地掌握所学知识，本节将通过上机习题，帮助读者进行简单的知识回顾和补充。

本习题需要掌握描边文字轮廓，然后为其添加投影效果，素材与效果如图 7-122 所示。

图 7-122　素材与效果

第 8 章

创建与设计文本版式

8

在 InDesign 2021 的版式设计中，文字的使用是非常广泛的，通过对文字进行编排与设计，不但能够更加有效地表现设计主题，而且可以对版式起到美化作用。本章主要向读者介绍创建与设计文本版式的方法，包括创建文本对象、编辑文本对象以及设计文本框等内容。

本章重点

- 创建文本对象
- 编辑文本对象
- 设计文本框

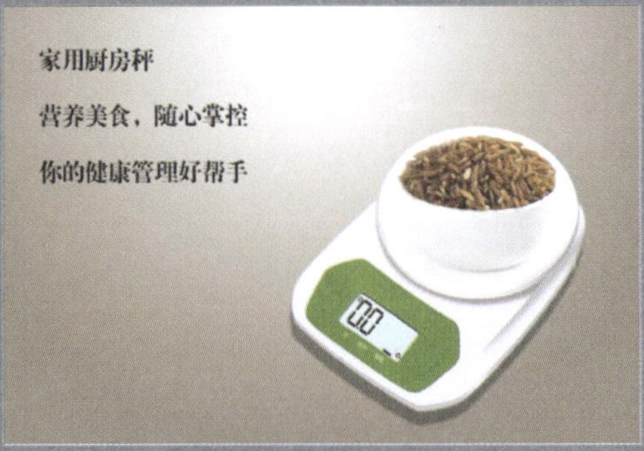

8.1　创建文本对象

文字是排版与设计中不可或缺的重要元素，有时甚至在作品中起着主导作用，InDesign 2021 中提供了丰富的文字属性设计和板式编排功能，可以帮助用户制作出丰富多彩的文字效果。本节主要介绍创建文本对象的多种操作方法。

8.1.1　创建横排文本

输入横排文本的方法很简单，使用工具箱中的文字工具**T**，即可在文档窗口中输入横排文字内容。下面介绍创建横排文本的操作方法。

创建横排文本

Step 01　打开图像文件（素材\第 8 章\斜挎包系列.indd），如图 8-1 所示。

Step 02　在工具箱中，选取文字工具**T**，如图 8-2 所示。

图 8-1　打开图像文件

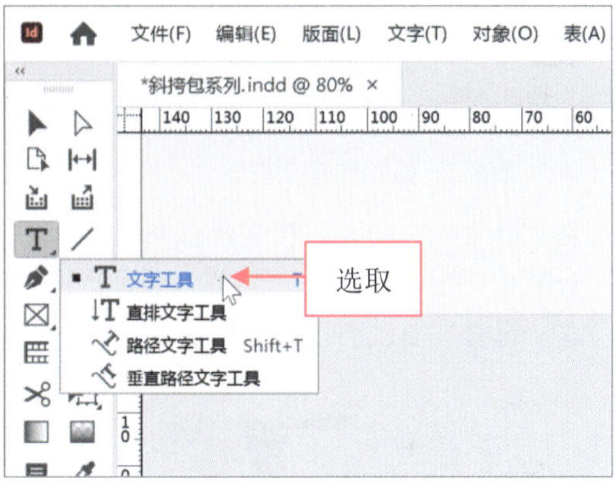

图 8-2　选取文字工具

Step 03　在文档窗口中的合适位置按住鼠标左键并拖动，绘制一个文本框，输入相应文本内容，在“属性”面板的“字符”选项区中，设置字体与字号大小，如图 8-3 所示。

Step 04　设置完成后，即可创建横排文本内容，效果如图 8-4 所示。

图 8-3　设置字体与字号大小

图 8-4　创建横排文本内容

8.1.2 创建垂直文本

创建垂直文本

在 InDesign 2021 中，使用直排文字工具↓T即可创建垂直文本内容，具体操作步骤如下。

Step 01 打开图像文件（素材\第 8 章\零食优惠价.indd），如图 8-5 所示。

Step 02 在工具箱中，选取直排文字工具↓T，如图 8-6 所示。

图 8-5 打开图像文件

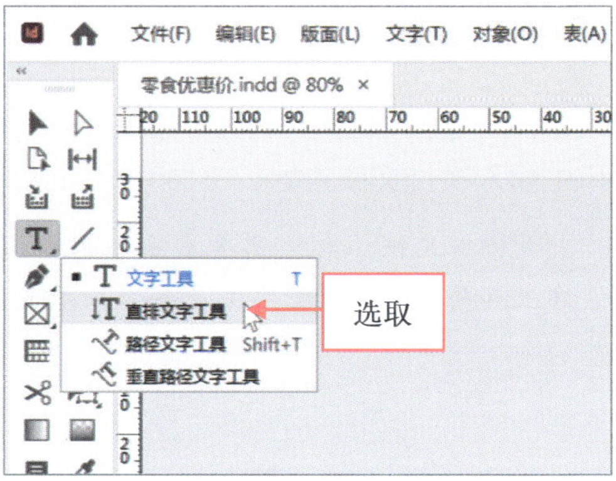

图 8-6 选取直排文字工具

Step 03 在文档窗口中的合适位置按住鼠标左键并拖动，绘制一个文本框，输入相应文本内容，如图 8-7 所示。

Step 04 在“属性”面板的“字符”选项区中，设置字体与字号大小，效果如图 8-8 所示。

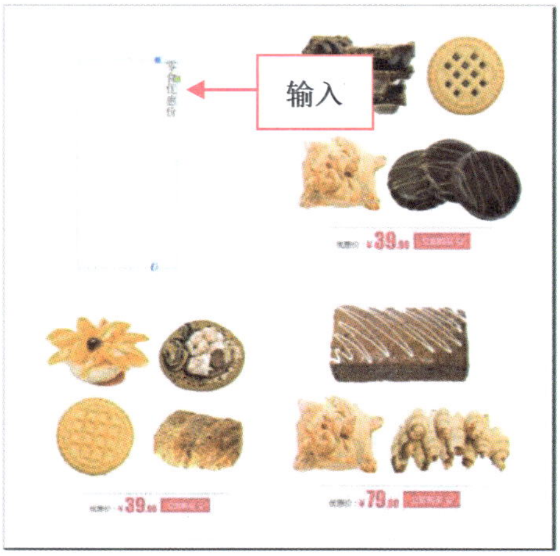

图 8-7 输入相应文本内容

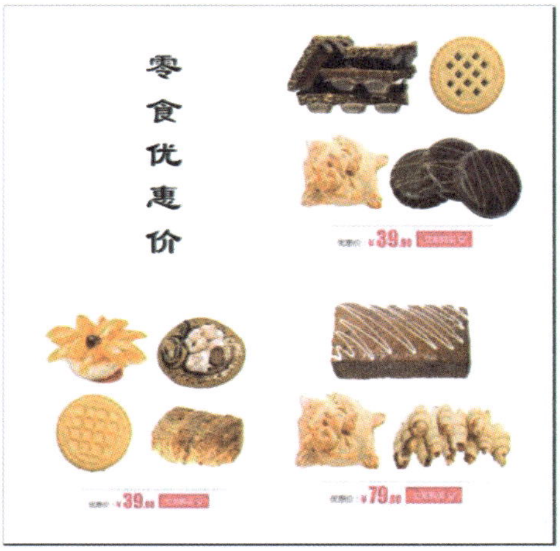

图 8-8 设置字体与字号大小

8.1.3 创建路径文本

在许多版式中，设计的文字呈连绵起伏的状态，这就是路径绕排文字的功劳，沿路径绕排文字时，可以先使用钢笔工具创建直线或曲线路径，再进行文字的输入。下面介绍创建路径文本的操作方法。

Step 01 打开图像文件（素材\第 8 章\饰品.indd），如图 8-9 所示。

Step 02 选取钢笔工具，在图像上绘制一条开放路径，如图 8-10 所示。

Step 03 在工具箱中，选取路径文字工具，如图 8-11 所示。

Step 04 在开放路径的起始位置单击鼠标左键，定位光标输入点，然后输入相应文本内容，设置文本的颜色、字体和字号大小，效果如图 8-12 所示。

创建路径文本

图 8-9　打开图像文件

图 8-10　绘制一条开放路径

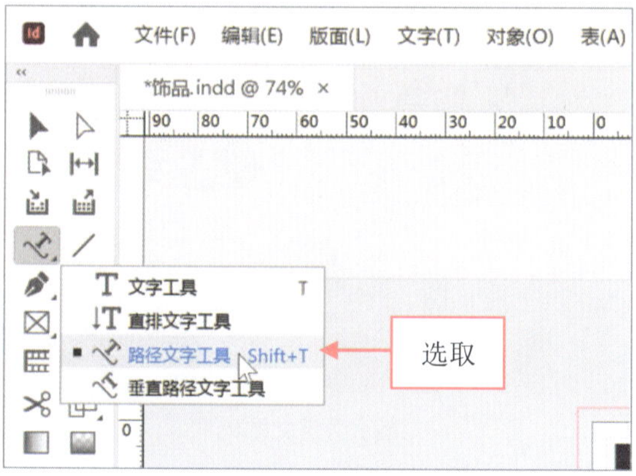

图 8-11　选取路径文字工具

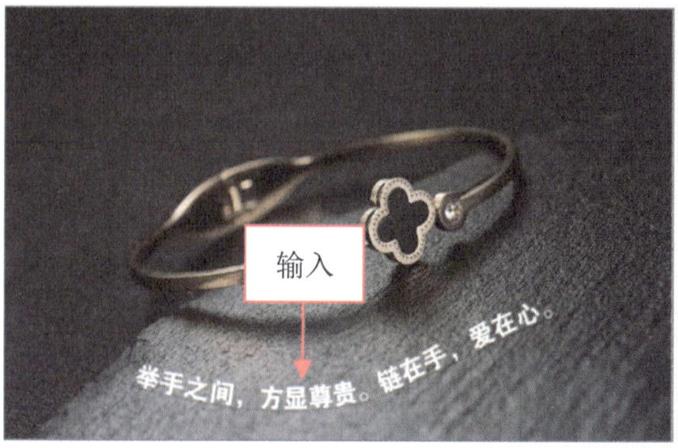

图 8-12　输入相应文本内容

Step 05 选择绘制的开放路径，如图 8-13 所示。

Step 06 在工具箱中，设置“描边”为“无”，隐藏路径，效果如图 8-14 所示。

图 8-13　选择绘制的开放路径

图 8-14　隐藏路径后的效果

▶ 专家指点

在 InDesign 2021 中，按【Shift + T】组合键，也可以快速切换至路径文字工具。

8.2 编辑文本对象

当用户完成文字的输入后，如果对文字的属性与整体的效果不太满意，此时需要对文字的相关属性进行编辑与修改。本节主要介绍编辑文本对象的方法，包括设置文本行距、字间距以及下划线等内容。

8.2.1 设置文本行距

设置文本行距

在 InDesign 2021 中，通过“行距”数值框可以调整多段文本之间的行间距，使文本的显示效果更加美观。下面介绍设置文本行距的操作方法。

Step 01 打开图像文件（素材\第 8 章\家用厨房秤.indd），如图 8-15 所示。

Step 02 在文档窗口中，选择需要设置行距的文本内容，如图 8-16 所示。

图 8-15 打开图像文件

图 8-16 选择相应文本内容

Step 03 单击“窗口”|“文字和表”|“字符”命令，弹出“字符”面板，在其中设置“行距”为 70 点，如图 8-17 所示。

Step 04 设置完成后，即可查看文本效果，如图 8-18 所示。

图 8-17 设置“行距”为 70 点

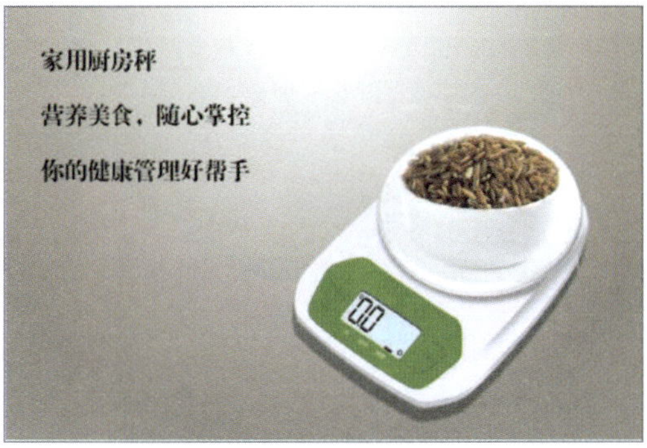

图 8-18 查看文本效果

8.2.2　设置文本字间距

设置文本字间距

在 InDesign 2021 中，通过“字符间距”数值框可以设置文字的字间距效果，使文字与文字之间的距离更加合适。下面介绍设置文本字间距的操作方法。

Step 01　打开图像文件（素材\第 8 章\房产广告.indd），如图 8-19 所示。

Step 02　在文档窗口中，选择需要设置字符间距的文本内容，如图 8-20 所示。

图 8-19　打开图像文件

图 8-20　选择相应文本内容

Step 03　按【Ctrl + T】组合键，弹出“字符”面板，在其中设置“字符间距”为 200 点，如图 8-21 所示。

Step 04　执行上述操作后，即可设置文本的字间距，效果如图 8-22 所示。

图 8-21　设置“字符间距”为 200 点

图 8-22　设置文本的字间距

8.2.3　设置文本着重号

在 InDesign 2021 中，为文本添加着重号可以使文本内容更加突出、显眼。操作方法很简单，首先选择需要设置着重号的文本内容，单击鼠标右键，在弹出的快捷菜单中选择“着重号”选项，在弹出的子菜单中可以选择着重号的样式，如图 8-23 所示。这里选择“空心圆点”选项，即可为文本添加“空心圆点”着重号，效果如图 8-24 所示。

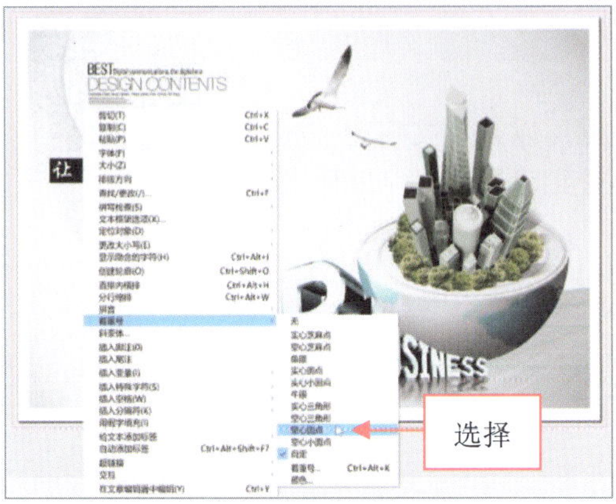

图 8-23　选择着重号的样式

图 8-24　添加“空心圆点”着重号

8.3　设计文本框

在 InDesign 2021 中，文本框就是指用来对文字进行排版的区域，用户可以对文本框进行编辑、旋转以及对齐操作，以达到对文字排列的变形效果。本节主要介绍编辑文本框的操作方法，希望读者熟练掌握本节内容。

8.3.1　调整文本框的形状

调整文本框的形状

使用直接选择工具拖动文本框四周的控制柄，可以调整文本框的形状。下面介绍调整文本框形状的操作方法。

Step 01　打开图像文件（素材\第 8 章\口红.indd），如图 8-25 所示。

Step 02　使用直接选择工具选中文本框右下角的控制柄，使其呈实心显示，如图 8-26 所示。

图 8-25　打开图像文件

图 8-26　使控制柄呈实心显示

Step 03　按住鼠标左键并向上拖动，显示了文本框被调整后的形状，如图 8-27 所示。

Step 04　拖动至合适位置后，释放鼠标左键，即可调整文本框的形状，并改变文本的排列效果，如图 8-28 所示。

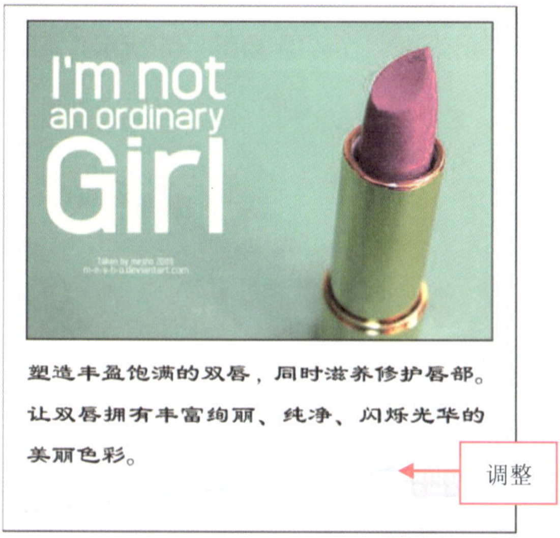

图 8-27　显示了文本框的的形状

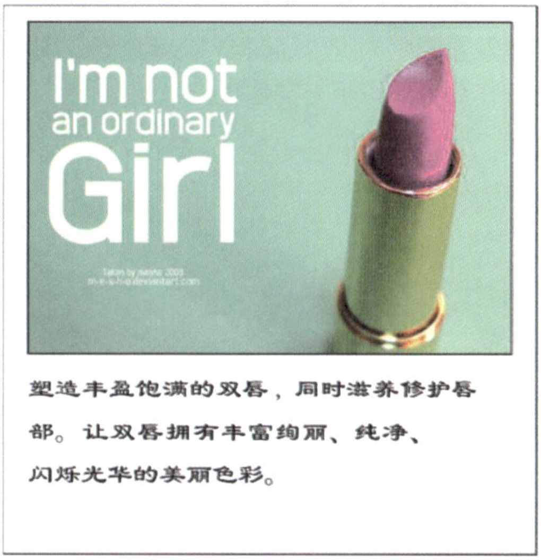

图 8-28　改变文本的排列效果

8.3.2　旋转文本框

旋转文本框

在文档窗口中，通过旋转文本框可以调整文本的旋转角度，使文本具有一种倾斜的美感。下面介绍旋转文本框的方法。

Step 01　打开图像文件（素材\第 8 章\购物的快乐.indd），选择需要调整的文本框，将鼠标移至右上角的控制柄处，此时鼠标指针呈弯曲形状，如图 8-29 所示。

Step 02　按住鼠标左键并向上拖动，即可旋转文本框，效果如图 8-30 所示。

图 8-29　选择需要调整的文本框

图 8-30　旋转文本框后的效果

8.3.3　填充文本框

如果用户希望版式中的文本内容更加突出，此时可以对文本框进行填充操作。方法很简单，首先选择需要填充的文本框，在工具箱中双击“填色”色块，在弹出的“拾色器”对话框中设置颜色为青色（CMYK 参数值分别为 27%、0%、9%、0%），如图 8-31 所示。执行上述操作后，即可填充文本框，效果如图 8-32 所示。

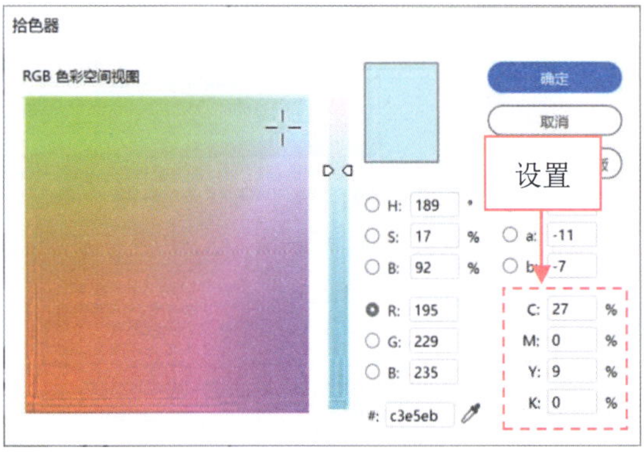

图 8-31　设置颜色为青色

图 8-32　填充文本框后的效果

8.3.4　对齐文本框

用户可以设置文本框中内容的对齐方式，使排版的文本更加美观，具体操作步骤如下。

对齐文本框

Step 01　打开图像文件（素材\第 8 章\四色画廊.indd），如图 8-33 所示。

Step 02　在文档窗口中，选择需要对齐的文本框，如图 8-34 所示。

图 8-33　打开图像文件

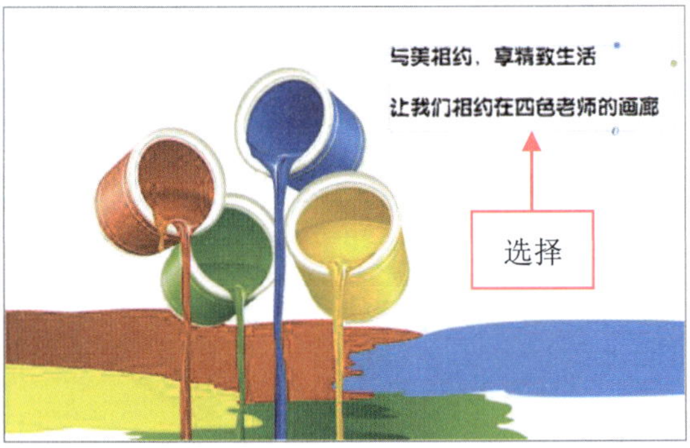

图 8-34　选择需要对齐的文本框

Step 03　按【Ctrl + Alt + T】组合键，弹出“段落”面板，在其中单击“居中对齐”按钮≡，如图 8-35 所示。

Step 04　执行上述操作后，即可将文本框中的内容进行居中对齐，效果如图 8-36 所示。

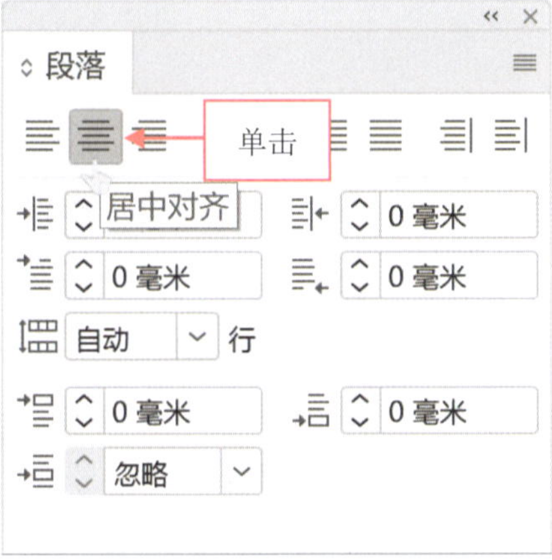

图 8-35　单击“居中对齐”按钮

图 8-36　居中对齐后的效果

本章小结

本章主要介绍了创建与设计文本版式的方法，首先介绍了创建文本对象的方法，包括创建横排文本、垂直文本以及路径文本等内容；然后介绍了编辑文本对象的方法，包括设置文本行距、间符间距以及着重号等内容；最后介绍了设计文本框的方法，包括调整文本框的形状、旋转文本框、填充文本框以及对齐文本框等内容。通过本章内容的学习，希望读者熟练掌握版式中文本的设计方法，设计出更多精彩、漂亮的文本效果。

课后习题

课后习题

鉴于本章知识的重要性，为了帮助读者更好地掌握所学知识，本节将通过上机习题，帮助读者进行简单的知识回顾和补充。

本习题需要掌握创建并调整文本内容的方法，素材与效果如图 8-37 所示。

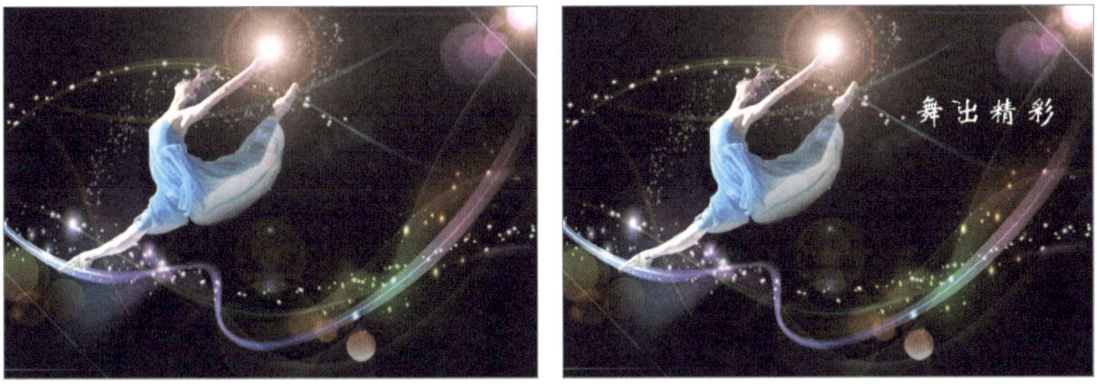

图 8-37　素材与效果

第 9 章

应用版面样式与对象库

在 InDesign 2021 中，样式的应用是非常重要的，在排版过程中，如果每一幅图片和每一段文字都进行样式设置，既浪费时间也浪费精力，而直接利用样式和库，则可以使整个排版更加方便快捷。本章主要介绍应用版面样式与对象库的操作方法，希望读者熟练掌握本章内容。

本章重点

- 应用对象样式
- 应用字符样式
- 应用段落样式
- 载入字符和段落样式
- 应用对象库

期末考试成绩单

姓名	语文	数学	英语
小红	89	80	95
刘敏	98	87	76
胡杨	75	85	95
刘昇	99	75	96
龙洋	90	92	94
苏齐	60	75	70
张三	85	80	76
李四	92	65	78

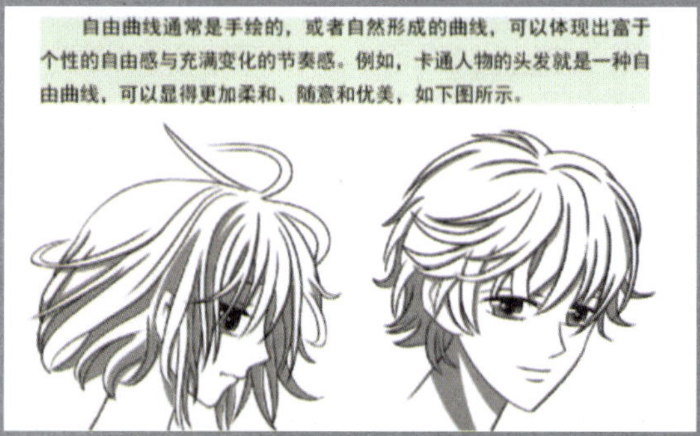

9.1　应用对象样式

在 InDesign 2021 中，为图形、图像或框架等对象添加了各种效果后，可以将其定义为对象样式，以后在制作具有相同或相似的样式效果时，可以直接套用，既可以保持效果的一致性，也可以提高工作效率。本节主要介绍应用对象样式的操作方法。

9.1.1　应用对象样式

应用对象样式

对象样式包括描边、颜色、透明度以及投影效果等，用户可以使用对象样式快速设置图形和框架的格式。下面介绍应用对象样式的操作方法。

Step 01　打开图像文件（素材\第 9 章\点线内容.indd），如图 9-1 所示。

Step 02　单击“窗口”|“样式”|“对象样式”命令，弹出“对象样式”面板，单击“创建新样式”按钮，即可新建“对象样式 1”样式，如图 9-2 所示。

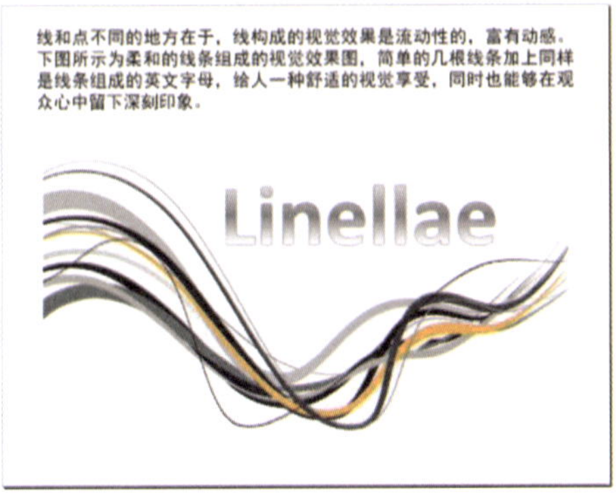

图 9-1　打开图像文件

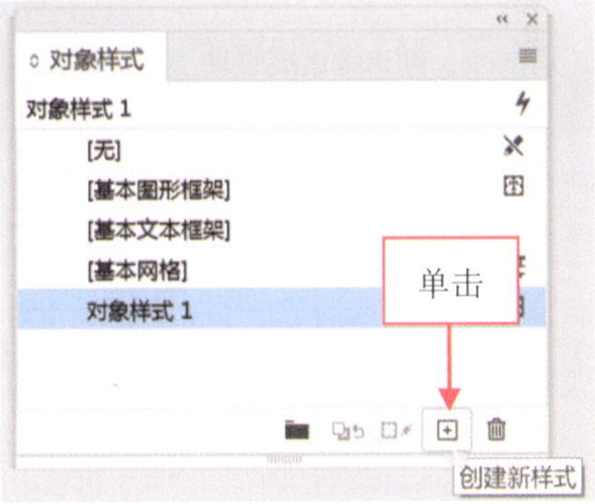

图 9-2　新建对象样式

Step 03　在“对象样式 1”上双击鼠标左键，弹出“对象样式选项”对话框，在“效果”下拉列表框中选中“斜面和浮雕”复选框，如图 9-3 所示，单击“确定”按钮。

Step 04　在文档窗口中选择图片，在“对象样式”面板中选择“对象样式 1”选项，即可在图片上应用“对象样式 1”中设置的“斜面和浮雕”效果，如图 9-4 所示。

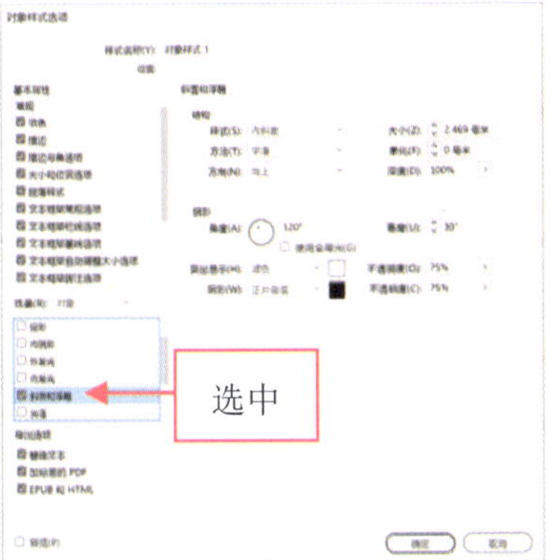

图 9-3　选中“斜面和浮雕”复选框

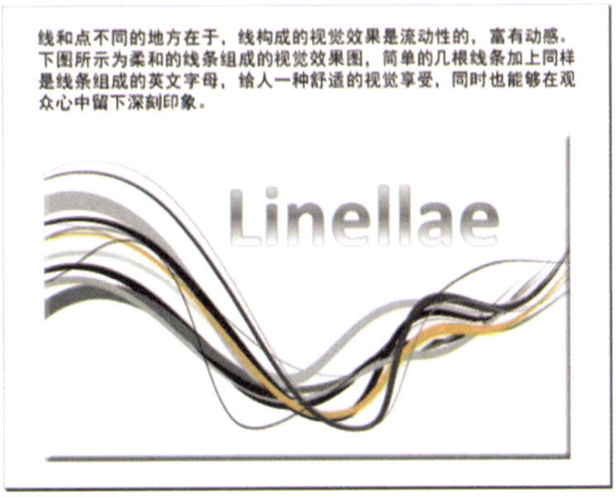

图 9-4　应用“斜面和浮雕”效果

▶ 专家指点

在 InDesign 2021 中，按【Ctrl + F7】组合键，也可以快速弹出“对象样式”面板。当用户在“对象样式”面板中创建样式后，可以将该样式应用于版面中的任意图形或图像上。

9.1.2 应用表和单元格样式

应用表和单元格样式

与使用对象样式来设置对象格式一样，用户也可以使用表和单元格样式来设置表格式。表样式是可以在一个单独的步骤中应用的一系列表格属性（如表边框、行线、列线等）的集合。下面介绍应用表和单元格样式的操作方法。

Step 01 打开图像文件（素材\第 9 章\成绩单.indd），如图 9-5 所示。

Step 02 单击“窗口”|“样式”|“表样式”命令，弹出“表样式”面板，双击“[基本表]”选项，弹出“表样式选项”对话框，切换至“表设置”选项卡，在“表外框”选项区中设置“粗细”为 2 点、“颜色”为洋红色，如图 9-6 所示。

期末考试成绩单			
姓名	语文	数学	英语
小红	89	80	95
刘敏	98	87	76
胡杨	75	85	95
刘异	99	75	96
龙洋	90	92	94
苏齐	60	75	70
张三	85	80	76
李四	92	65	78

图 9-5 打开图像文件

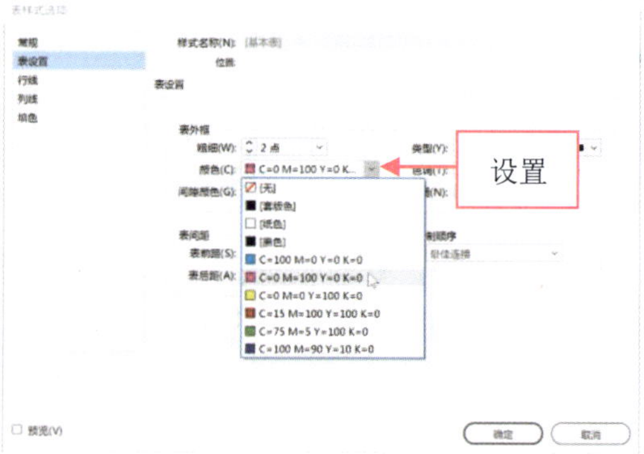

图 9-6 设置“颜色”为洋红色

Step 03 切换至“填色”选项卡，在其中设置“交替模式”为“每隔一行”、“颜色”为洋红色，如图 9-7 所示。

Step 04 单击“确定”按钮，即可设置表样式，效果如图 9-8 所示。

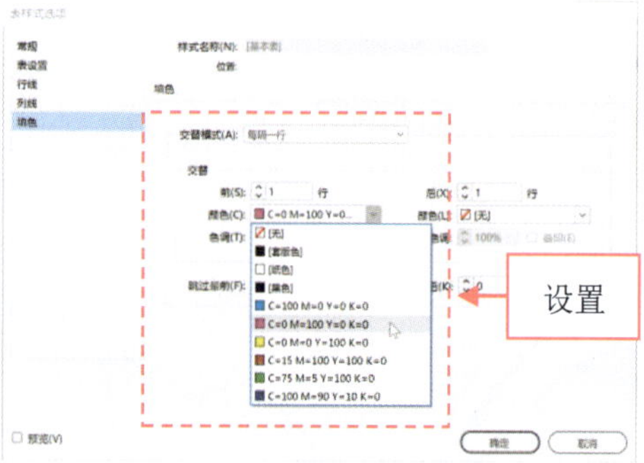

图 9-7 在“填色”选项卡中设置各选项

期末考试成绩单			
姓名	语文	数学	英语
小红	89	80	95
刘敏	98	87	76
胡杨	75	85	95
刘异	99	75	96
龙洋	90	92	94
苏齐	60	75	70
张三	85	80	76
李四	92	65	78

图 9-8 设置表样式后的表格效果

Step 05 单击“窗口”|“样式”|“单元格样式”命令，弹出“单元格样式”面板，单击“创建新样式”按钮⊞，即可新建“单元格样式 1”样式，如图 9-9 所示。

Step 06 在该样式上双击鼠标左键，弹出“单元格样式选项”对话框，切换至“文本”选项卡，在“垂直对齐”选项区中设置“对齐”为“居中对齐”，如图 9-10 所示。

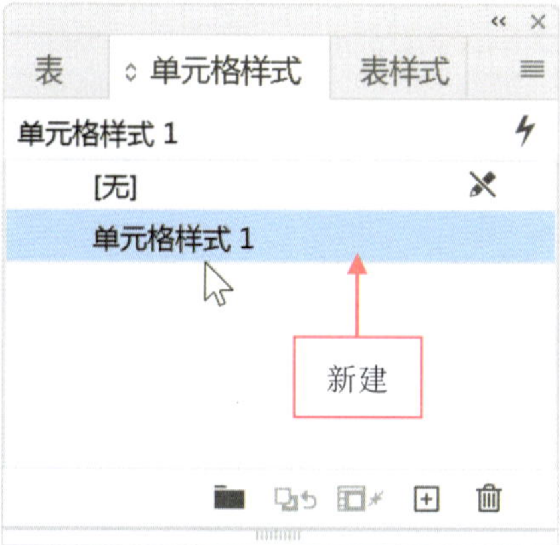

图 9-9　新建“单元格样式 1”

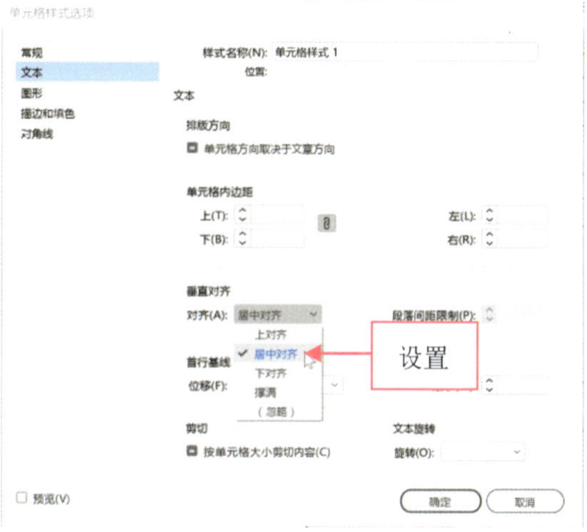

图 9-10　设置“居中对齐”

Step 07 切换至“描边和填色”选项卡，在“单元格填色”选项区中设置“颜色”为蓝色，如图 9-11 所示，单击“确定”按钮。

Step 08 在表格中选择需要设置的单元格区域，在“单元格样式”面板中选择“单元格样式 1”样式，即可应用该样式，效果如图 9-12 所示。

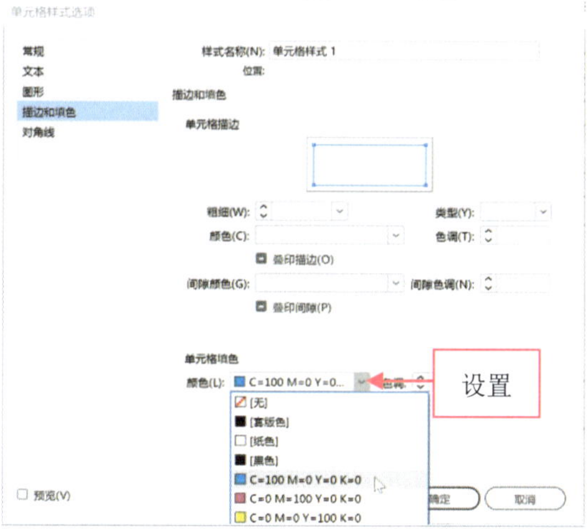

图 9-11　设置“颜色”为蓝色

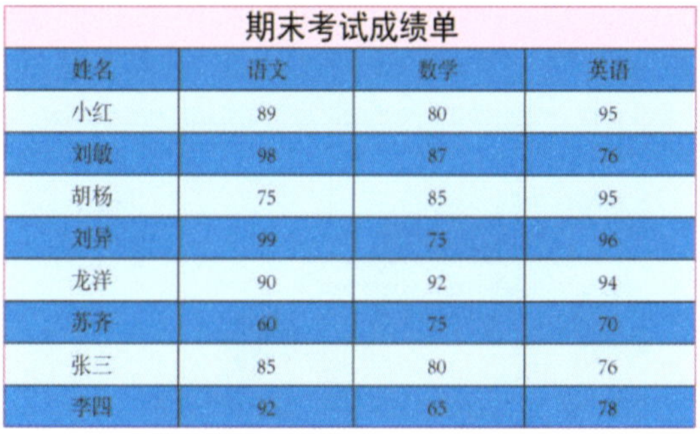

期末考试成绩单

姓名	语文	数学	英语
小红	89	80	95
刘敏	98	87	76
胡杨	75	85	95
刘异	99	75	96
龙洋	90	92	94
苏齐	60	75	70
张三	85	80	76
李四	92	65	78

图 9-12　应用单元格样式

9.2　应用字符样式

字符样式是通过一个步骤就可以应用于文本的一系列字符格式属性的集合。字符样式就是文字字符的样式，段落样式内可以应用字符样式，如果想在段落里使某些文字有不同于段落样式的效果，如更改字体、字符间距以及字体颜色等，可以使用字符样式。本节主要向读者介绍应用字符样式的操作方法。

9.2.1 “字符样式”面板

在 InDesign 2021 中，用户可以通过以下三种方法打开“字符样式”。

第一种：在菜单栏中，单击“文字”|“字符样式”命令，如图 9-13 所示。

第二种：在菜单栏中，单击“窗口”|“样式”|“字符样式”命令，如图 9-14 所示。

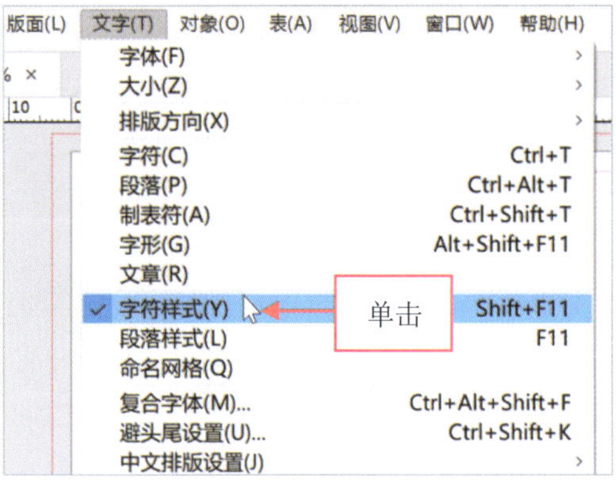

图 9-13 单击“字符样式”命令（1）

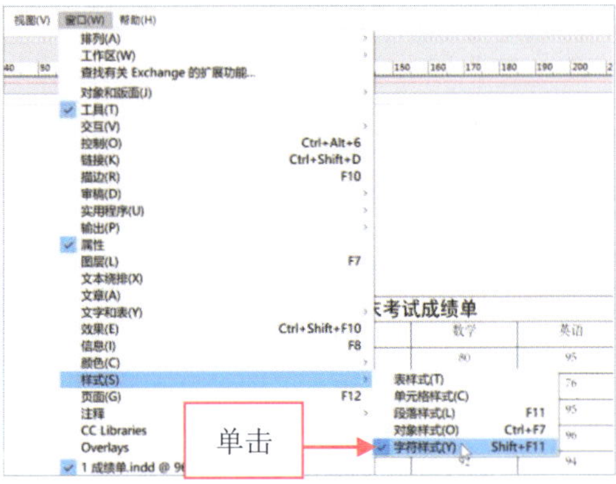

图 9-14 单击“字符样式”命令（2）

第三种：按【Shift+F11】组合键。

9.2.2 应用字符样式

创建新的字符样式后，用户可以在“字符样式选项”对话框中设置各项参数，从而实现对字符样式的设置。下面介绍应用字符样式的操作方法。

打开图像文件（素材\第 9 章\芒果蛋糕.indd），如图 9-15 所示。

打开“字符样式”面板，新建“字符样式 1”样式，如图 9-16 所示。

图 9-15 打开图像文件

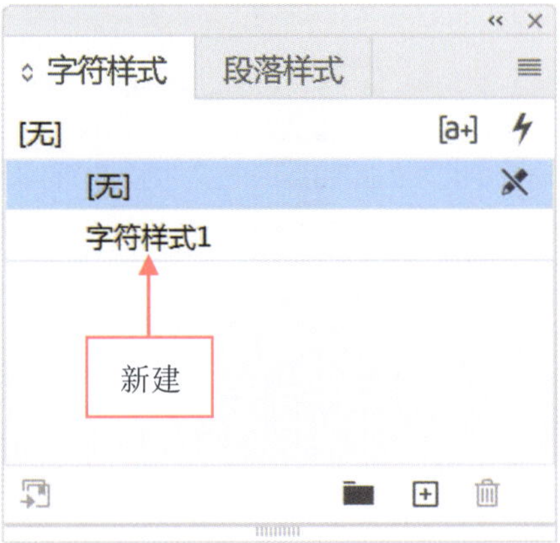

图 9-16 新建“字符样式 1”样式

双击“字符样式 1”样式，弹出“字符样式选项”对话框，切换至“基本字符格式”选项卡，在其中设置“字体系列”为“黑体”、“大小”为 42 点、“字符间距”为 100，如图 9-17 所示，单击“确定”按钮，即可设置字符样式。

在文档窗口中选择需要设置的文本内容，在“字符样式”面板中选择“字符样式 1”样式，即可直接套用该样式，效果如图 9-18 所示。

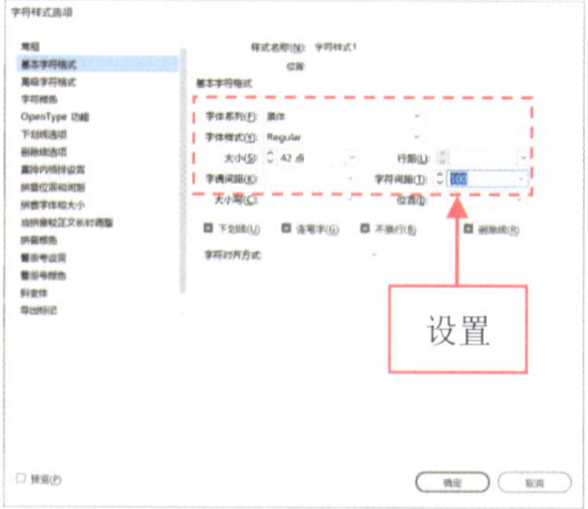

图 9-17　设置基本字符格式

图 9-18　直接套用字符样式

9.3　应用段落样式

段落样式包括字符和段落格式属性，可应用于一个段落，也可应用于某个范围内的段落。段落样式与字符样式的主要区别是字符样式主要应用于用户所选的单个或多个字符，而段落样式主要应用于段落，不能只修改段落中的某个字符。本节主要介绍应用段落样式的方法。

9.3.1　“段落样式”面板

在 InDesign 2021 中，用户可以通过以下三种方法打开“字符样式”。

第一种：在菜单栏中，单击“文字”|“段落样式”命令，如图 9-19 所示。

第二种：在菜单栏中，单击“窗口”|“样式”|“段落样式”命令，如图 9-20 所示。

图 9-19　单击“段落样式”命令（1）

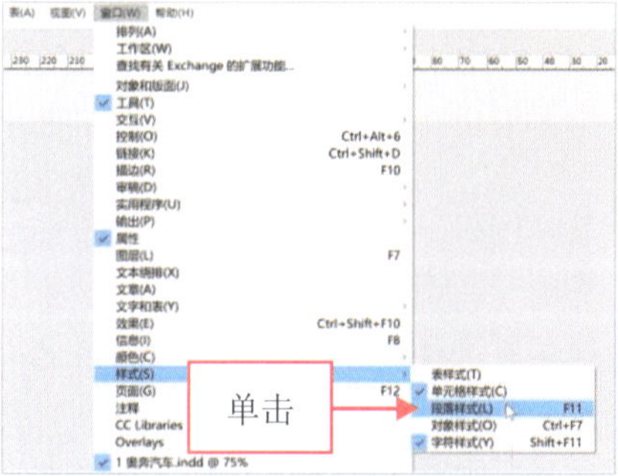

图 9-20　单击“段落样式”命令（2）

第三种：按【F11】键。

9.3.2 应用段落样式

在进行出版物的排版过程中，往往有很多的段落样式，每个段落样式都有所不同，这时需要创建一套段落样式，可以在排版过程中方便快捷地完成段落格式的设置。下面介绍应用段落样式的操作方法。

应用段落样式

Step 01 打开图像文件（素材\第 9 章\自由曲线.indd），如图 9-21 所示。

Step 02 打开“段落样式”面板，新建“段落样式 1”样式，如图 9-22 所示。

图 9-21 打开图像文件

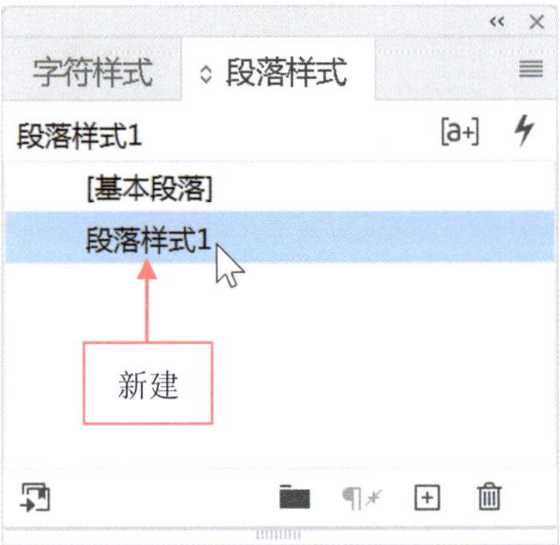

图 9-22 新建“段落样式 1”样式

Step 03 双击“段落样式 1”样式，弹出“段落样式选项”对话框，切换至“基本字符格式”选项卡，设置“字体系列”为“黑体”、“大小”为 18 点、“行距”为 30，如图 9-23 所示。

Step 04 切换至“缩进和间距”选项卡，设置“首行缩进”为 13 毫米，如图 9-24 所示。

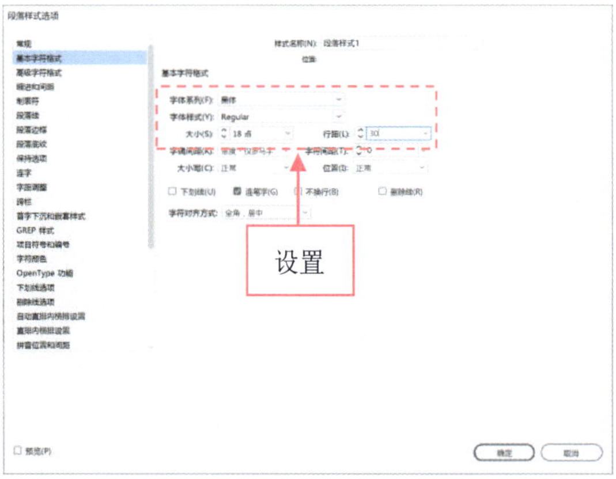

图 9-23 设置“基本字符格式”

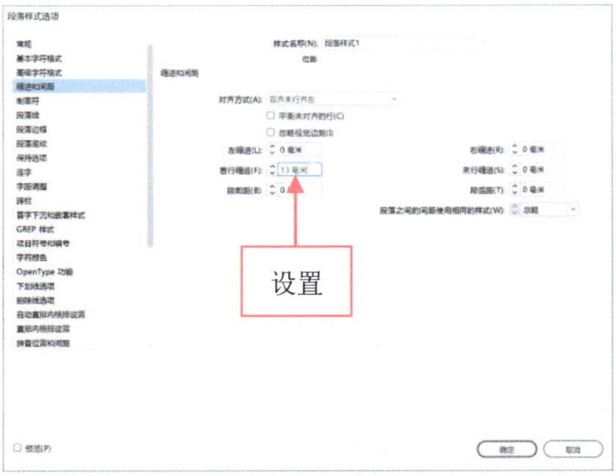

图 9-24 设置“缩进和间距”

Step 05 切换至“段落底纹”选项卡，在右侧选中“底纹”复选框，设置“颜色”为绿色，如图 9-25 所示，单击“确定”按钮。

Step 06 在文档窗口中选择需要设置的段落文本，在“段落样式”面板中选择“段落样式 1”样式，即可直接套用该样式，效果如图 9-26 所示。

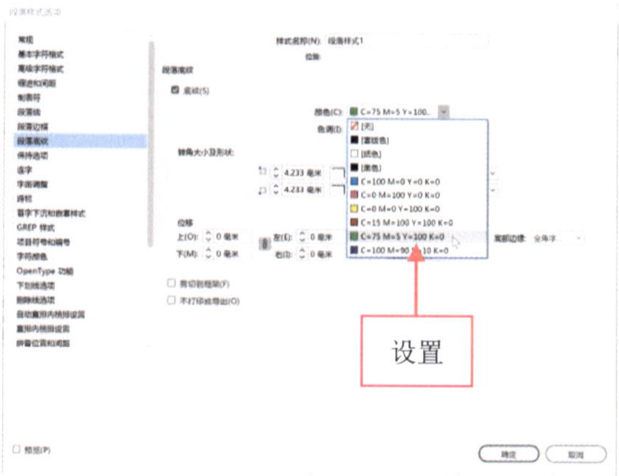

图 9-25　设置“颜色”为绿色

图 9-26　直接套用段落样式

9.4　载入字符和段落样式

在 InDesign 2021 中，用户还可以将其他 InDesign 文档中的字符样式和段落样式载入到当前编辑的文档中，从而避免重复创建和编辑的操作过程，在整个排版过程中，很大程度的提高了工作效率。本节主要介绍载入字符和段落样式的操作方法。

9.4.1　载入字符样式

在“字符样式”面板中，可以载入其他文档中的字符样式，下面介绍具体操作方法。

载入字符样式

Step 01　打开图像文件（素材\第 9 章\书籍排版.indd），如图 9-27 所示。

Step 02　在“字符样式”面板中，单击右上角的面板属性按钮≡，在弹出的列表框中选择“载入字符样式”选项，如图 9-28 所示。

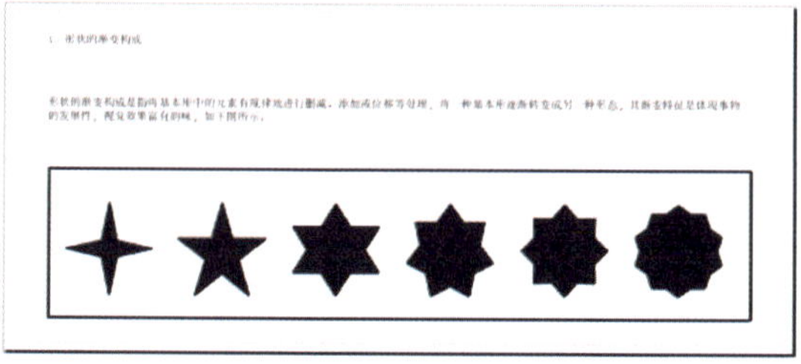

图 9-27　打开图像文件

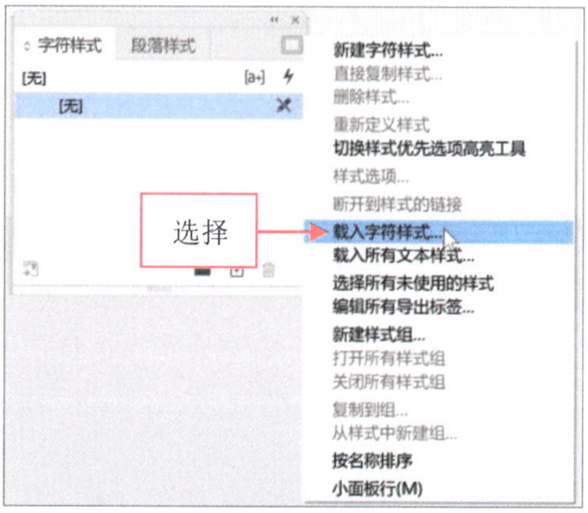

图 9-28　选择“载入字符样式”选项

Step 03　弹出“打开文件”对话框，在其中选择相应 InDesign 文档（素材\第 9 章\奥奔汽车.indd），如图 9-29 所示。

Step04 单击“打开”按钮，弹出“载入样式”对话框，在其中选择“字符样式 1”选项，如图 9-30 所示。

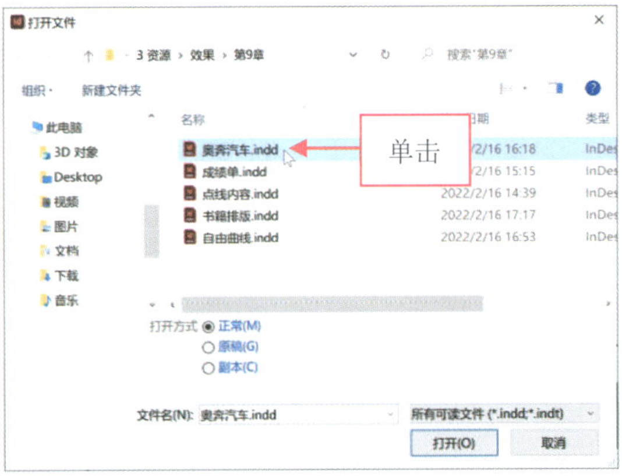

图 9-29 选择相应 InDesign 文档

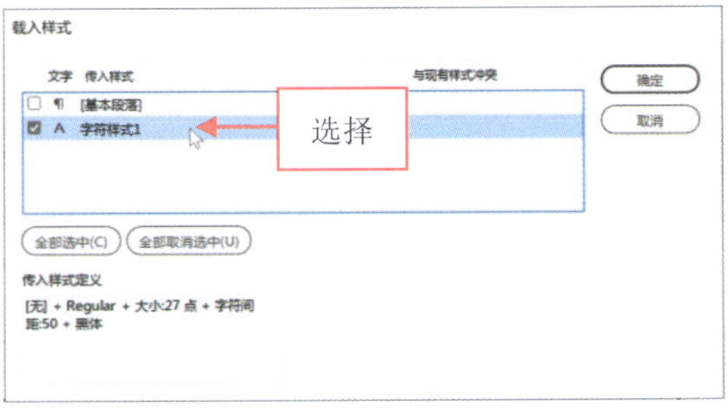

图 9-30 选择“字符样式 1”选项

Step05 单击“确定”按钮，即可载入“字符样式 1”样式，如图 9-31 所示。

Step06 将“字符样式 1”样式应用于文档中的相应字符上，效果如图 9-32 所示。

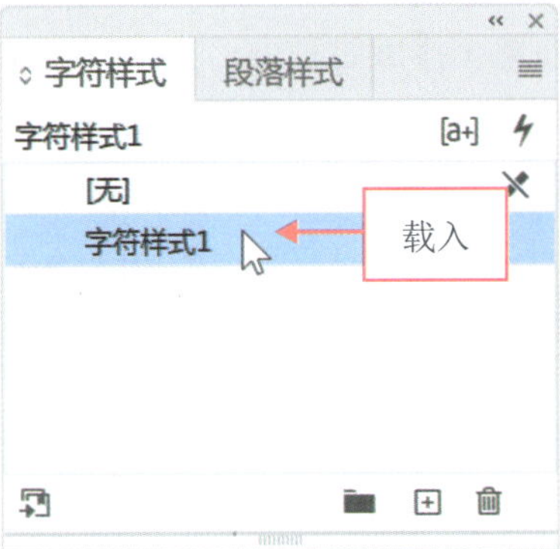

图 9-31 载入“字符样式 1”样式

图 9-32 应用“字符样式 1”样式

9.4.2 载入段落样式

载入段落样式

在“段落样式”面板中，可以载入其他文档中的段落样式，下面介绍具体操作方法。

Step01 在 9.4.1 的基础上，在“段落样式”面板中，单击右上角的面板属性按钮≡，在弹出的列表框中选择“载入段落样式”选项，如图 9-33 所示。

Step02 弹出“打开文件”对话框，在其中选择相应 InDesign 文档（效果\第 9 章\自由曲线.indd），如图 9-34 所示。

Step03 单击“打开”按钮，弹出“载入样式”对话框，在其中选择“段落样式 1”选项，如图 9-35 所示。

Step04 单击“确定”按钮，即可载入“段落样式 1”样式，将该样式应用于文档中的相应段落文本上，效果如图 9-36 所示。

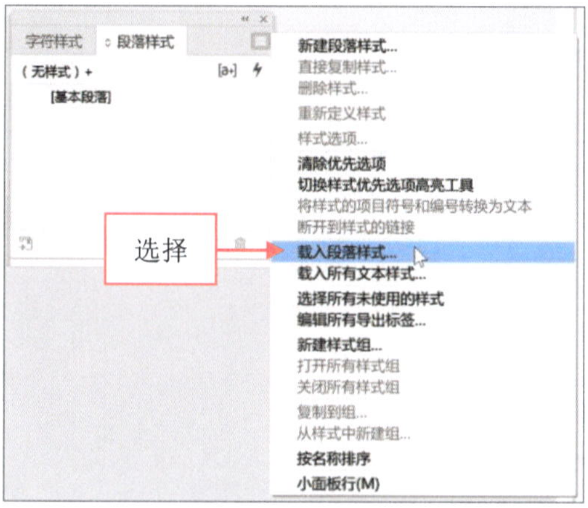

图 9-33　选择“载入段落样式”选项

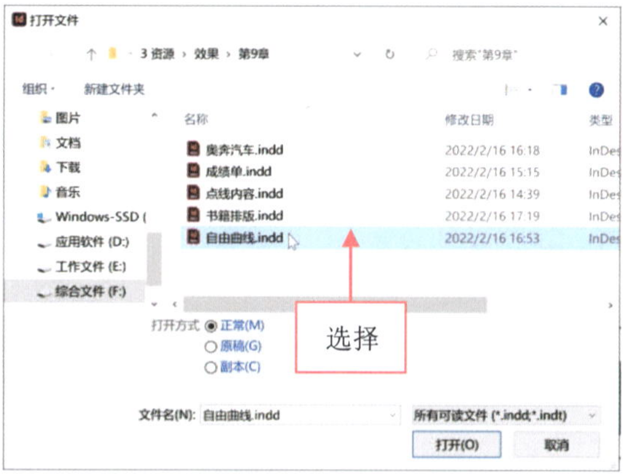

图 9-34　选择相应 InDesign 文档

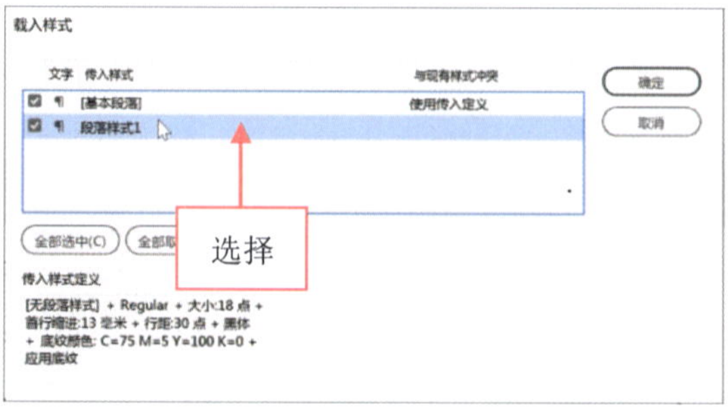

图 9-35　选择“段落样式 1”选项

图 9-36　应用“段落样式 1”样式

> ▶ **专家指点**
>
> 在“载入样式”对话框中，若单击“全部选中”按钮，将载入所有的段落样式。

9.5　应用对象库

对象库是帮助用户组织和管理常用的图像、文本、页面、标尺、网格和编组的。以.indl为后缀保存在磁盘上的文件，以便在排版时随时调用。用户可以创建多个对象库，也可以一次打开多个对象库。本节主要介绍应用对象库的操作方法。

9.5.1　创建对象库

创建对象库

在 InDesign 2021 中，用户可以新建多个库，同一幅图像可以属于不同的库。下面介绍创建对象库的操作方法。

Step 01 按【Ctrl + N】组合键，新建空白文件，单击“文件”|“新建”|“库”命令，弹出“新建库”对话框，在其中设置文件的名称与保存路径，如图 9-37 所示。

Step 02 单击“保存”按钮，即可创建一个对象库，自动弹出“库”面板，如图 9-38 所示。

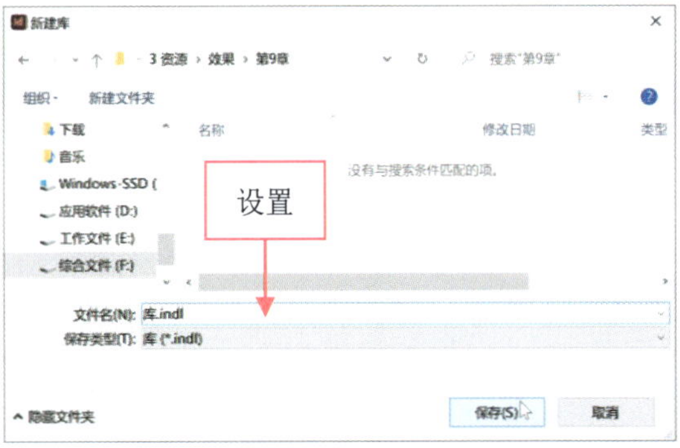

图 9-37　设置文件的名称与保存路径

图 9-38　弹出“库”面板

▶ 专家指点

在“库”面板上显示了新建库的名称，且该面板是空的，用户可以单击该面板右上角的面板属性按钮≡，在弹出的列表框中通过相应的选项，或者该面板下方的相应按钮，可以对库进行相应的操作。

9.5.2　添加对象到库

添加对象到库

在新建的库中没有任何对象，用户可以根据需要将对象添加到库中。下面介绍添加对象到库的操作方法。

Step 01　打开图像文件（素材\第 9 章\美食欣赏.indd），如图 9-39 所示。

Step 02　打开 9.5.1 新建的空白库文件（效果\第 9 章\库.indl），弹出“库”面板，选择左侧的蛋糕图像，单击面板底部的“新建库项目”按钮⊞，如图 9-40 所示。

图 9-39　打开图像文件

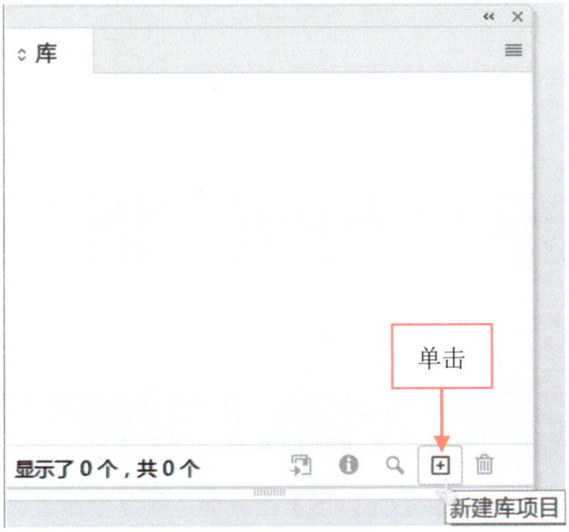

图 9-40　单击“新建库项目”按钮

Step 03　执行上述操作后，即可将蛋糕图像添加到“库”面板中，如图 9-41 所示。

Step 04　用与上述同样的方法，将其他的图像与文本也一同添加到“库”面板中，如图 9-42 所示。

图 9-41　添加到“库”面板中

图 9-42　添加其他的图像与文本

9.5.3　删除库中的项目

如果用户想删除库中的项目，此时可以选择需要删除的库项目，单击面板底部的“删除库项目”按钮，如图 9-43 所示。执行上述操作后，弹出信息提示框，提示用户是否确认操作，如图 9-44 所示，单击“是”按钮，即可删除库中的项目文件。

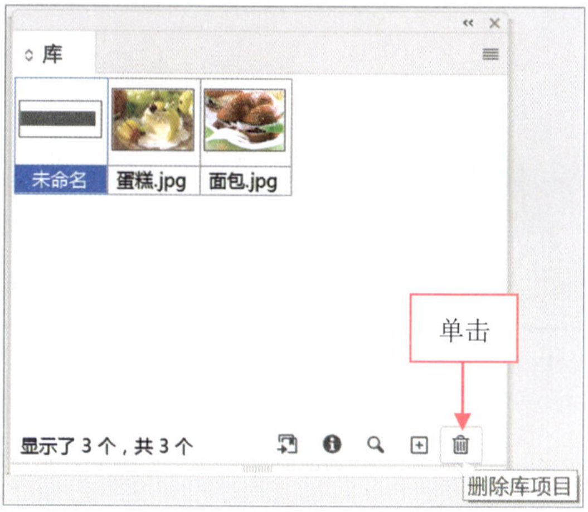

图 9-43　单击“删除库项目”按钮

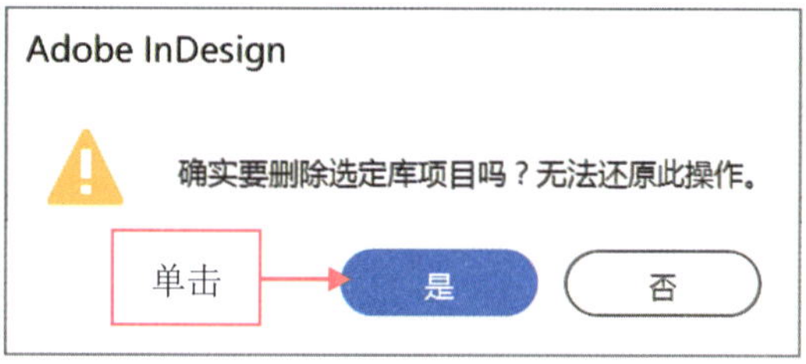

图 9-44　提示用户是否确认操作

9.5.4　应用库中的项目

在 InDesign 2021 中，用户可以通过以下两种方法应用库中的项目。

第一种：在“库”面板中，将需要使用的项目拖动至文档窗口中。

第二种：在“库”面板中，选择需要使用的项目，单击面板右上角的面板属性按钮，在弹出的列表框中选择“置入项目”选项。

本章小结

本章主要介绍了版面样式与对象库的应用方法，主要包括应用对象样式、应用字符样式、应用段落样式、载入字符和段落样式以及应用对象库等内容。读者应熟练掌握这些样式的设置方法，在以后制作具有相同属性的样式效果时，可以直接套用该样式，节省重复的操作时间，提高工作效率，得到事半功倍的效果。

课后习题

课后习题

鉴于本章知识的重要性，为了帮助读者更好地掌握所学知识，本节将通过上机习题，帮助读者进行简单的知识回顾和补充。

本习题需要掌握应用对象样式和字符样式的方法，素材与效果如图 9-45 所示。

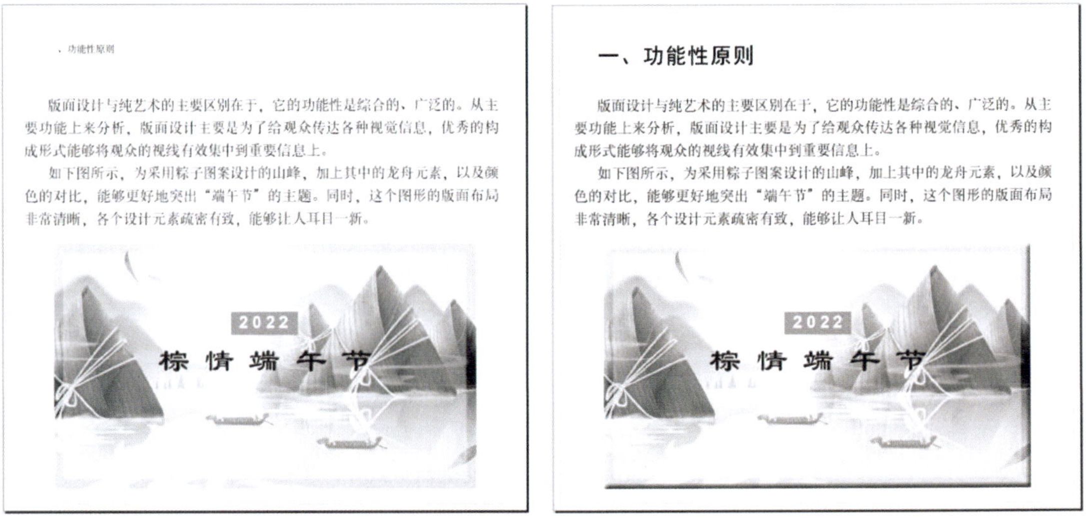

图 9-45　素材与效果

第 10 章 创建与编辑表格版式

10

表格是组织和比较数据的常用方法，在出版物中适当使用表格，可以给读者清晰、明了的感觉。在 InDesign 2021 中，提供了方便灵活的表格功能，通过编辑和格式化表格，以及对表格的外观进行设置，可以快速创建出美观实用的表格对象。本章主要介绍创建与编辑表格版式的操作方法。

本章重点

- 创建表格对象
- 编辑表格对象
- 设置表格样式

小型活动会中奖名单			
序号	姓名	所在部门	中奖金额
4	艾伦	业务部	300
6	安娜	业务部	300
7	艾文	业务部	200
9	班尼	业务部	200
合计			1500

寄件费用查询一览表

日期	寄件部门	快递公司	寄件费用
9月1日	业务部	顺丰	18
9月5日	业务部	顺丰	22
9月5日	管理部	圆通	11
9月6日	行政部	圆通	11
9月8日	行政部	韵达	12
9月8日	管理部	圆通	15
9月10日	业务部	韵达	12
9月10日	业务部	顺丰	18
9月12日	业务部	顺丰	18
9月18日	管理部	圆通	12
9月20日	行政部	顺丰	18
9月25日	设计部	圆通	10
9月30日	业务部	顺丰	22

快递公司	寄件部门
顺丰	业务部

费用范围	寄件数量
>20	2
<20	3

10.1　创建表格对象

InDesign 2021 提供了两种创建表格对象的方法，第一种是在文档中插入空白表格，第二种是导入 Microsoft Excel 表格数据，在第 2 章中已经介绍过置入 Excel 文件的方法，因此本节主要讲解插入空白表格的方法，以及设置表格的线条属性，希望读者熟练掌握本节内容。

10.1.1　插入表格

插入表格

在 InDesign 2021 中，通过“创建表”命令可以在文档中插入表格，具体操作步骤如下。

Step 01　新建空白文件，单击“表”|“创建表”命令，弹出“创建表”对话框，在其中设置“正文行”为 10、“列”为 4，如图 10-1 所示。

Step 02　单击“确定”按钮，将鼠标移至文档窗口中，按住鼠标左键并拖动，至合适位置后释放鼠标左键，即可创建一个 10 行 4 列的表格，效果如图 10-2 所示。

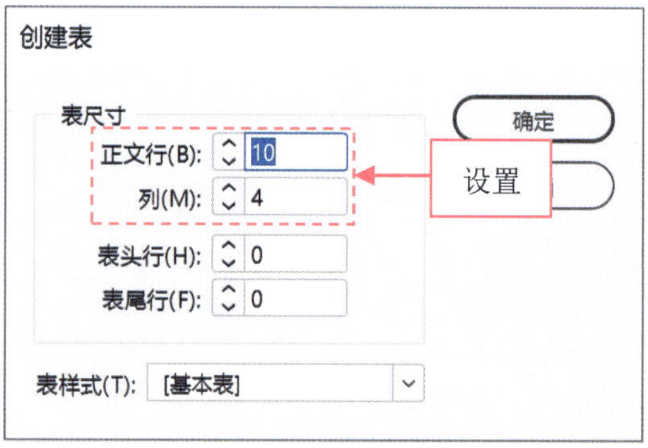

图 10-1　设置各参数

图 10-2　创建一个 10 行 4 列的表格

> ▶ 专家指点
>
> 在 InDesign 2021 中，按【Ctrl + Alt + Shift + T】组合键，也可以快速弹出“创建表”对话框，其中各选项含义如下。
>
> ➢ 正文行：表示需要创建的表格行数。
>
> ➢ 列：表示需要创建的表格列数。
>
> ➢ 表头行：表示需要创建的表头行数。
>
> ➢ 表尾行：表示需要创建的表尾行数。
>
> ➢ 表样式：在该列表框中选择相应的表样式，以嵌套文档中其他的表样式，节省重复的表格设置工作。

10.1.2　添加表格内容

添加表格内容

当用户在文档窗口中创建好表格对象后，接下来需要在表格中添加相应内容。下面介绍添加表格内容的操作方法。

Step 01　在创建的表格上，双击鼠标左键，将光标定位于需要输入内容的单元格中，此时显示闪烁的光标，如图 10-3 所示。

Step 02　选择一种合适的输入法，在表格中输入相应内容，按【Tab】键可在各单元格之间向后移动，效果如图 10-4 所示。

图 10-3　定位鼠标光标的位置

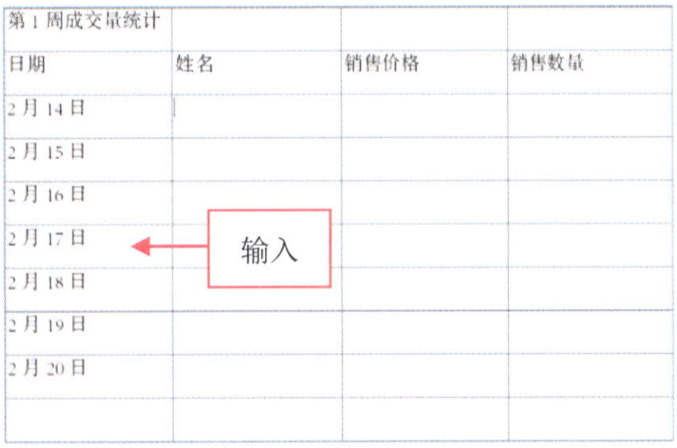

第 1 周成交量统计			
日期	姓名	销售价格	销售数量
2 月 14 日			
2 月 15 日			
2 月 16 日			
2 月 17 日			
2 月 18 日			
2 月 19 日			
2 月 20 日			

图 10-4　在表格中输入相应内容

10.2　编辑表格对象

在 InDesign 2021 中，用户可以根据需要编辑表格对象，如设置文本对齐方式、合并单元格、拆分单元格、插入行/列以及删除行/列等，使制作的表格更加符合用户的需求。

10.2.1　设置对齐方式

设置对齐方式

创建表格内容后，默认情况下文本是靠上框线对齐，如果用户觉得表格文本的排版不美观，此时可以修改文本的对齐方式。下面介绍设置文本对齐方式的操作方法。

Step 01　打开图像文件（素材\第 10 章\项目盈利表.indd），如图 10-5 所示。

Step 02　选择需要设置对齐方式的单元格区域，如图 10-6 所示。

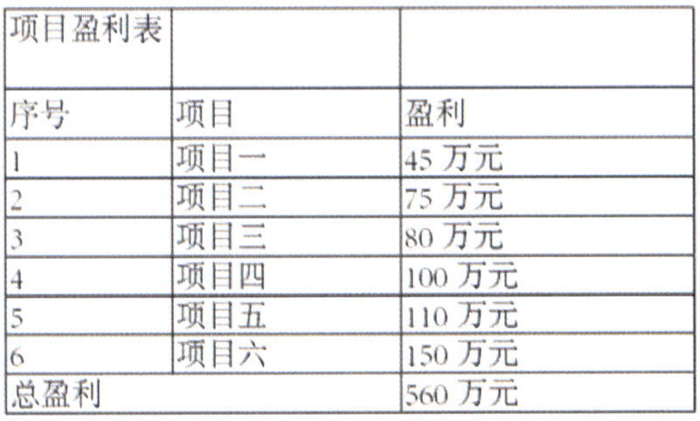

项目盈利表		
序号	项目	盈利
1	项目一	45 万元
2	项目二	75 万元
3	项目三	80 万元
4	项目四	100 万元
5	项目五	110 万元
6	项目六	150 万元
总盈利		560 万元

图 10-5　打开图像文件

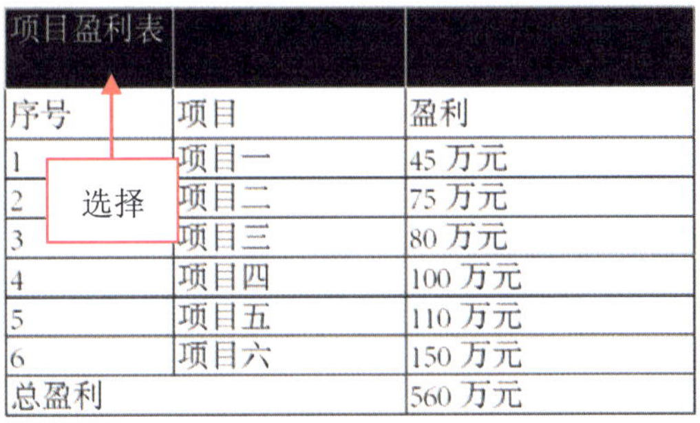

项目盈利表		
序号	项目	盈利
1	项目一	45 万元
2	项目二	75 万元
3	项目三	80 万元
4	项目四	100 万元
5	项目五	110 万元
6	项目六	150 万元
总盈利		560 万元

图 10-6　选择单元格区域

Step 03　在菜单栏中，单击“表”|“单元格选项”|“文本”命令，弹出“单元格选项”对话框，在“垂直对齐”选项区中设置“对齐”为“居中对齐”，如图 10-7 所示。

Step 04 单击“确定”按钮，即可设置单元格中文本的对齐方式，效果如图 10-8 所示。

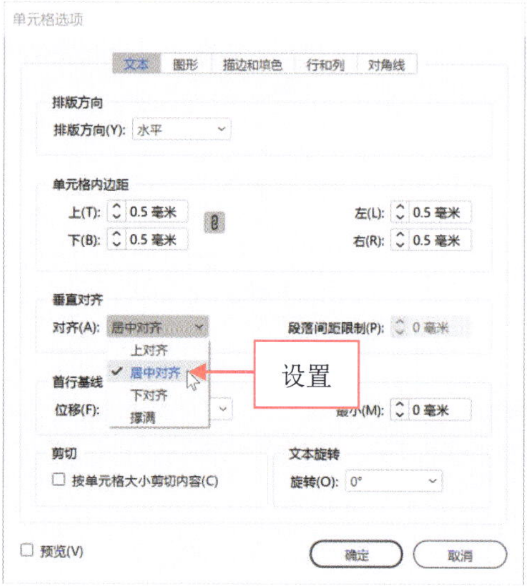

图 10-7　设置“对齐”为“居中对齐”

项目盈利表		
序号	项目	盈利
1	项目一	45 万元
2	项目二	75 万元
3	项目三	80 万元
4	项目四	100 万元
5	项目五	110 万元
6	项目六	150 万元
总盈利		560 万元

图 10-8　设置文本的对齐方式

10.2.2　合并单元格

在编辑表格的过程中，用户可以将多个单元格进行合并操作，制作出表格的标题行。下面介绍合并单元格的操作方法。

合并单元格

Step 01 在 10.2.1 的基础上，选择需要合并的单元格区域，单击鼠标右键，在弹出的快捷菜单中选择“合并单元格”选项，如图 10-9 所示。

Step 02 执行上述操作后，即可合并单元格区域，如图 10-10 所示。

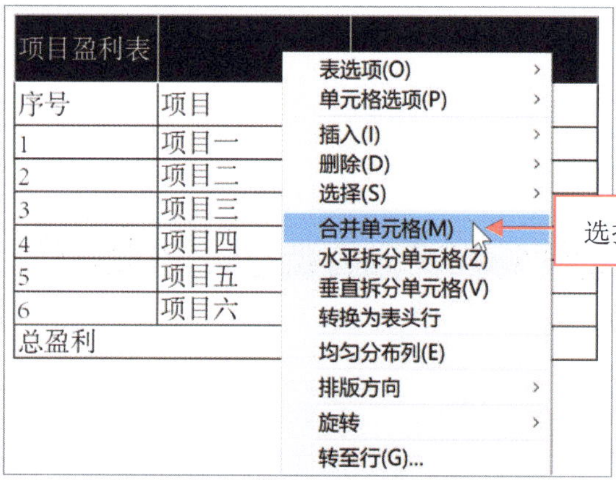

图 10-9　选择“合并单元格”选项

项目盈利表		
序号	项目	盈利
	项目一	45 万元
2	项目二	75 万元
3	项目三	80 万元
4	项目四	100 万元
5	项目五	110 万元
6	项目六	150 万元
总盈利		560 万元

图 10-10　合并单元格区域的效果

▶ 专家指点

在 InDesign 2021 中，选择需要合并的单元格区域，在菜单栏中单击“表”|“合并单元格”命令，也可以合并单元格。

Step 03 将光标定位在合并的单元格中，在“属性”面板的“段落”选项区中，单击“居中对齐”按钮，如图 10-11 所示。

Step 04 执行上述操作后，即可将文本进行居中对齐，效果如图 10-12 所示。

图 10-11　单击“居中对齐”按钮

项目盈利表		
序号	项目	盈利
1	项目一	45 万元
2	项目二	75 万元
3	项目三	80 万元
4	项目四	100 万元
5	项目五	110 万元
6	项目六	150 万元
总盈利		560 万元

图 10-12　将文本进行居中对齐

10.2.3　拆分单元格

拆分单元格

在 InDesign 2021 中，用户不仅可以合并单元格，还可以拆分单元格。下面介绍拆分单元格的操作方法。

Step 01 打开图像文件（素材\第 10 章\中奖名单.indd），如图 10-13 所示。

Step 02 将鼠标光标定位于需要拆分的单元格内，在菜单栏中单击“表”|“垂直拆分单元格”命令，如图 10-14 所示。

小型活动会中奖名单			
序号	姓名	所在部门	中奖金额
1	朱莉	业务部	500
4	艾伦	业务部	300
6	安娜	业务部	300
7	艾文	业务部	200
9	班尼	业务部	200
合计			1500

图 10-13　打开图像文件

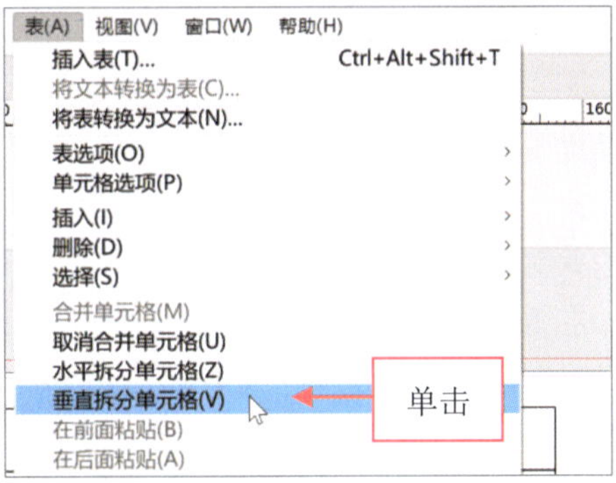

图 10-14　单击“垂直拆分单元格”命令

▶ 专家指点

在 InDesign 2021 中，依次按键盘上的【Alt】、【A】和【V】键，也可以拆分单元格。

Step 03 执行上述操作后，即可拆分单元格，效果如图 10-15 所示。

Step 04 用与上述同样的方法，拆分其他的单元格，效果如图 10-16 所示。

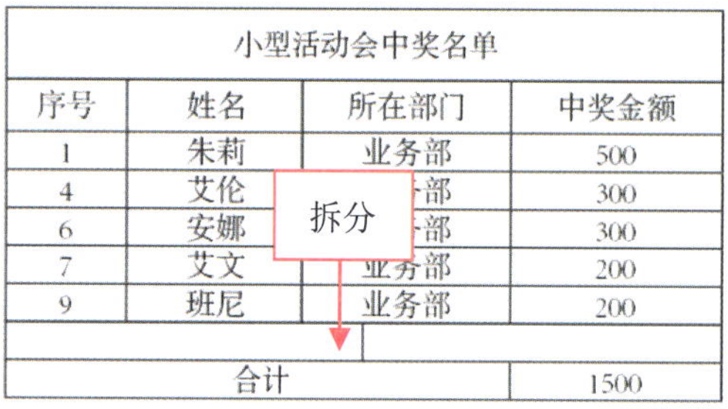

小型活动会中奖名单			
序号	姓名	所在部门	中奖金额
1	朱莉	业务部	500
4	艾伦	业务部	300
6	安娜	业务部	300
7	艾文	业务部	200
9	班尼	业务部	200
合计			1500

图 10-15　拆分单元格

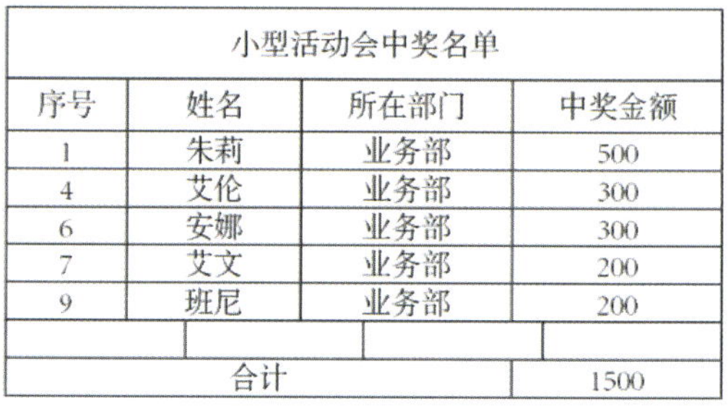

小型活动会中奖名单			
序号	姓名	所在部门	中奖金额
1	朱莉	业务部	500
4	艾伦	业务部	300
6	安娜	业务部	300
7	艾文	业务部	200
9	班尼	业务部	200
合计			1500

图 10-16　拆分其他的单元格

10.2.4　插入行/列

如果用户需要在表格中插入行或列，可以通过以下方法进行操作。

插入行/列

Step 01 在 10.2.3 的基础上，选择需要插入行/列的单元格区域，单击鼠标右键，在弹出的快捷菜单中选择“插入”|“行”选项，如图 10-17 所示。

Step 02 弹出“插入行”对话框，单击“确定”按钮，即可在选择的单元格区域上方插入一行，效果如图 10-18 所示。

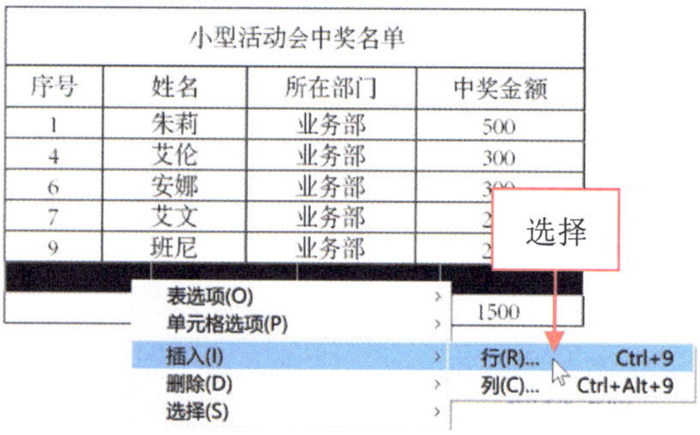

图 10-17　选择“行”选项

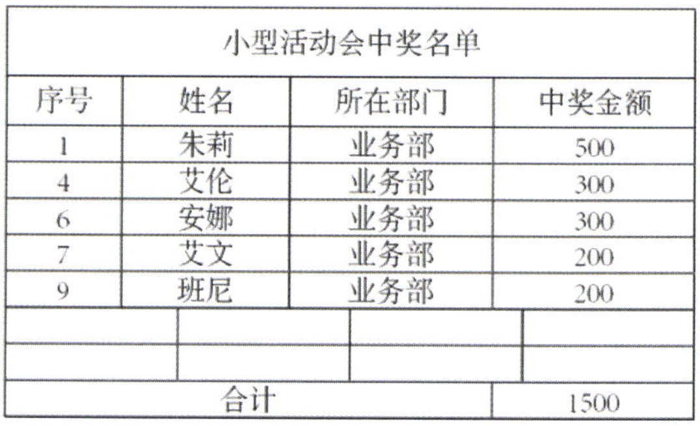

小型活动会中奖名单			
序号	姓名	所在部门	中奖金额
1	朱莉	业务部	500
4	艾伦	业务部	300
6	安娜	业务部	300
7	艾文	业务部	200
9	班尼	业务部	200
合计			1500

图 10-18　在上方插入一行

▶ 专家指点

在 InDesign 2021 中，用户还可以通过以下两种方法插入行。

- 命令：在菜单栏中，单击“表”|“插入”|“行”命令。
- 快捷键：按【Ctrl + 9】组合键。

在 InDesign 2021 中，用户还可以通过以下两种方法插入列。

- 命令：在菜单栏中，单击“表”|“插入”|“列”命令。
- 快捷键：按【Ctrl + Alt + 9】组合键。

10.2.5　删除行/列

对于表格中不需要的行或列，可以进行删除操作。下面介绍删除行/列的操作方法。

删除行/列

Step 01 在 10.2.4 的基础上，选择需要删除行/列的单元格区域，单击鼠标右键，在弹出的快捷菜单中选择“删除”|“行”选项，如图 10-19 所示。

Step 02 执行上述操作后，即可删除选择的一行表格对象，效果如图 10-20 所示。

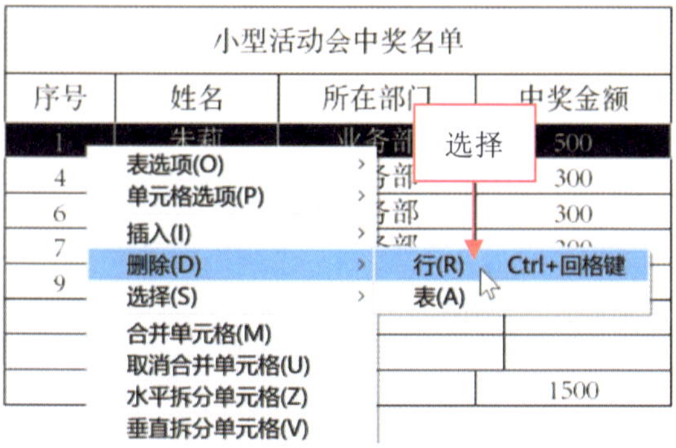

图 10-19 选择“行”选项

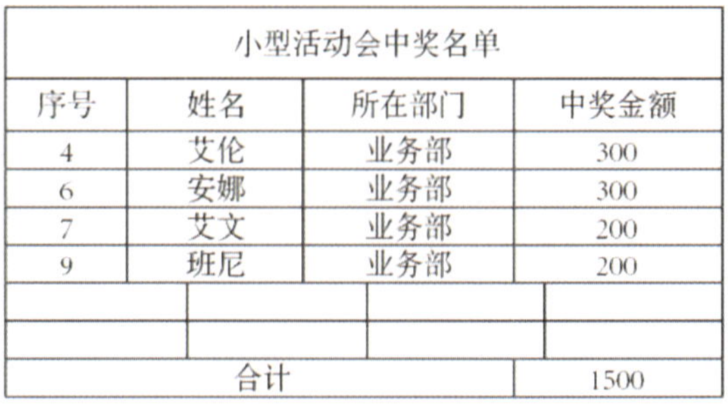

小型活动会中奖名单			
序号	姓名	所在部门	中奖金额
4	艾伦	业务部	300
6	安娜	业务部	300
7	艾文	业务部	200
9	班尼	业务部	200
合计			1500

图 10-20 删除选择的一行

> **▶ 专家指点**
>
> 在菜单栏中，单击“表”|“删除”|“行”命令，也可以快速删除选择的行。

10.3 设置表格样式

在 InDesign 2021 中，如果用户觉得创建的表格比较单调、不美观，此时可以为表格设置边框样式、行线样式以及底纹样式等，使制作的表格更加精美。

10.3.1 设置边框样式

通过设置表格的边框样式可以美化表格，并增强表格的可读性，下面介绍具体操作方法。

设置边框样式

Step 01 打开图像文件（素材\第 10 章\项目建设表.indd），如图 10-21 所示。

Step 02 将鼠标光标定位于表格中，在菜单栏中单击“表”|“表选项”|“表设置”命令，如图 10-22 所示。

图 10-21 打开图像文件

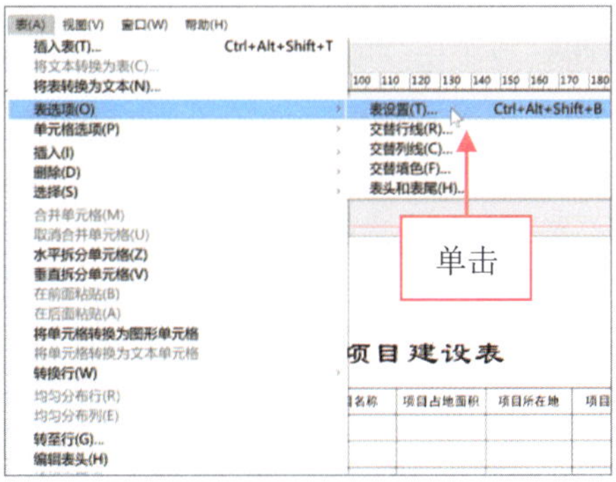

图 10-22 单击“表设置”命令

Step 03 弹出“表选项”对话框，在“表外框”选项区中，设置“粗细”为 5 点、“类型”为“粗-粗”、“颜色”为蓝色，如图 10-23 所示。

Step 04　单击“确定”按钮，即可设置表格的边框样式，效果如图 10-24 所示。

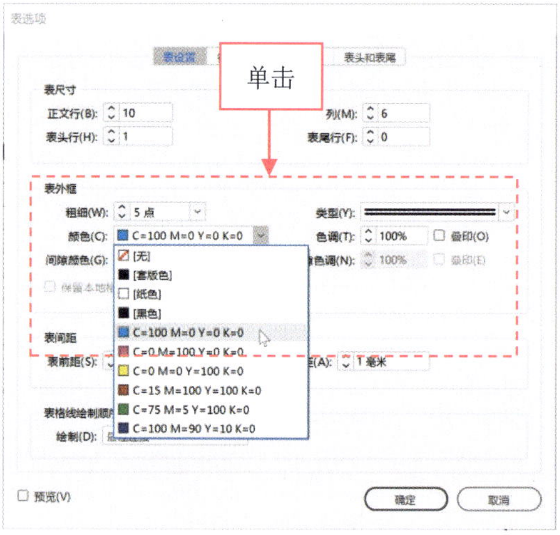

图 10-23　设置各参数

图 10-24　设置边框样式

> ▶ 专家指点
>
> 在 InDesign 2021 中，按【Ctrl + Alt + Shift + B】组合键，也可以执行“表设置”命令。

10.3.2　设置行线样式

设置行线样式

用户不仅可以设置边框样式，还可以设置行线样式，使用户在查看繁多数据的情况下，更方便快捷地找到需要的数据。下面介绍设置行线样式的操作方法。

Step 01　在 10.3.1 的基础上，打开“表选项”对话框，切换至“行线”选项卡，在其中设置“交替模式”为“每隔一行”、“粗细”为 2 点、“颜色”为绿色，如图 10-25 所示。

Step 02　单击“确定”按钮，即可设置表格的行线样式，效果如图 10-26 所示。

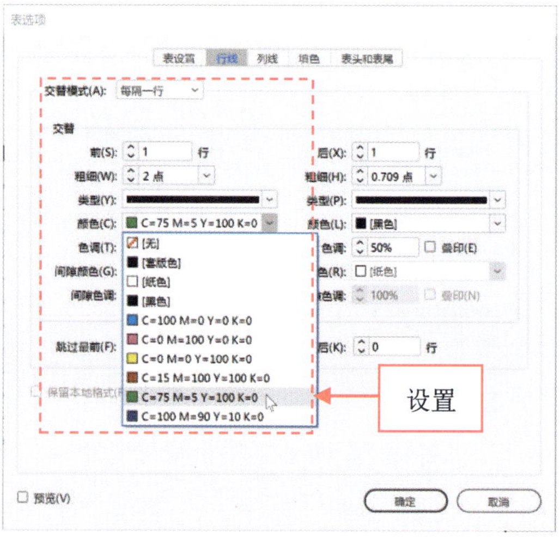

图 10-25　设置“行线”选项

图 10-26　设置行线样式

10.3.3　设置底纹样式

设置底纹样式

在 InDesign 2021 中，为表格设置底纹样式可以使表格更加精美，下面介绍具体操作方法。

Step 01 在 10.3.2 的基础上，打开“表选项”对话框，切换至“填色”选项卡，在其中设置“交替模式”为“每隔两行”、“颜色”为绿色，如图 10-27 所示。

Step 02 单击“确定”按钮，即可设置表格的底纹样式，效果如图 10-28 所示。

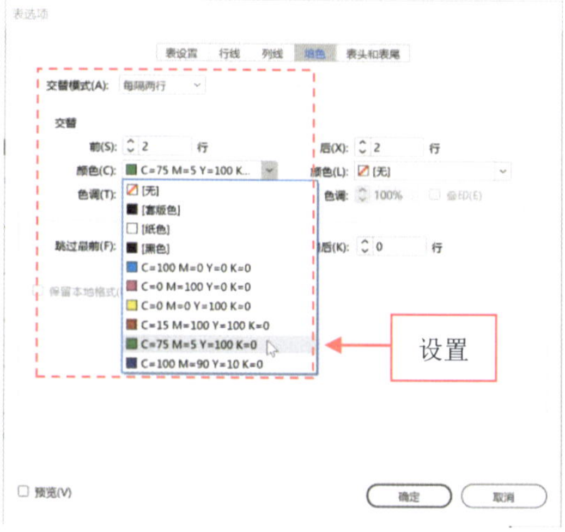

图 10-27　设置“填色”选项

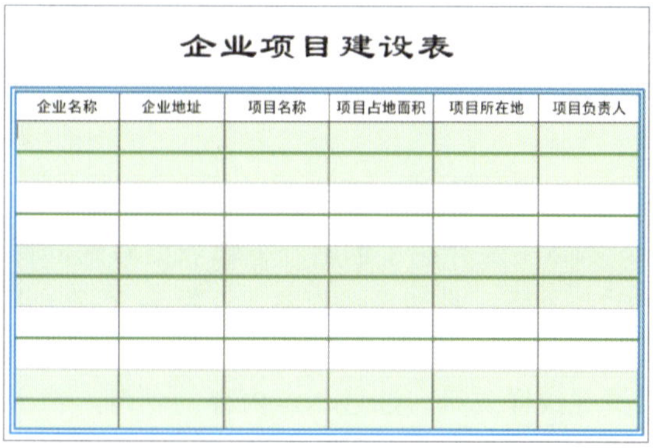

图 10-28　设置底纹样式

10.3.4　设置单行底纹

设置单行底纹

在 InDesign 2021 中，用户可以只为某一行添加底纹颜色，具体操作步骤如下。

Step 01 打开图像文件（素材\第 10 章\寄件费用.indd），选择需要设置底纹的单元格区域，如图 10-29 所示。

Step 02 在工具箱中双击“填色”色块，弹出“拾色器”对话框，在其中设置颜色为绿色（CMYK 参数值分别为 71%、0%、88%、0%），如图 10-30 所示。

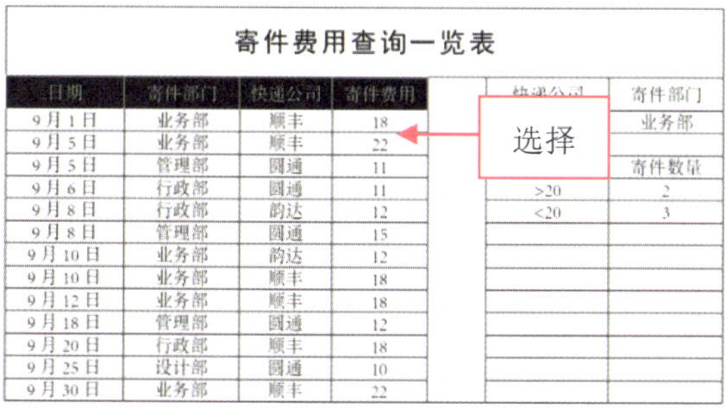

图 10-29　选择相应单元格区域

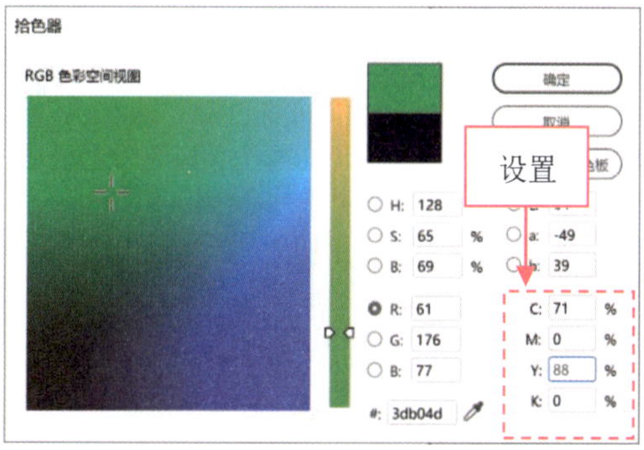

图 10-30　设置颜色为绿色

Step 03 单击“确定”按钮，即可为指定的单元格区域填充底纹，效果如图 10-31 所示。

Step 04 用与上述同样的方法，为其他的单元格区域填充相同的颜色，效果如图 10-32 所示。

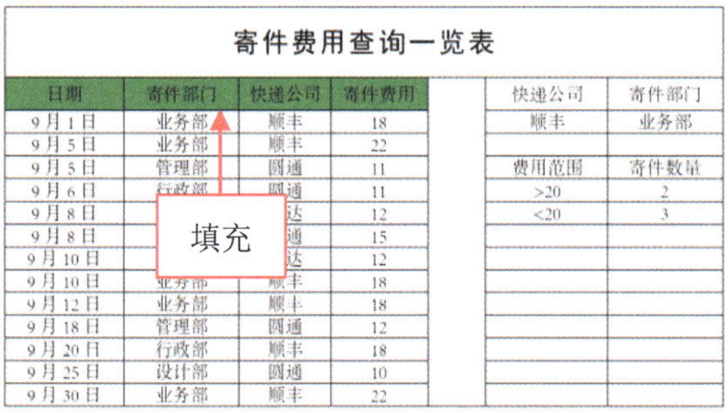

图 10-31　为指定的单元格区域填充底纹

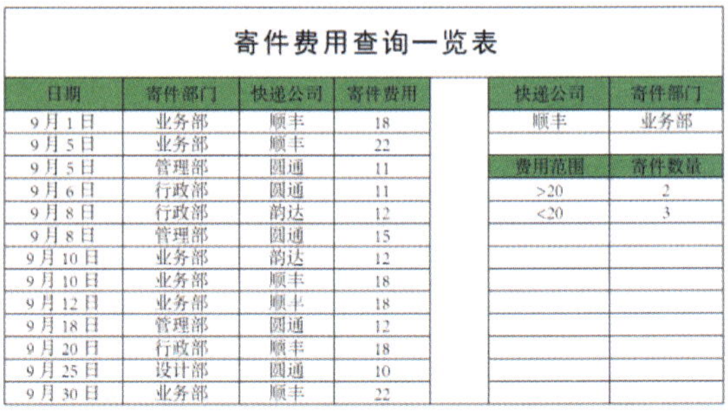

图 10-32　为其他单元格区域填充颜色

本章小结

本章主要介绍了创建与编辑表格版式的操作方法，首先介绍了创建表格对象的方法，包括插入表格、添加表格内容等；然后介绍了编辑表格对象的方法，包括设置对齐方式、合并与拆分单元格、插入与删除行/列等；最后介绍了设置表格样式的方法，包括设置边框、行线以及底纹样式等。通过本章内容的学习，希望读者熟练掌握表格的创建与编辑方法。

课后习题

课后习题

鉴于本章知识的重要性，为了帮助读者更好地掌握所学知识，本节将通过上机习题，帮助读者进行简单的知识回顾和补充。

本习题需要掌握设置表格边框和底纹的方法，素材与效果如图 10-33 所示。

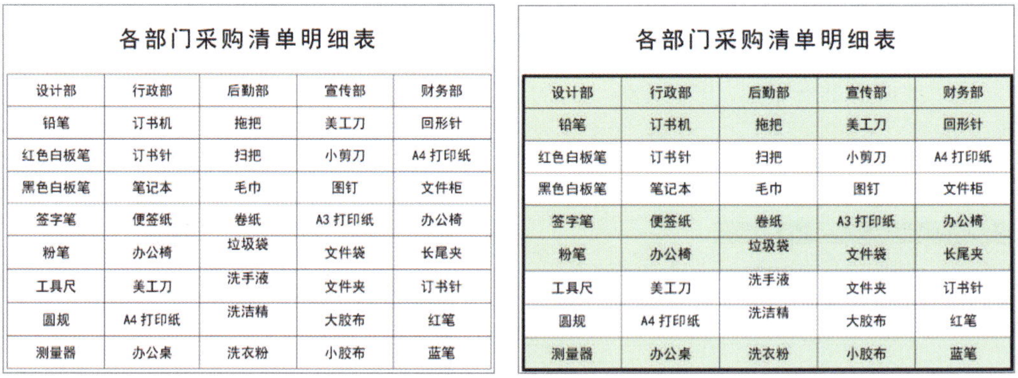

图 10-33　素材与效果

第 11 章 图文混排与图层管理

图像与文字在同一版面中，可以有不同的排版方式，如文字沿图形的框架绕排、沿图形的形状绕排等方式。同时，利用“图层”面板可以创建图层，并对图层进行相应编辑和修改，以得到满意的版面效果。本章主要介绍图文混排与图层管理的操作方法，希望读者熟练掌握本章内容。

本章重点

- 图文的混排操作
- 新建与管理图层

1.1　颜色感觉因素

人之所以能够感知和区分各种不同的颜色，主要是由于每种颜色在视觉上会产生不同的感受，其中包括以下这些因素。

1．光线的反射

光线反射是指光线照射到物体表面时产生的反射现象，其颜色取决于物体表面的化学结构、物理与几何特性，包括吸光体、反光体和透明体等物体。

例如，衣服、食品、水果和木制品等物体大都是吸光体，比较明显的特点就是它们的表面粗糙不光滑，颜色非常稳定和统一，视觉层次感比较强。

11.1　图文的混排操作

在 InDesign 2021 中，各种图文效果的表现，通常借助于文字工具、图像以及各种排列命令来实现。本节主要向读者介绍多种图文混排的版面设计方法，帮助用户设计出美观、专业的版面效果。

11.1.1　设置文本绕排类型

设置文本绕排类型

在“文本绕排”面板中，可以设置图文混排的类型，使制作的书籍版面更加精美。下面介绍设置文本绕排类型的操作方法。

Step 01　打开图像文件（素材\第 11 章\色彩知识.indd），如图 11-1 所示。

Step 02　在文档窗口中，选择右下角的图片，如图 11-2 所示。

图 11-1　打开图像文件

图 11-2　选择右下角的图片

Step 03　单击“窗口”|“文本绕排”命令，弹出“文本绕排”面板，单击“沿定界框绕排”按钮，如图 11-3 所示。

Step 04　执行上述操作后，即可使版面中的文本内容沿图片边缘环绕，效果如图 11-4 所示。

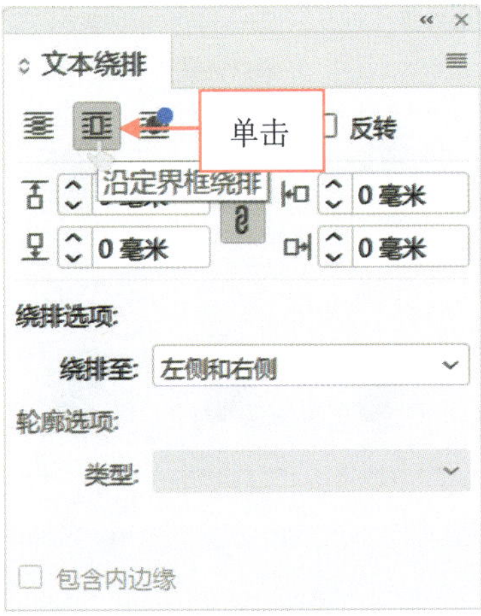

图 11-3　单击“沿定界框绕排”按钮

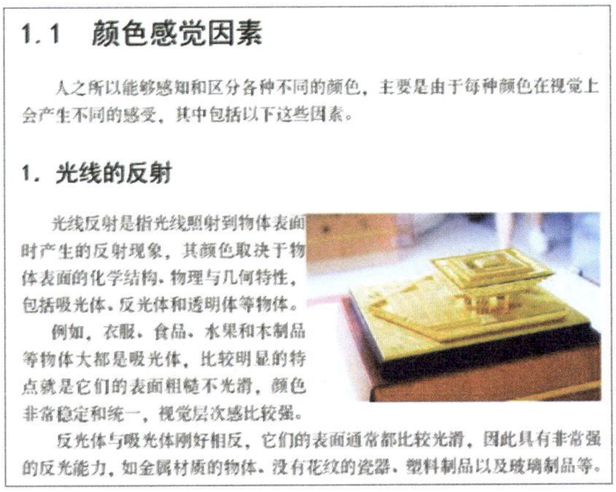

图 11-4　使文本内容沿图片边缘环绕

11.1.2　更改文本绕排位移

当用户设置文本绕排方式为“沿定界框绕排”时，如果觉得文字与图片之间的距离太近，此时可以设置文本绕排位移的参数。

例如，在“文本绕排”面板中，将上、下、左、右位移均设置为 3 毫米，如图 11-5 所示。执行上述操作后，即可调整文本与图片之间的距离，效果如图 11-6 所示。

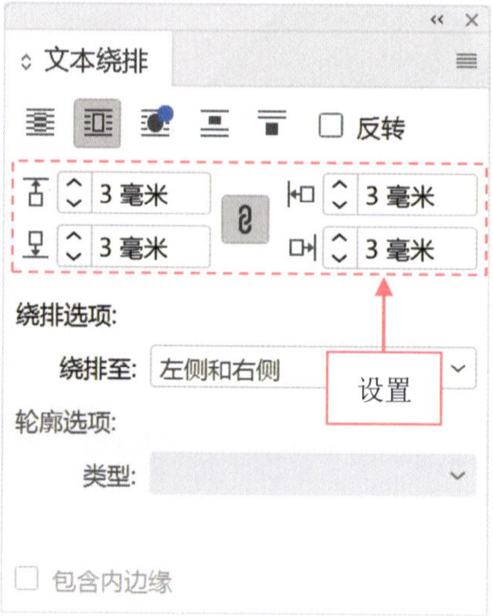

图 11-5　设置位移参数

图 11-6　调整文本与图片之间的距离

11.1.3　设置沿对象形状绕排

在 InDesign 2021 中，用户还可以设置文本沿对象形状绕排，而不是沿对象的框架绕排。下面介绍设置沿对象形状绕排的操作方法。

设置沿对象形状绕排

Step 01　打开图像文件（素材\第 11 章\色彩的属性.indd），如图 11-7 所示。

Step 02　在文档窗口中，选择绿色的三角形，如图 11-8 所示。

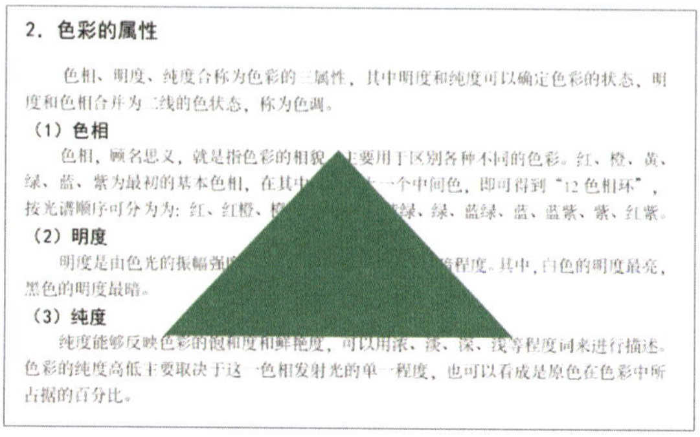

图 11-7　打开图像文件

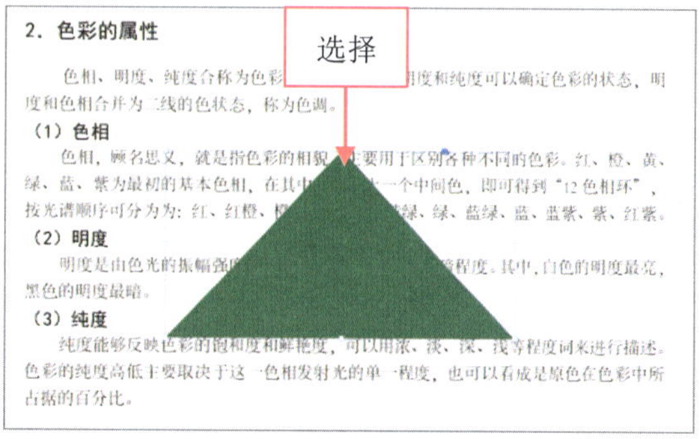

图 11-8　选择绿色的三角形

Step 03　在“文本绕排”面板中，单击“沿对象形状绕排”按钮，如图 11-9 所示。

Step 04　执行上述操作后，即可沿三角形的形状绕排文本内容，效果如图 11-10 所示。

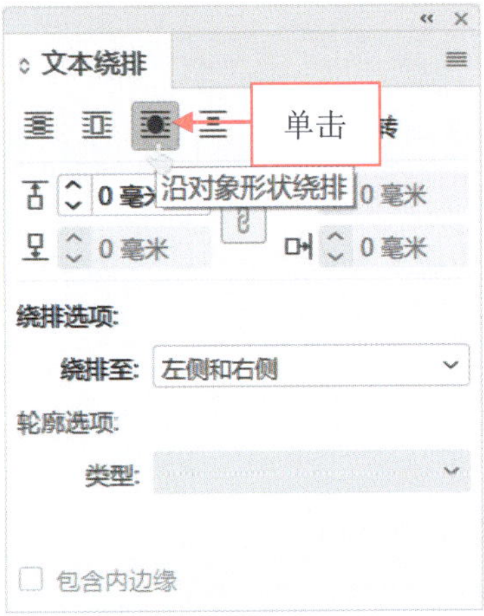

图 11-9　单击“沿对象形状绕排”按钮

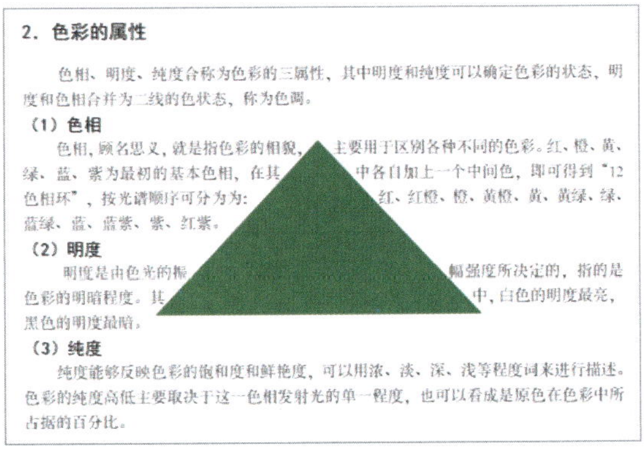

图 11-10　沿三角形的形状绕排文本内容

11.1.4　更改文本绕排选项

更改文本绕排选项

在“文本绕排”面板中，用户可以更改文本的绕排选项，使设计的版面更加符合要求。下面介绍更改文本绕排选项的操作方法。

Step 01 在 11.1.3 的基础上，在“文本绕排”面板的“绕排至”列表框中，选择“右侧”选项，如图 11-11 所示。

Step 02 执行上述操作后，即可将文本靠图形的右侧排版，效果如图 11-12 所示。

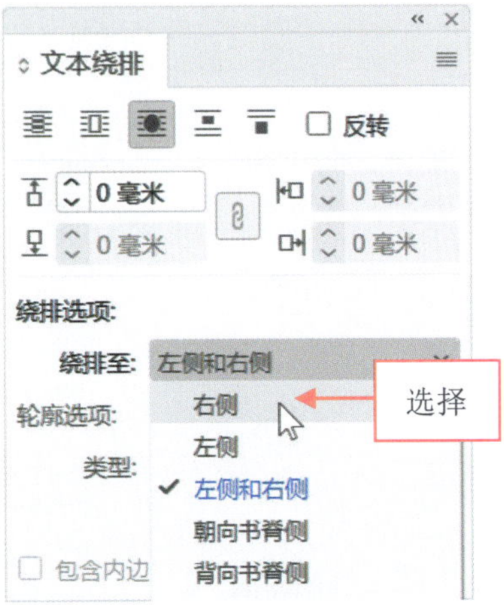

图 11-11　选择“右侧”选项

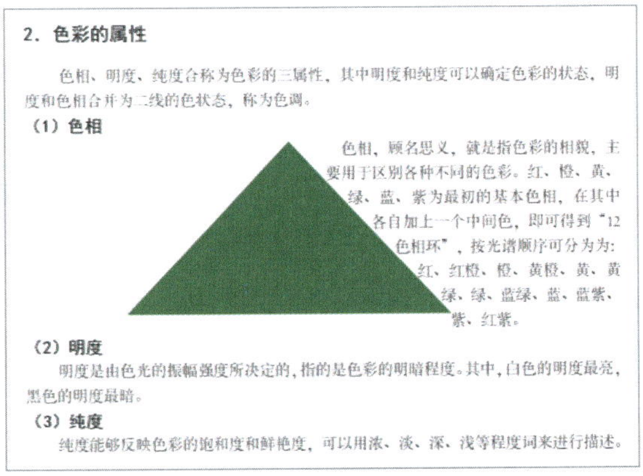

图 11-12　将文本靠图形的右侧排版

11.2　新建与管理图层

InDesign 2021 拥有强大的图层管理功能，可以将页面中不同类型的对象放在不同的图层中，而每个图层可以放入一个或多个对象。本节主要介绍新建与管理图层的操作方法。

11.2.1　认识“图层”面板

在 InDesign 2021 中，在一个图层中创建和编辑对象时，不会影响其他任何一个图层中的内容。在菜单栏中，单击“窗口”|“图层”命令，即可弹出“图层”面板，如图 11-13 所示。

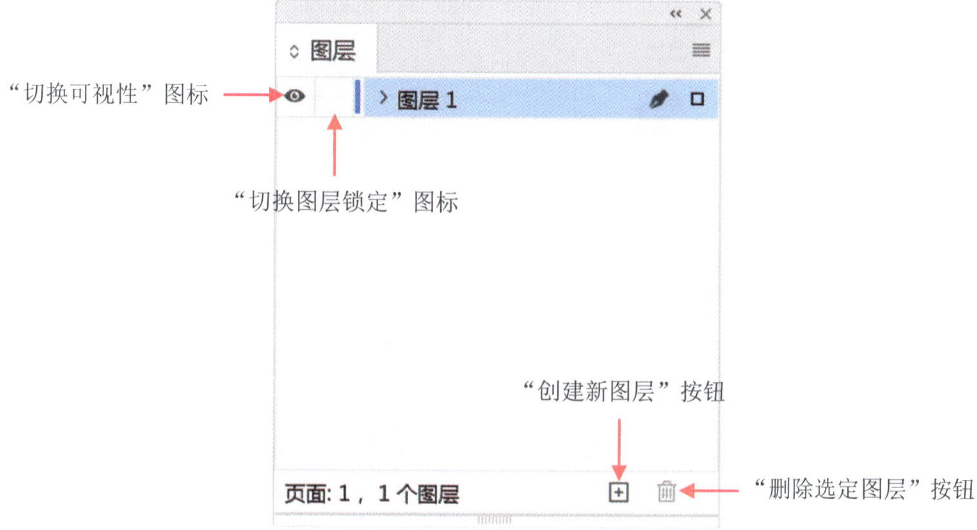

图 11-13　弹出“图层”面板

在“图层”面板中，部分图标和按钮的含义如下。

➢ “切换可视性”图标👁：用于显示或隐藏图层中的对象，单击该图标，将变为 图标，表示隐藏该图层，所有被隐藏的图层中的对象都不会被打印。

➢ “切换图层锁定”图标 ：用于锁定或解锁图层中的对象，单击该图标，将变为🔒图标，表示锁定该图层，所有被锁定的图层中的对象都不能被编辑。

➢ “创建新图层”按钮⊞：单击该按钮，可以新建一个图层，将图层拖动到该按钮上，释放鼠标左键，即可复制一个图层。

➢ “删除选定图层”按钮🗑：单击该按钮，可以删除当前选定的图层，可以是一个图层，也可以是多个图层。

▶ 专家指点

在 InDesign 2021 中，按【F7】键，也可以快速弹出“图层”面板。

11.2.2　新建图层

新建图层

在 InDesign 2021 中，“图层”面板的功能是非常方便和实用的，尤其在进行多个对象排版时，可以创建不同的图层，以便对素材进行管理和修改。下面介绍新建图层的操作方法。

Step 01　打开图像文件（素材\第 11 章\新品特惠.indd），如图 11-14 所示。

Step 02　在菜单栏中，单击“窗口”|“图层”命令，如图 11-15 所示。

图 11-14　打开图像文件

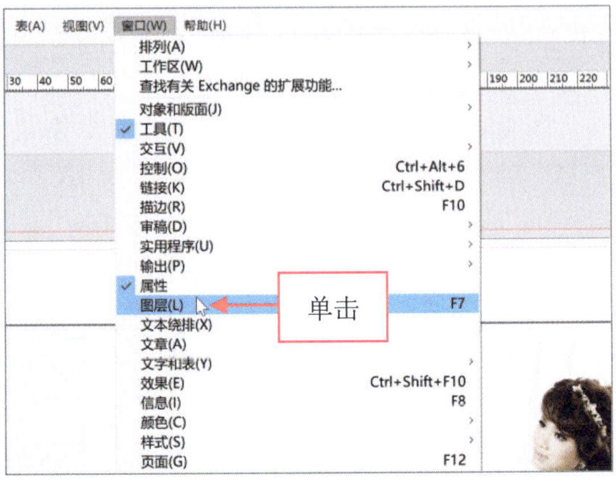

图 11-15　单击“图层”命令

Step 03　弹出“图层”面板，单击面板底部的“创建新图层”按钮⊞，如图 11-16 所示。

Step 04　执行上述操作后，即可新建“图层 2”图层，如图 11-17 所示。

图 11-16　单击“创建新图层”按钮

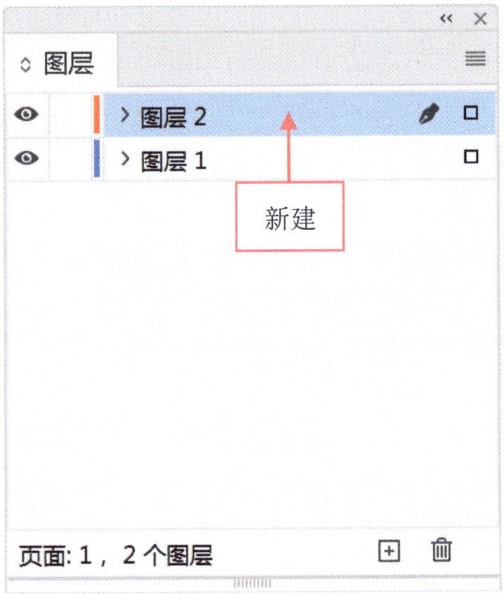

图 11-17　新建“图层 2”图层

> ▶ 专家指点
>
> 在 InDesign 2021 中，除了上述方法可以新建图层外，用户还可以单击“图层”面板右上角的面板属性按钮≡，在弹出的列表框中选择“新建图层”选项，也可以快速新建图层。

11.2.3　复制图层

复制图层

在管理图层的过程中，对于需要重复使用的图层可以进行复制操作。下面介绍复制图层的操作方法。

Step 01　在 11.2.2 的基础上，选择“图层 1”图层，单击面板右上角的面板属性按钮≡，在弹出的列表框中选择“复制图层‘图层 1’”选项，如图 11-18 所示。

Step 02 执行上述操作后，即可得到“图层 1 复制”图层，如图 11-19 所示。

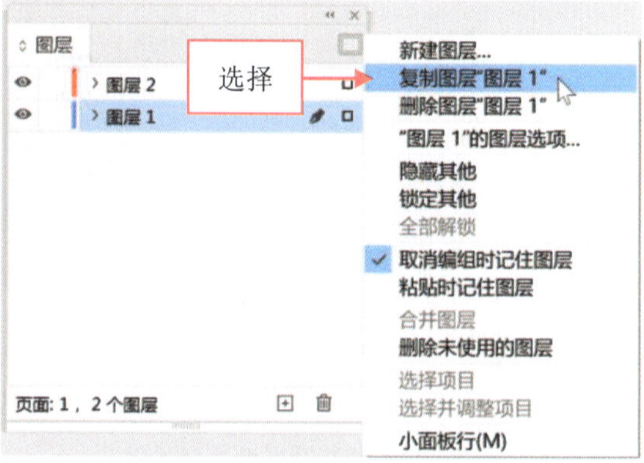

图 11-18　选择“复制图层‘图层 1’”选项

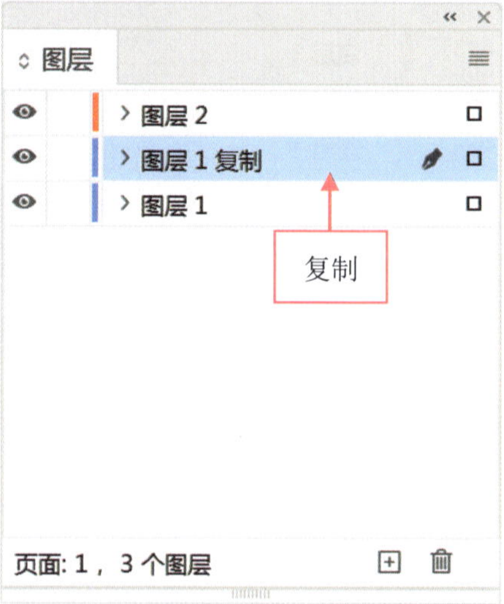

图 11-19　得到“图层 1 复制”图层

11.2.4　调整图层顺序

移动图层的位置可以调整图层的排列顺序，图层的顺序对于版面效果有着很大的影响，通过不断地调整图层顺序，可以制作出符合要求的版面效果。

调整图层顺序

Step 01 打开图像文件（素材\第 11 章\服装广告.indd），如图 11-20 所示。

Step 02 在“图层”面板中，选择“图层 2”图层，如图 11-21 所示。

图 11-20　打开图像文件

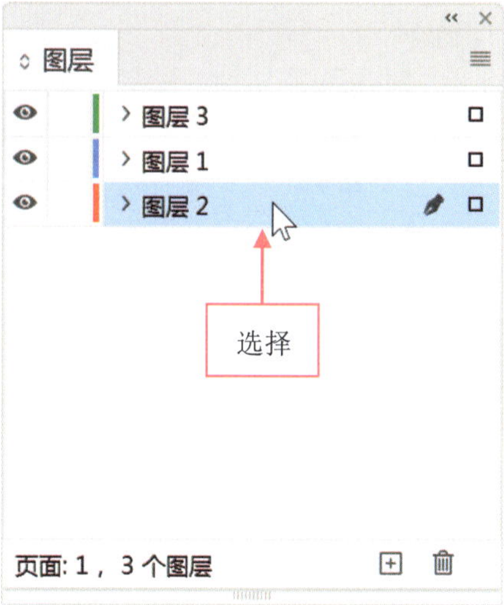

图 11-21　选择“图层 2”图层

Step 03 在“图层 2”图层上，按住鼠标左键并向上拖动至“图层 1”图层的上方，如图 11-22 所示。

Step 04 执行上述操作后，即可调整图层顺序，版面效果如图 11-23 所示。

图 11-22　拖动至“图层 1”的上方

图 11-23　调整图层顺序后的效果

11.2.5　隐藏或显示图层

在 InDesign 2021 中，为了更好的管理图层对象，可以对图层进行隐藏或显示操作。下面介绍隐藏或显示图层的操作方法。

隐藏或显示图层

Step 01　在 11.2.4 的基础上，在“图层”面板中，选择“图层 3”图层，单击图层前的“切换可视性”图标，即可变为图标，如图 11-24 所示。

Step 02　表示隐藏该图层，版面效果如图 11-25 所示。

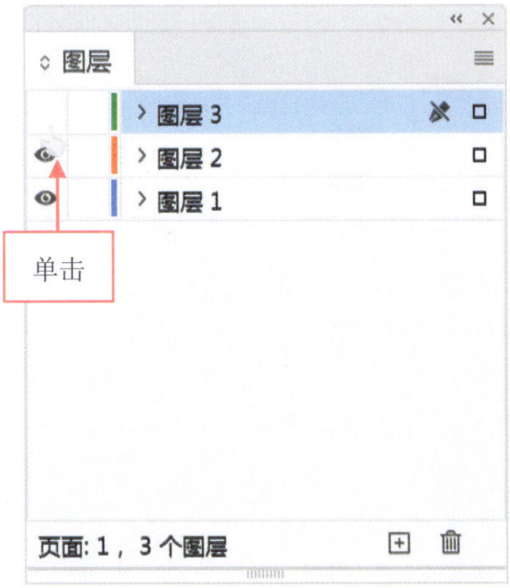

图 11-24　单击“切换可视性”图标

图 11-25　隐藏图层后的版面效果

Step 03　再次单击“图层 3”图层前的“切换可视性”图标，即可变为图标，表示显示“图层 3”图层中的对象。

▶ 专家指点

在“图层”面板中，选择相应图层后，单击面板右上角的面板属性按钮≡，在弹出的列表框中选择“隐藏其他”选项，可以隐藏除当前选定图层外的其他所有图层；若选择“锁定其他”选项，可以锁定除当前选定图层外的其他所有图层。

11.2.6　删除图层

当不需要使用某些图层时，可以对图层进行删除操作。下面介绍删除图层的方法。

删除图层

Step 01 在 11.2.5 的基础上，在“图层”面板中，选择“图层 1”图层，单击面板右上角的面板属性按钮≡，在弹出的列表框中选择“删除图层‘图层 1’”选项，如图 11-26 所示。

Step 02 执行上述操作后，弹出信息提示框，提示用户该图层中包含了对象，是否确定删除操作，如图 11-27 所示。

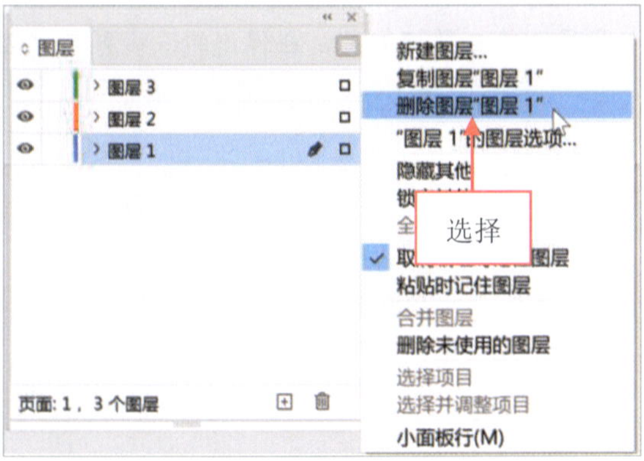

图 11-26　选择“删除图层‘图层 1’”选项

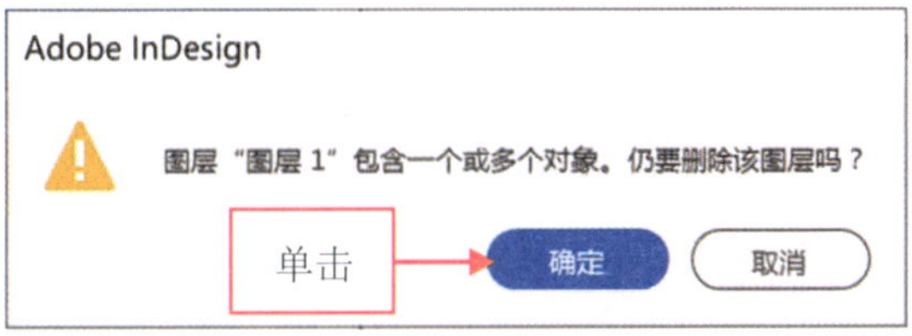

图 11-27　弹出信息提示框

Step 03 单击“确定”按钮，即可删除当前选定的图层，版面效果如图 11-28 所示。

图 11-28　删除图层后的版面效果

▶ 专家指点

在“图层”面板中，选择需要删除的图层对象，单击鼠标右键，在弹出的快捷菜单中选择“删除图层”选项，也可以删除选定的图层。

11.2.7 合并图层

合并图层

合并图层可以将多个图层上的对象合并到同一个图层上，方便后期的排版和编辑，这样也可以减小文件的大小。下面介绍合并图层的操作方法。

Step 01 打开图像文件（素材\第 11 章\新品上市.indd），如图 11-29 所示。

图 11-29　打开图像文件

Step 02 在“图层”面板中，选择需要合并的多个图层，单击鼠标右键，在弹出的快捷菜单中选择“合并图层”选项，如图 11-30 所示。

Step 03 执行上述操作后，即可合并图层，如图 11-31 所示。

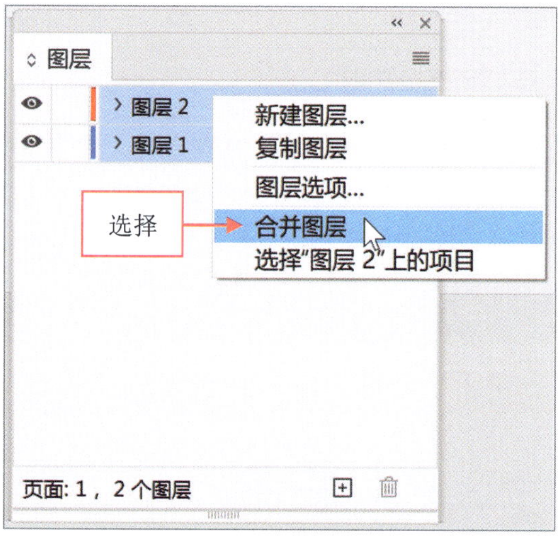

图 11-30　选择“合并图层”选项

图 11-31　合并图层

本章小结

本章主要向读者介绍了图文混合与图层管理的相关操作，首先介绍了图文混排的操作，如设置文本绕排类型、更改文本绕排位移、设置沿对象形状绕排以及更改文本绕排选项等；然后介绍了新建与管理图层的方法，如新建图层、复制图层、调整图层顺序、隐藏或显示图层、删除图层以及合并图层等。通过本章的学习，读者可以熟练掌握图文的版面设计技巧。

课后习题

鉴于本章知识的重要性，为了帮助读者更好地掌握所学知识，本节将通过上机习题，帮助读者进行简单的知识回顾和补充。

课后习题

本习题需要掌握设置图文混排的方法，素材与效果如图 11-32 所示。

一、色彩在包装设计中的运用

包装是产品设计中非常关键的一环，其中色彩的运用尤为重要。如果将产品看成是一个人，那么包装设计这相当于给这个人进行穿衣打扮，让她的颜值更高，更容易被人看到。

当人们看到某个产品包装时，颜色便是第一视觉点，最能吸引注意力的就是包装上的色彩，合适的色彩能够给人留下更深刻的印象。

1.1　色彩与包装设计

在选择包装的色彩时，需要注意与产品本身相搭配，让人能够联想到产品的特征、内容、用途和性
性的色彩就叫做形象色，如橙黄色的
子。

商品包装的色彩除了可以借鉴形
改变，同时也要保持一定的时尚性。
计中的基本运用原则为“以少胜多”
加醒目。

一、色彩在包装设计中的运用

包装是产品设计中非常关键的一环，其中色彩的运用尤为重要。如果将产品看成是一个人，那么包装设计这相当于给这个人进行穿衣打扮，让她的颜值更高，更容易被人看到。

当人们看到某个产品包装时，颜色便是第一视觉点，最能吸引注意力的就是包装上的色彩，合适的色彩能够给人留下更深刻的印象。

1.1　色彩与包装设计

在选择包装的色彩时，需要注意与产品本身相搭配，让人能够联想到产品的特征、内容、用途和性能等属性。能够体现商品属性的色彩就叫做形象色，如橙黄色的包装，说明其中的产品是橙子。

商品包装的色彩除了可以借鉴形象色外，还要多善于去创新和改变，同时也要保持一定的时尚性。通常情况下，色彩在包装设计中的基本运用原则为“以少胜多”，可以使其产生美感以及更加醒目。

图 11-32　素材与效果

第 12 章
排版与制作书籍文档

InDesign 2021 提供了书籍页面的排版功能，可以非常方便地管理长文档，通过样式源文档来同步书籍中包含的多个文档，保证书籍格式的统一。运用目录管理功能，可以快捷地为书籍创建目录。本章主要向读者介绍排版与制作书籍文档的操作方法，希望读者熟练掌握本章内容。

本章重点

- 创建与管理书籍
- 制作页码与章节编号
- 制作目录和索引文件

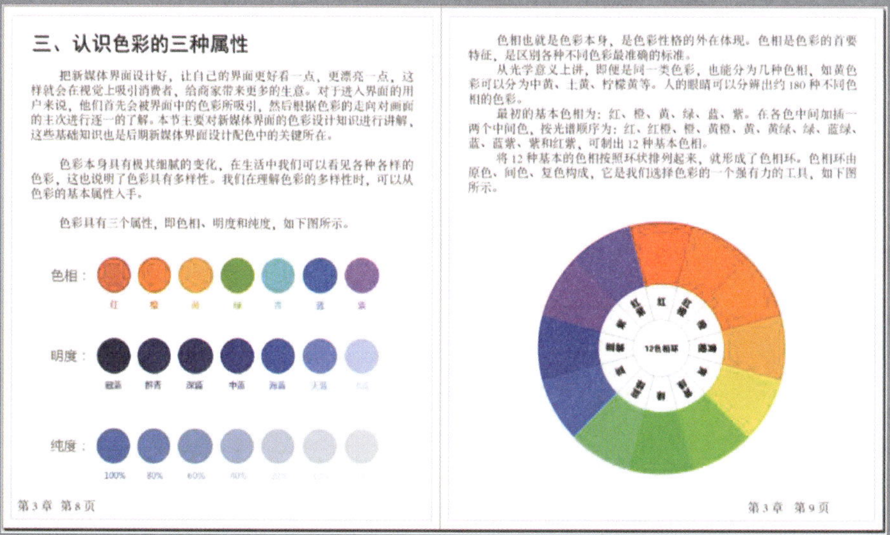

三、认识色彩的三种属性

把新媒体界面设计好，让自己的界面更好看一点，更漂亮一点，这样就会在视觉上吸引消费者，给商家带来更多的生意。对于进入界面的用户来说，他们首先会被界面中的色彩所吸引，然后根据色彩的走向对画面的主次进行逐一的了解。本节主要对新媒体界面的色彩设计知识进行讲解，这些基础知识也是后期新媒体界面设计配色中的关键所在。

色彩本身具有极其细腻的变化，在生活中我们可以看见各种各样的色彩，这也说明了色彩具有多样性。我们在理解色彩的多样性时，可以从色彩的基本属性入手。

色彩具有三个属性，即色相、明度和纯度，如下图所示。

第3章 第8页

色相也就是色彩本身，是色彩性格的外在体现。色相是色彩的首要特征，是区别各种不同色彩最准确的标准。

从光学意义上讲，即便是同一类色彩，也能分为几种色相，如黄色彩可以分为中黄、土黄、柠檬黄等。人的眼睛可以分辨出约 180 种不同色相的色彩。

最初的基本色相为：红、橙、黄、绿、蓝、紫。在各色中间加插一两个中间色，按光谱顺序为：红、红橙、橙、黄橙、黄、黄绿、绿、蓝绿、蓝、蓝紫、紫和红紫，可制出 12 种基本色相。

将 12 种基本的色相按照环状排列起来，就形成了色相环。色相环由原色、间色、复色构成，它是我们选择色彩的一个强有力的工具，如下图所示。

第3章 第9页

12.1　创建与管理书籍

在 InDesign 2021 中，“书籍”文件是一个文档集，其中包含了样式、色板、主页以及其他项目，用户可以给编入书籍的文档进行编号、打印或者导出。本节主要介绍创建与管理书籍的操作方法。

12.1.1　创建书籍文件

在 InDesign 2021 中进行书籍排版前，首先需要创建书籍文件，下面介绍具体操作方法。

创建书籍文件

Step 01 在菜单栏中，单击“文件”|“新建”|“书籍”命令，如图 12-1 所示。

Step 02 执行上述操作后，弹出“新建书籍”对话框，在其中设置文件的保存位置与名称，如图 12-2 所示，单击“保存”按钮，即可创建书籍文件。

图 12-1　单击“书籍”命令

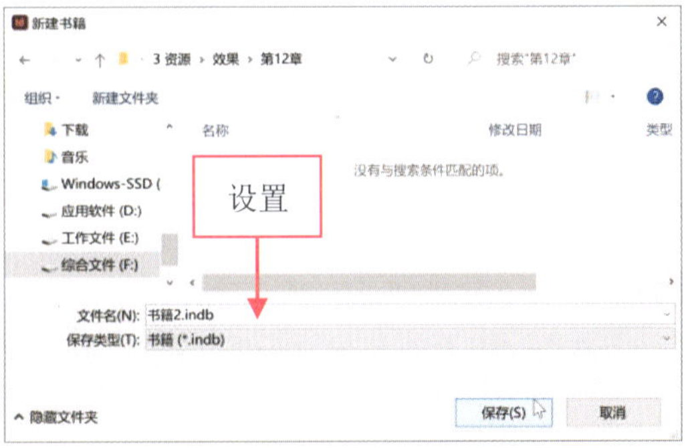

图 12-2　设置文件的保存位置与名称

12.1.2　添加与删除文档

当用户创建好书籍文件后，可以在书籍面板中添加或删除文档，下面介绍具体操作方法。

添加与删除文档

Step 01 打开书籍文件（素材\第 12 章\书籍文件.indb），弹出“书籍文件”面板，单击右上角的面板属性按钮≡，在弹出的列表框中选择“添加文档”选项，如图 12-3 所示。

Step 02 弹出“添加文档”对话框，选择需要添加的文档，如图 12-4 所示。

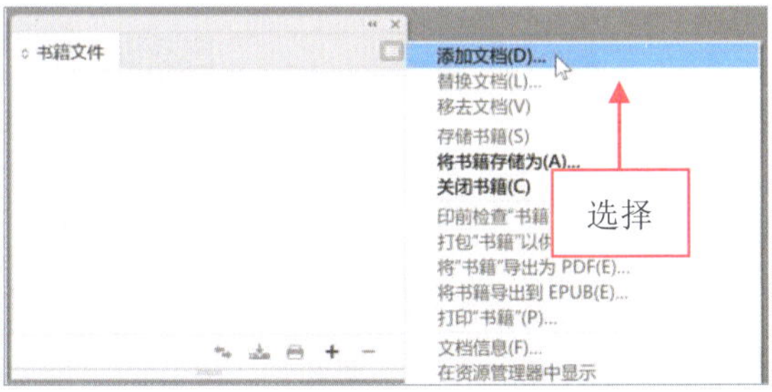

图 12-3　选择“添加文档”选项

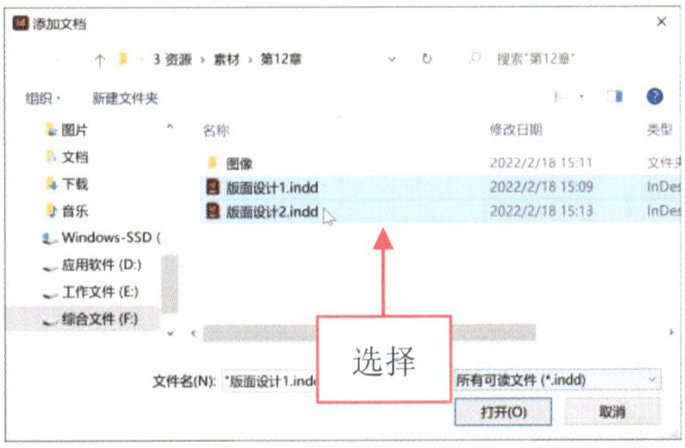

图 12-4　选择需要添加的文档

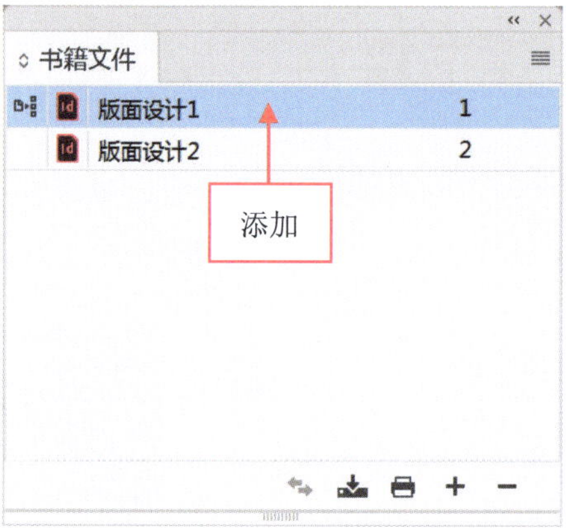

图 12-5　添加到“书籍文件”面板中

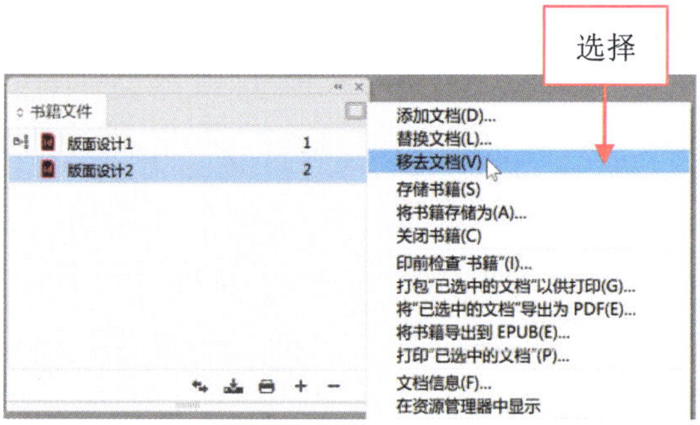

图 12-6　选择“移去文档”选项

12.1.3　保存书籍文件

保存书籍文件

在 InDesign 2021 中，用户可以对书籍文件进行保存操作，下面介绍具体操作方法。

Step 01 在“书籍文件”面板中，单击右上角的面板属性按钮，在弹出的列表框中选择“将书籍存储为”选项，如图 12-7 所示。

Step 02 执行上述操作后，弹出“将书籍存储为”对话框，在其中设置文件的保存位置与名称，单击“保存”按钮，如图 12-8 所示，即可保存书籍文件。

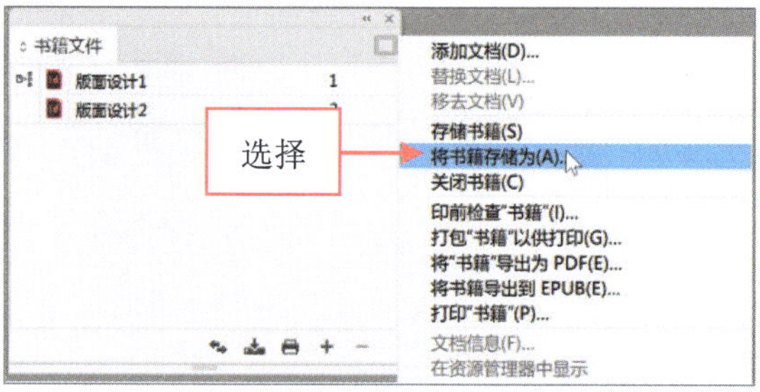

图 12-7　选择“将书籍存储为”选项

图 12-8　设置文件的保存位置与名称

12.1.4　打开书籍中的文档

打开书籍中的文档

当用户需要修改书籍中的文档内容时，此时可以打开书籍中的文档进行相关操作。下面介绍打开书籍中的文档的操作方法。

Step 01 在“书籍文件”面板中，双击“版面设计 1”文档，如图 12-9 所示。

Step 02 执行上述操作后，即可打开书籍中的文档，如图 12-10 所示，在其中可以对文档进行编辑和修改操作。

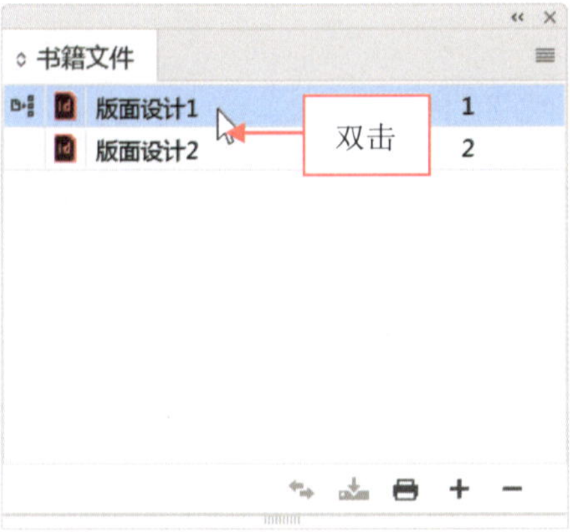

图 12-9　双击“版面设计 1”文档

版式设计的第一个重要原则就是注重功能性，在设计不同的版式内容时，虽然采用的对象各异，但其功能作用却都是一致的，具体包括以下功能。

1、整理内容，产生清晰的条理性。
2、调节布局容积，获得合理、悦目的结构。
3、美化装饰，产生不同的情感氛围。

如下图所示，在这个“工作总结”版式中，通过将文案中的多种信息进行整体编排设计，有助于主体形象的建立

上面的案例体现了一个重点，那就是在追求版式设计的功能性的同时，还需要体现一定的创新原则，如留白的设计方法。总之，优秀的版面设计不能采取片面放大单一功能的设计行为，而需要实现使用功能和艺术功能的相对平衡。

图 12-10　打开书籍中的文档

12.1.5　调整书籍中文档的顺序

书籍中文档的顺序是编排页码的依据，如果用户觉得页码的顺序不对，此时可以重新调整书籍中文档的顺序，下面介绍具体操作方法。

调整书籍中文档的顺序

Step 01　在“书籍文件”面板中，选择“版面设计 3”文档，按住鼠标左键并向上拖动至“版面设计 2”的上方，此时显示一条黑色的粗线，表示将要放置的位置，如图 12-11 所示。

Step 02　释放鼠标左键，即可调整书籍中文档的顺序，如图 12-12 所示。

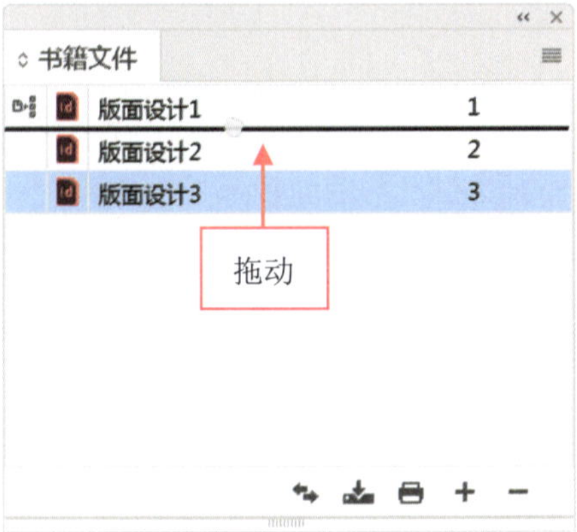

图 12-11　向上拖动至“版面设计 2”的上方

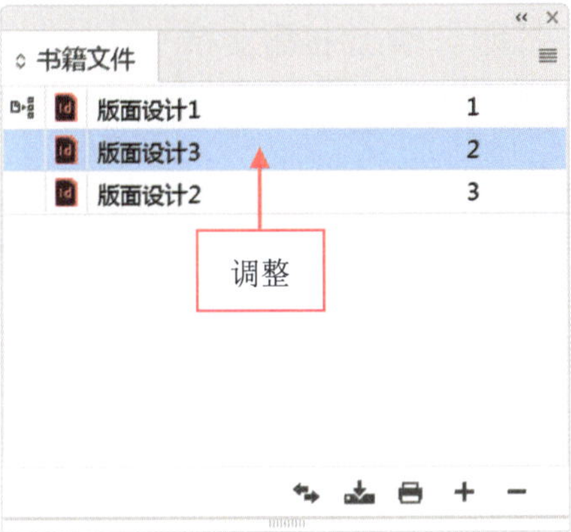

图 12-12　调整书籍中文档的顺序

12.1.6　同步书籍中的文档

如果用户需要将书籍中的样式、主页、格式以及编号列表等从样式源复制到指定的书籍文档中，此时可以对书籍文档进行同步操作。下面介绍同步书籍中文档的操作方法。

同步书籍中的文档

Step 01　选择需要进行同步设置的文档，单击右上角的面板属性按钮≡，在弹出的列表框中选择“同步选项”选项，如图 12-13 所示。

Step 02　弹出“同步选项”对话框，在其中设置需要同步的信息，如图 12-14 所示。

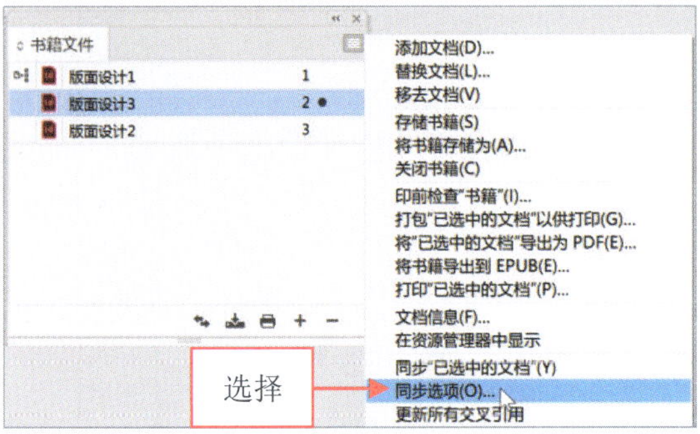

图 12-13　选择“同步选项”选项

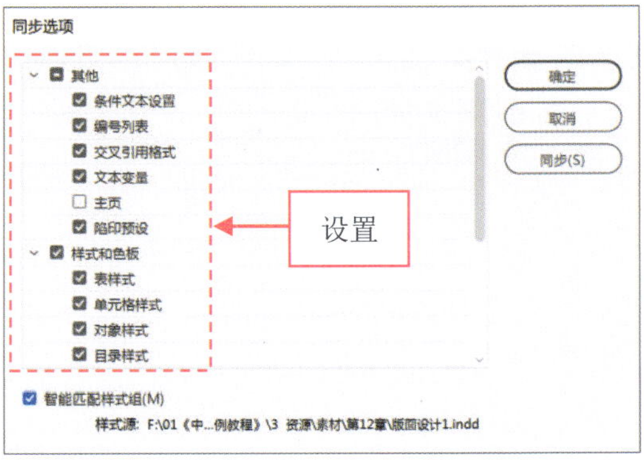

图 12-14　设置需要同步的信息

Step 03 单击“同步”按钮，弹出信息提示框，提示同步已完成，如图 12-15 所示，单击“确定”按钮，即可完成书籍文档的同步操作。

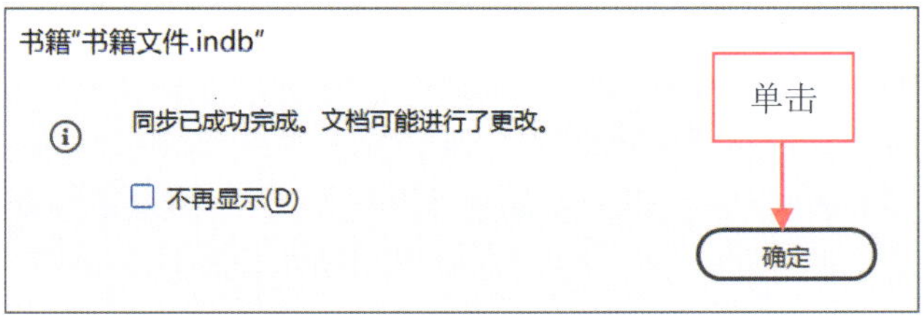

图 12-15　提示同步已完成

12.1.7　打印与输出书籍文档

用户可以对编排好的书籍文档进行打印与输出操作，有两种不同的操作方法，一种是打印整个书籍，此时不需要选中任何文档，直接单击面板右上角的面板属性按钮≡，在弹出的列表框中选择“打印‘书籍’”选项，如图 12-16 所示。

第二种是打印特定的文档，此时选中多个书籍文档，单击面板右上角的面板属性按钮≡，在弹出的列表框中选择“打印‘已选中的文档’”选项，如图 12-17 所示。

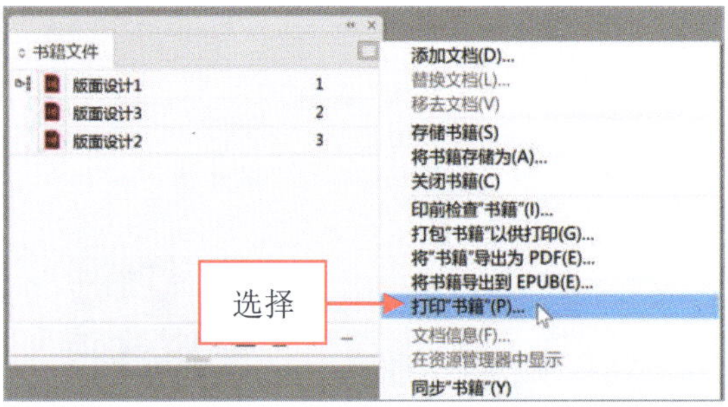

图 12-16　选择“打印‘书籍’”选项

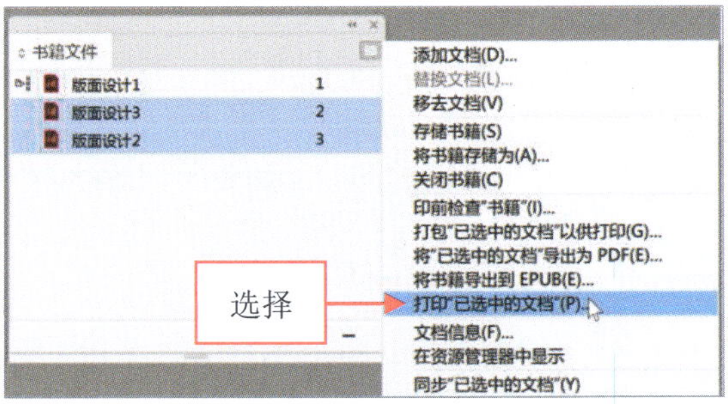

图 12-17　选择“打印‘已选中的文档’”选项

> **▶ 专家指点**
>
> 在 InDesign 2021 中，用户还可以单击面板底部的“打印书籍”按钮🖶，也可以快速打印书籍文档。

12.2　制作页码与章节编号

在 InDesign 2021 中，当用户编排长文档时，需要在文档中制作页码与章节编号，方便打印后装订成册。本节主要介绍制作页码与章节编号的操作方法，主要包括添加页码、设置文档页码选项、自动更新页码以及添加章节编号等内容。

12.2.1　添加页码

添加页码

在版面设计中，一般将页码添加到主页中，应用了该主页的页面会自动更新页码。下面介绍添加页码的操作方法。

Step 01　打开图像文件（素材\第 12 章\书籍排版.indd），如图 12-18 所示。

Step 02　在“页面”面板中，双击“A-主页”右侧的空白页面，如图 12-19 所示。

图 12-18　打开图像文件

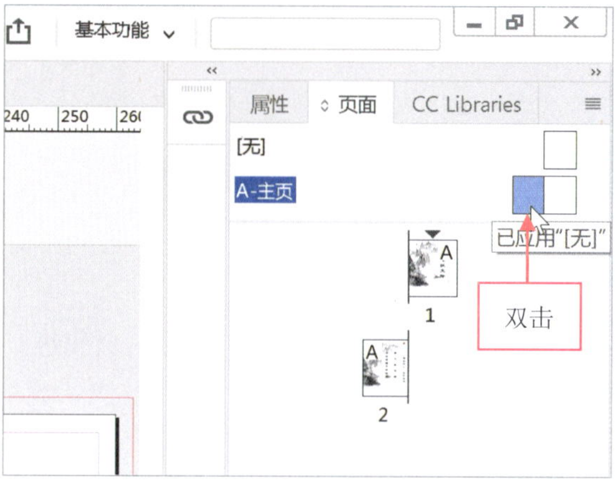

图 12-19　双击右侧的空白页面

Step 03　进入主页页面，使用文字工具在页面左下角位置添加一个文本框，显示闪烁的光标，如图 12-20 所示。

Step 04　在菜单栏中，单击“文字”|“插入特殊字符”|“标志符”|“当前页码”命令，如图 12-21 所示。

Step 05　执行上述操作后，即可在主页的文本框中插入一个字母，如图 12-22 所示，这个字母表示当前页面的页码。

Step 06　返回到页面中，可以看到页码变成了数字，效果如图 12-23 所示。

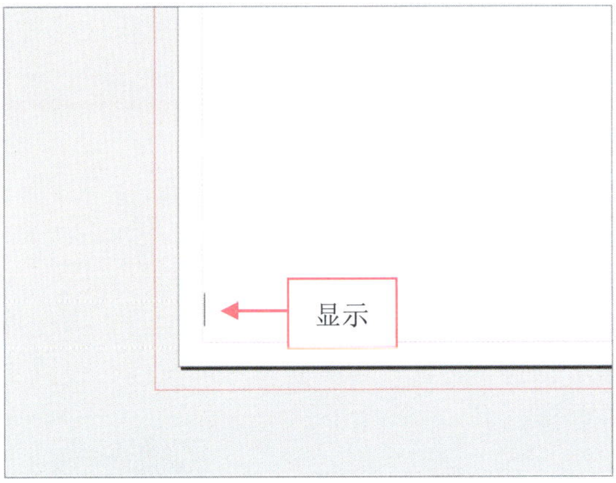

图 12-20　添加一个文本框

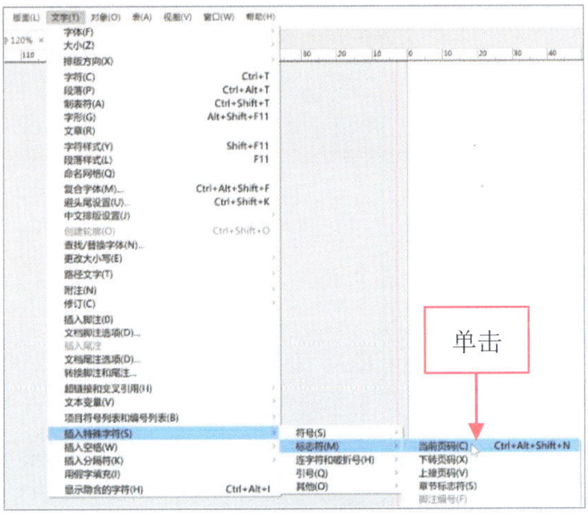

图 12-21　单击“当前页码”命令

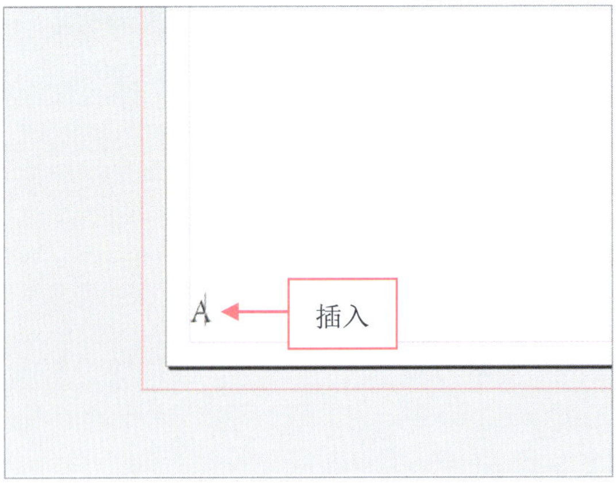

图 12-22　在主页中插入一个字母

图 12-23　页码变成了数字

12.2.2　设置文档页码选项

在文档中插入页码后，用户可以对页码进行相应设置与编排，使插入的页码更加符合设计要求。在菜单栏中，单击“版面”|“页码和章节选项”命令，弹出“新建章节”对话框，在其中可以设置文档页码的相关选项，如图 12-24 所示。

在“新建章节”对话框中，各主要选项含义如下。

➢ 自动编排页码：选中该单选按钮，文档中的页码将进行自动更新和编排。

➢ 起始页码：选中该单选按钮，可以设置文档的起始页码。

➢ 章节前缀：在该文本框中可以输入章节的前缀文本。

➢ 样式：在该列表框中可以选择一种页码样式。

➢ 章节标志符：在该文本框中可以指定章节的标志符，InDesign 会将其插入到页面中。

➢ 编排页码时包含前缀：选中该复选框，可以在编排页码时显示章节前缀；若取消选中该复选框，则在 InDesign 中会显示章节前缀，但不会被打印出来。

➢ 自动为章节编号：选中该单选按钮，将自动为书籍中的章节按顺序进行编号。

➢ 起始章节编号：选中该单选按钮，可以指定章节编号的起始数字。

➢ 与书籍中的上一文档相同：选中该单选按钮，可以使用与书籍中的上一文档相同的章节编号。

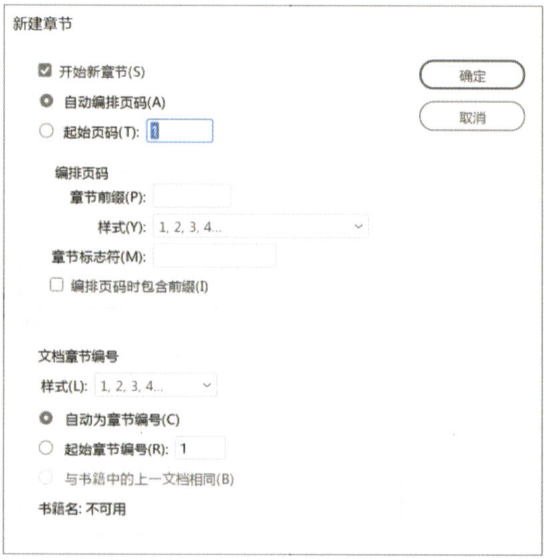

图 12-24　“新建章节”对话框

12.2.3　自动更新页码

对于书刊来说，页码是相当重要的，当用户对文档中的页面进行修改后，要自动更新书籍中的页码，保持一致性。下面介绍自动更新页码的操作方法。

自动更新页码

Step 01 打开书籍文件（素材\第 12 章\第 1 章.indb），在“第 2 章”文档上双击鼠标左键，如图 12-25 所示，打开该文档。

Step 02 在菜单栏中，单击“版面”|“页码和章节选项”命令，如图 12-26 所示。

图 12-25　打开“第 2 章”文档

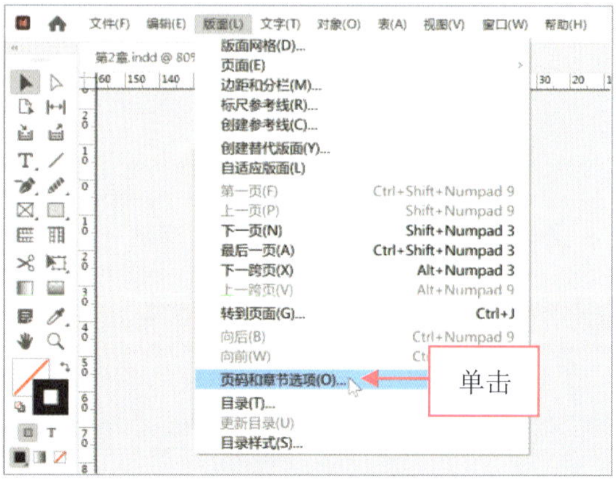

图 12-26　单击“页码和章节选项”命令

Step 03 弹出“页码和章节选项”对话框，在其中设置“起始页码”为 7，如图 12-27 所示。

Step04 单击“确定”按钮，即可从第 7 页开始，页面的右下角位置显示了起始页码，如图 12-28 所示。

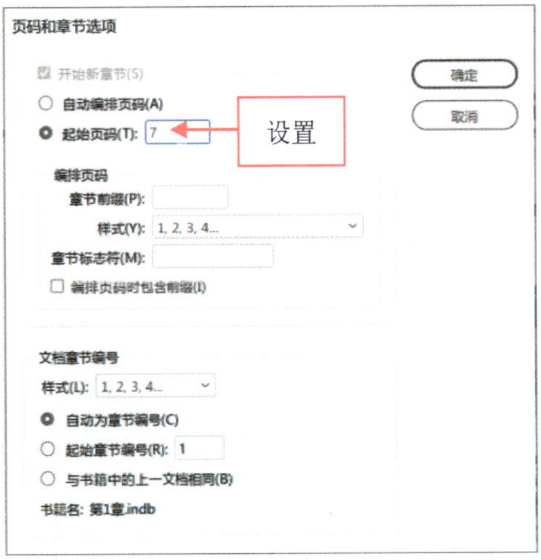

图 12-27　设置“起始页码”为 7

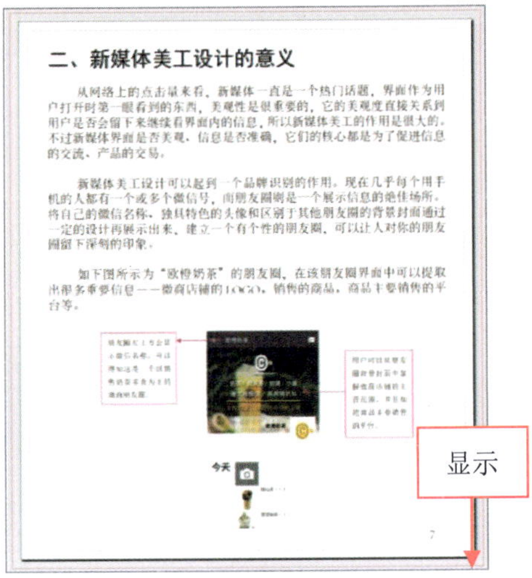

图 12-28　从第 7 页开始

Step05 当用户对文档中的页码进行修改后，书籍中的页码还没有更新。此时，在书籍面板中，单击右上角的面板属性按钮☰，在弹出的列表框中选择“书籍页码选项”选项，如图 12-29 所示。

Step06 弹出“书籍页码选项”对话框，在下方选中“自动更新页面和章节页码”复选框，如图 12-30 所示。

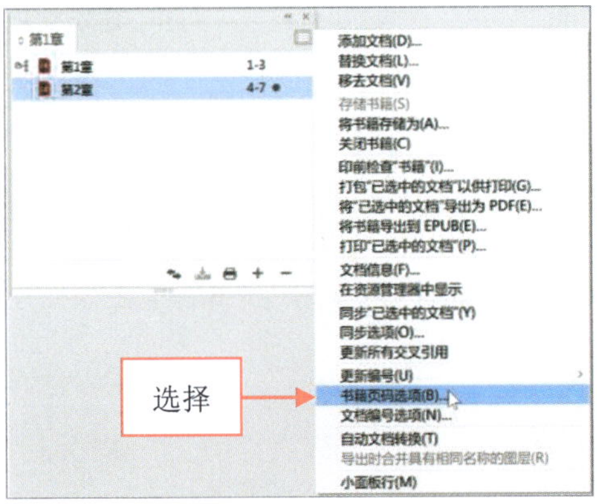

图 12-29　选择“书籍页码选项”选项

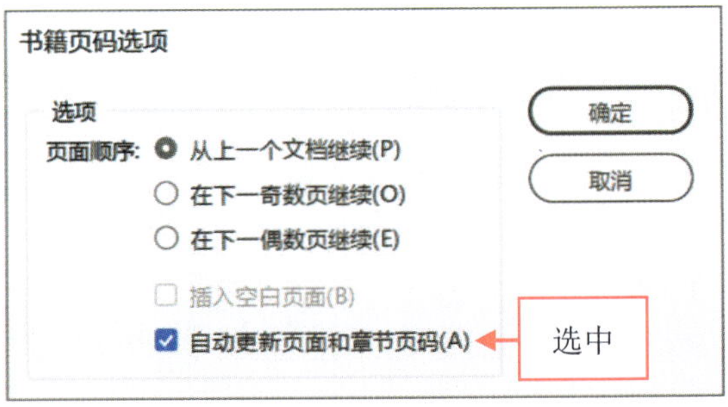

图 12-30　选中相应的复选框

▶ 专家指点

在 InDesign 2021 的书籍面板中，单击右上角的面板属性按钮☰，在弹出的列表框中按键盘上的【B】键，也可以快速弹出“书籍页码选项”对话框。

Step07 单击“确定”按钮，执行上述操作后，此时书籍中的页码也进行了更新，显示了起止页码为 7-10 页，如图 12-31 所示。

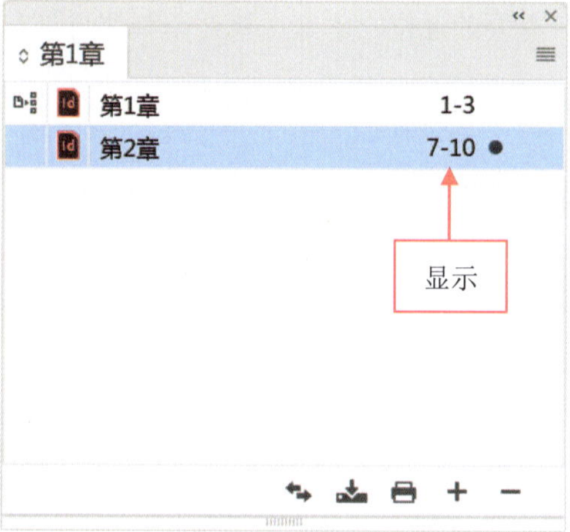

图 12-31 此时书籍中的页码也进行了更新

12.2.4 添加章节编号

在 InDesign 2021 中，还可以在文档中添加章节编号。操作方法很简单，只需要在主页页面中，将光标定位于页码文本框中，在菜单栏中单击“文字”|“文本变量”|“插入变量”|“文件名”命令，即可将文件名作为章节编号插入主页中。如图 12-32 所示中的“第 3 章”，就是插入的章节编号。

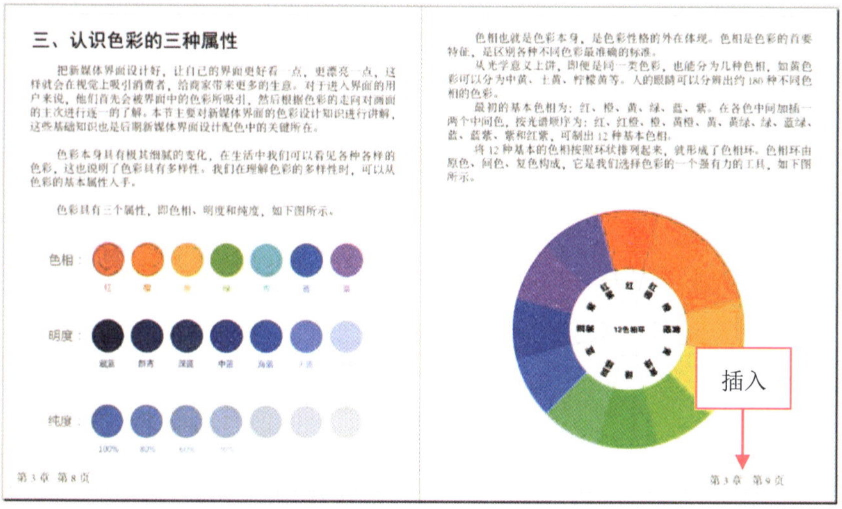

图 12-32 添加章节编号

12.3 制作目录和索引文件

在一本书籍中，目录是每个出版物必不可少的组成部分，它可以将全书的内容总结为一个简单的提要，使读者在阅读时，只需要查看目录大纲就可以了解一本书的大概内容，而索引文件和目录一样具有同等重要的地位。本节主要介绍制作目录和索引文件的操作方法。

12.3.1 创建目录

创建目录

每个目录都按照页码或字母顺序进行排序，条目和页码直接从文档内容中提取，并且可以随时更新。下面介绍创建目录内容的操作方法。

Step 01 打开图像文件（素材\第 12 章\插入目录.indd），如图 12-33 所示。

Step 02 在菜单栏中，单击“版面”|“目录样式”命令，如图 12-34 所示。

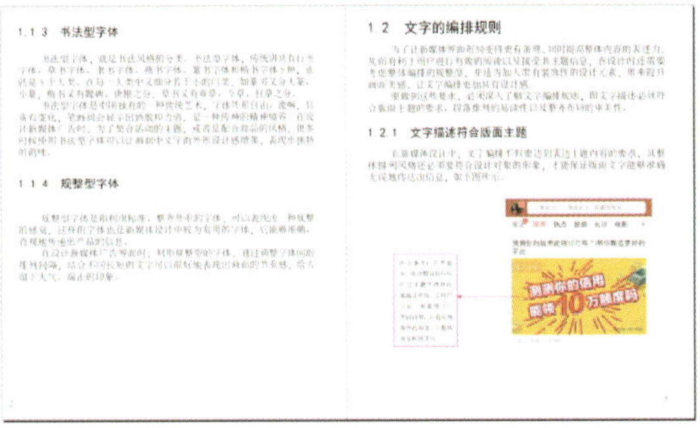

图 12-33 打开图像文件

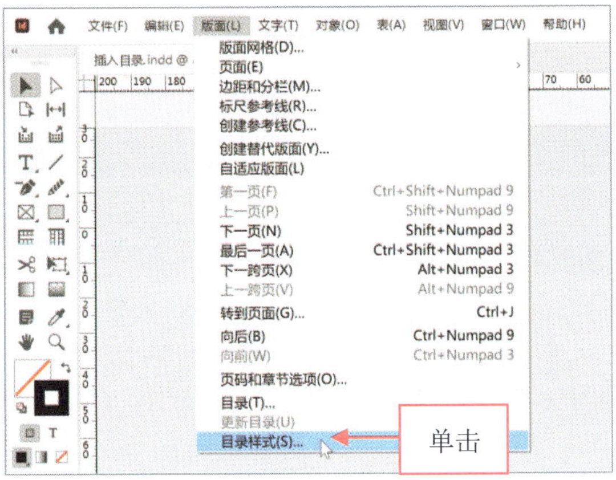

图 12-34 单击“目录样式”命令

Step 03 弹出“目录样式”对话框，单击“新建”按钮，如图 12-35 所示。

Step 04 弹出“新建目录样式”对话框，将“其他样式”列表框中的标题样式依次添加到“包含段落样式”列表框中，如图 12-36 所示。

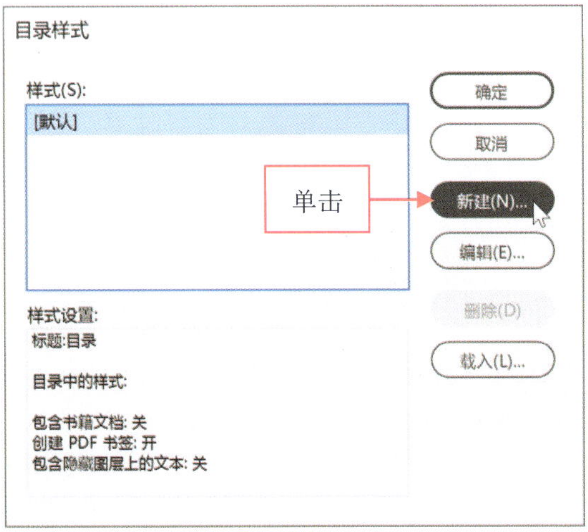

图 12-35 单击“新建”按钮

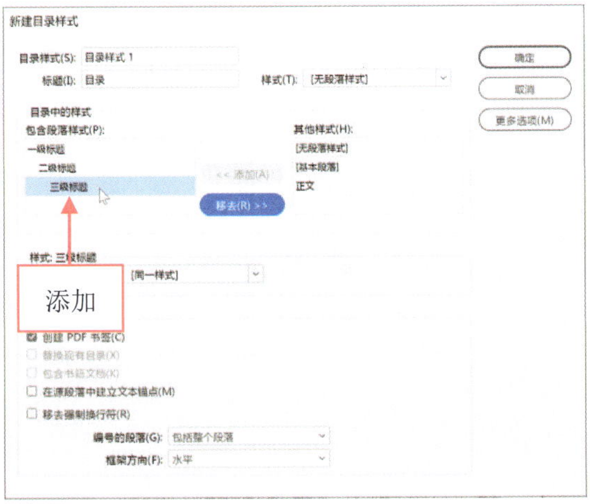

图 12-36 添加到“包含段落样式”中

Step 05 单击“确定”按钮，返回“目录样式”对话框，其中显示了刚创建的目录样式，如图 12-37 所示。

Step 06 单击“确定”按钮，然后单击“版面”|“目录”命令，如图 12-38 所示。

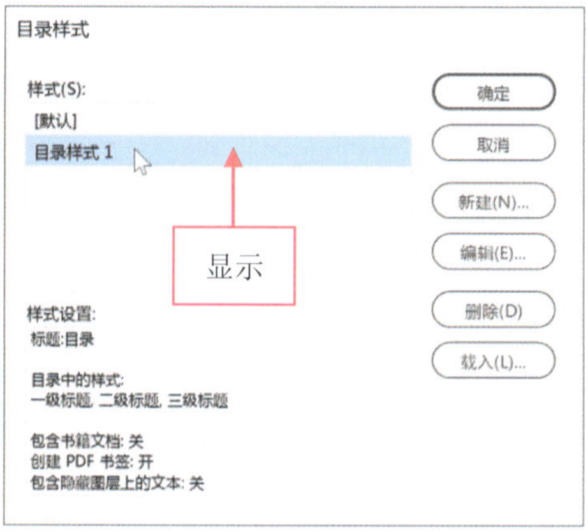

图 12-37　显示了刚创建的目录样式

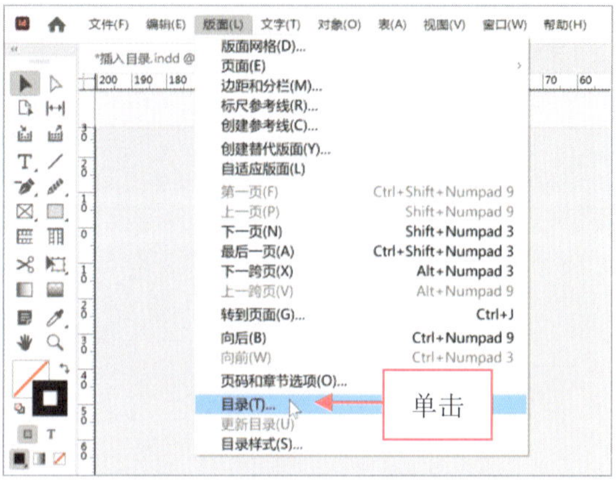

图 12-38　单击“目录”命令

Step 07　弹出“目录”对话框，其中显示了需要使用的目录样式，单击“确定”按钮，如图 12-39 所示。

Step 08　执行上述操作后，即可创建目录内容，将目录内容放置在最后一页的空白位置上，效果如图 12-40 所示。

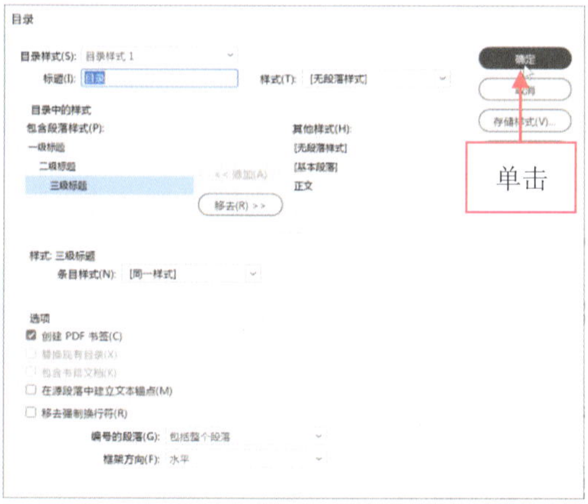

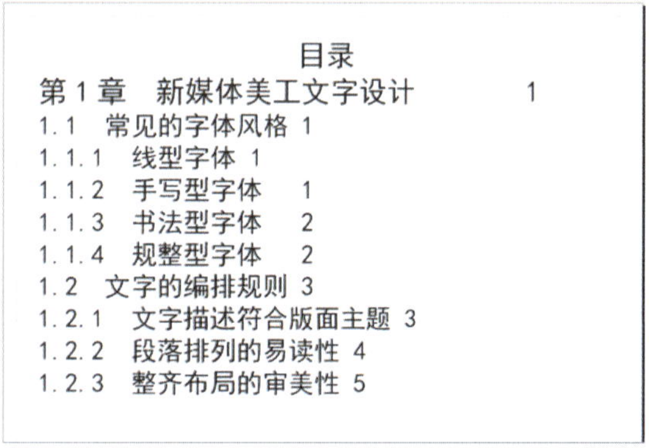

图 12-39　单击“确定”按钮　　　图 12-40　创建目录内容

12.3.2　创建索引内容

在书籍中，索引内容可以快速提高查询的速度，方便用户阅读相关内容。下面介绍创建索引内容的操作方法。

创建索引内容

Step 01　打开图像文件（素材\第 12 章\创建索引内容.indd），在菜单栏中单击“窗口”|“文字和表”|“索引”命令，弹出“索引”面板，单击面板底部的“创建新索引条目”按钮⊞，如图 12-41 所示。

Step 02　弹出“新建交叉引用”对话框，在其中设置多个主题级别与引用内容，如图 12-42 所示。

图 12-41　单击“创建新索引条目”按钮

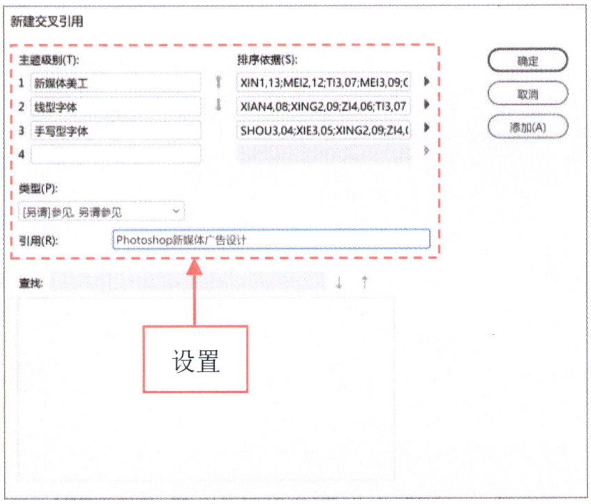

图 12-42　设置主题级别与引用内容

Step 03 单击“确定”按钮，此时“索引”面板中显示了相关内容，如图 12-43 所示。

Step 04 单击面板右上角的面板属性按钮☰，在弹出的列表框中选择“生成索引”选项，如图 12-44 所示。

图 12-43　显示了相关内容

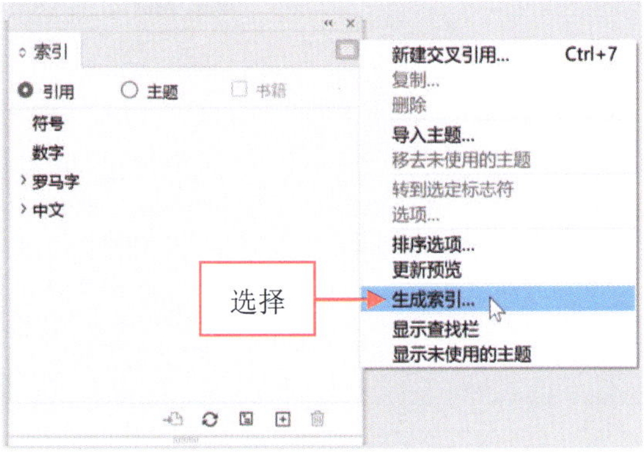

图 12-44　选择“生成索引”选项

Step 05 弹出“生成索引”对话框，单击“确定”按钮，如图 12-45 所示。

Step 06 执行上述操作后，即可创建索引内容，将索引内容放置在最后一页的空白位置上，效果如图 12-46 所示。

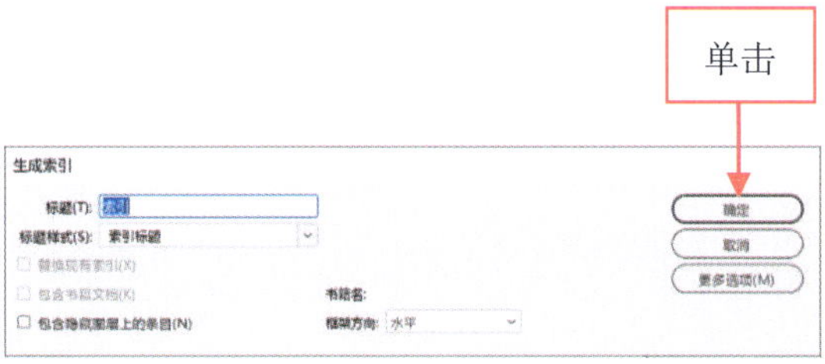

图 12-45　各选项为默认设置

图 12-46　创建索引内容

本章小结

本章主要向读者介绍了排版与制作书籍文档的方法，首先介绍了创建与管理书籍，包括创建书籍文件、添加与删除文档、保存书籍文件、打开书籍中的文档以及同步书籍中的文档等内容；然后介绍了制作页码与章节编号，包括添加页码、设置文档页码选项、自动更新页码以及添加章节编号等内容；最后介绍了制作目录和索引文件的方法，包括创建目录和索引内容等。通过本章内容的学习，希望读者熟练掌握书籍与长文档的排版与设计方法，能熟练地在文档中插入页码、章节编号、目录以及索引文件等。

课后习题

课后习题

鉴于本章知识的重要性，为了帮助读者更好地掌握所学知识，本节将通过上机习题，帮助读者进行简单的知识回顾和补充。

本习题需要掌握设置页码的方法，文档效果如图 12-47 所示。

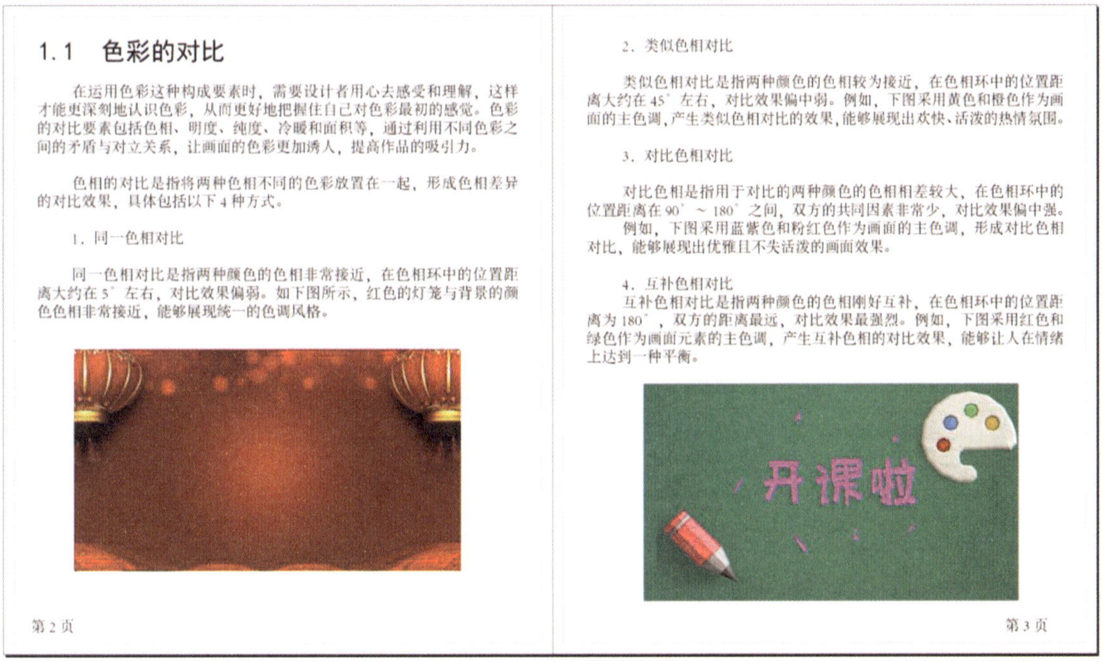
1.1　色彩的对比

在运用色彩这种构成要素时，需要设计者用心去感受和理解，这样才能更深刻地认识色彩，从而更好地把握住自己对色彩最初的感觉。色彩的对比要素包括色相、明度、纯度、冷暖和面积等，通过利用不同色彩之间的矛盾与对立关系，让画面的色彩更加诱人，提高作品的吸引力。

色相的对比是指将两种色相不同的色彩放置在一起，形成色相差异的对比效果，具体包括以下 4 种方式。

1．同一色相对比

同一色相对比是指两种颜色的色相非常接近，在色相环中的位置距离大约在 5° 左右，对比效果偏弱。如下图所示，红色的灯笼与背景的颜色色相非常接近，能够展现统一的色调风格。

第 2 页

2．类似色相对比

类似色相对比是指两种颜色的色相较为接近，在色相环中的位置距离大约在 45° 左右，对比效果偏中弱。例如，下图采用黄色和橙色作为画面的主色调，产生类似色相对比的效果，能够展现出欢快、活泼的热情氛围。

3．对比色相对比

对比色相是指用于对比的两种颜色的色相相差较大，在色相环中的位置距离在 90° ~ 180° 之间，双方的共同因素非常少，对比效果偏中强。

例如，下图采用蓝紫色和粉红色作为画面的主色调，形成对比色相对比，能够展现出优雅且不失活泼的画面效果。

4．互补色相对比

互补色相对比是指两种颜色的色相刚好互补，在色相环中的位置距离为 180° ，双方的距离最远，对比效果最强烈。例如，下图采用红色和绿色作为画面元素的主色调，产生互补色相的对比效果，能够让人在情绪上达到一种平衡。

第 3 页

图 12-47　文档效果

第 13 章
打印与输出文件

制作完一个版面文件之后，通常会将此文件发送给不同的用户，或者进行打印与输出操作，这就需要对出版物的排版文件进行一定的处理。本章主要介绍打印与输出文件的相关内容，包括文件的印前检查、文件的打印与输出以及导出为其他格式的文件等，希望读者熟练掌握本章内容。

本章重点

- 文件的印前检查
- 文件的打印与输出
- 导出为其他格式的文件

1、服装色彩的采集与重构

不同色彩的服装，搭配合适的面料与款式，可以让服装风格变得更加多元化。对于服装设计来说，色彩的采集与重构非常重要，决定着设计的成败。

在采集服装的色彩素材时，其来源包括民族文化或大自然等方面，都拥有漂亮丰富且富有文化内涵的服装色彩素材，如秋季的红叶，动物的皮毛、彩陶色、年画、民族服饰或饰品等。

采集到服装色彩的素材后，还需要对其进行分析、概括、取舍与合并，并从中提取与设计意图相契合的结构和色彩进行重新组合，使其成为新的结构与色彩，这就是色彩的重构过程。例如，现代派的服饰在进行色彩的重构时，多采用简洁、单纯的色彩风格，如下图所示。

一、什么是新媒体美工

新媒体是相对于传统媒体来说的，它是一种利用数字技术、网络技术、移动技术通过互联网、无线通信网、有线网络等渠道以及电脑、手机、数字电视机等终端，向用户提供信息和娱乐的传播形态。

在整个互联网时代，电商、广告、增值服务需求大，借助新媒体，可以自然的连接起自媒体和广告主，让前者有收益，后者有流量，各取所需。

由于新媒体逐渐由热门转向火爆的趋势，新媒体美工也应运而生。新媒体美工主要是对传播的新型媒体如朋友圈、公众号、小程序、头条号、微博，微店等界面进行图片美化与布局排版的设计师，使其给大众更加舒适的视觉体验，也让信息可以更快捷的传递给大众，如下图所示是一些运用新媒体美工技术设计的部分界面。

1

13.1　文件的印前检查

InDesign 2021 提供了实时检查错误的功能，即印前检查功能。印前检查功能可以最大程度地防止可能发生的错误，减少不必要的损失，从而使工作效率得到有效提升。本节主要介绍文件印前检查的相关内容。

13.1.1　打印文件的预检

要想利用实时印前检查，在文档创建的早期阶段应创建或指定一个印前检查配置文件。如果打开了印前检查，则 InDesign 检测到其中任何问题时，都将在状态栏中显示一个红圈图标，用来提醒用户。在菜单栏中，单击“窗口”|“输出”|“印前检查”命令，即可打开“印前检查”面板，如图 13-1 所示。

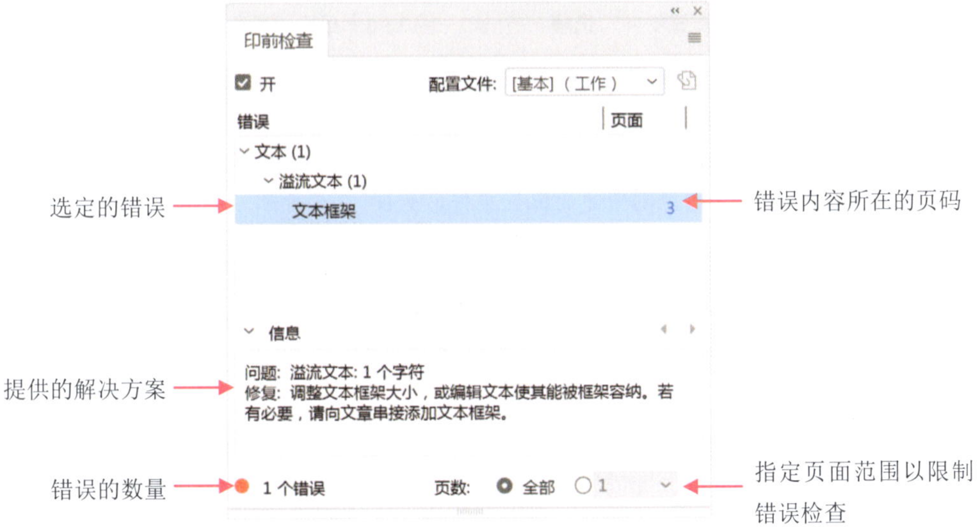

图 13-1　打开“印前检查”面板

在 InDesign 2021 中，默认情况下使用“[基本]工作”配置文件，此配置文件将标记缺失的链接、修改的链接、溢流文本和缺失的字体等，该配置文件不能被编辑和修改，但是用户可以创建多个其他的配置文件。

13.1.2　定义配置文件

定义配置文件

当用户使用“印前检查”功能对文件进行检查时，可以通过定义印前检查配置文件，使印前检查在对文件进行检查时符合要求。下面介绍定义配置文件的操作方法。

Step 01　单击“窗口”|“输出”|“印前检查”命令，即可打开“印前检查”面板，单击右上角的面板属性按钮≡，在弹出的列表框中选择“定义配置文件”选项，如图 13-2 所示。

Step 02　弹出“印前检查配置文件”对话框，单击“新建印前检查配置文件”按钮+，如图 13-3 所示。

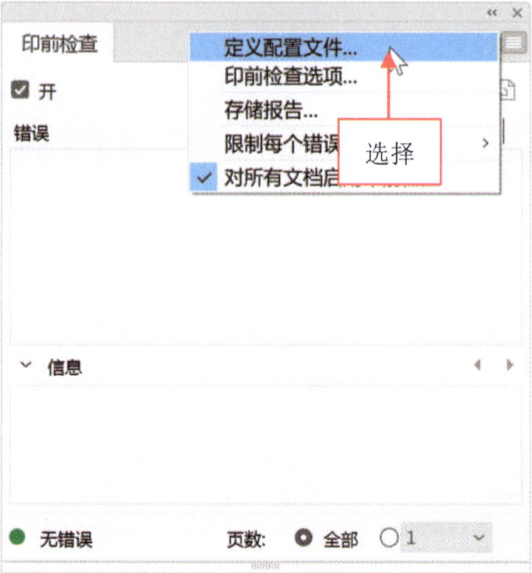

图 13-2　选择“定义配置文件”选项

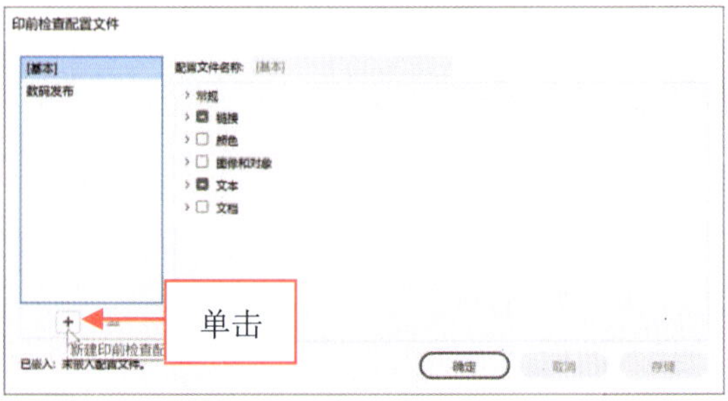

图 13-3　单击“新建印前检查配置文件”按钮

Step 03　执行上述操作后，即可新建一个印前检查配置文件，在右侧设置配置文件的名称，如图 13-4 所示，在下方列表框中可以指定印前检查的项目。

Step 04　单击“确定”按钮，返回“印前检查”面板，单击“配置文件”右侧的下拉按钮，在弹出的列表框中可以选择刚新建的配置文件，如图 13-5 所示。

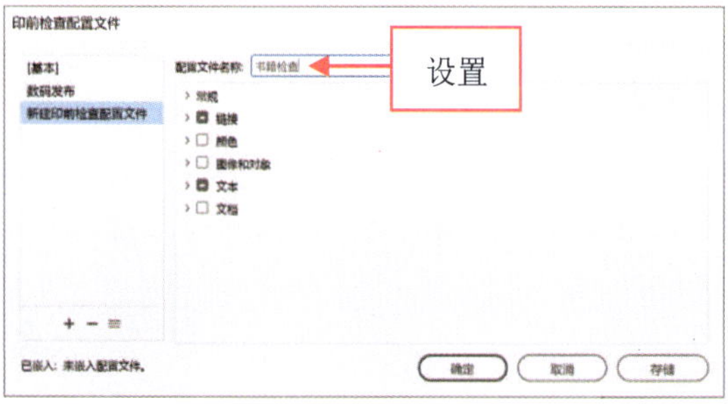

图 13-4　设置配置文件的名称

图 13-5　选择刚新建的配置文件

13.1.3　解决印前检查错误

创建完文档或出版物之后，当需要打印输出前，需要检查相关的错误，并解决这些错误。下面介绍解决印前检查错误的操作方法。

解决印前检查错误

Step 01　打开图像文件(素材\第 13 章\推移演变图形.indd)，如图 13-6 所示。

Step02 在“印前检查”面板中，查看相关的错误信息，主要包括缺失的图像链接，以及文本的相关问题，在“信息”选项区中提供了相应的解决方案，如图 13-7 所示。

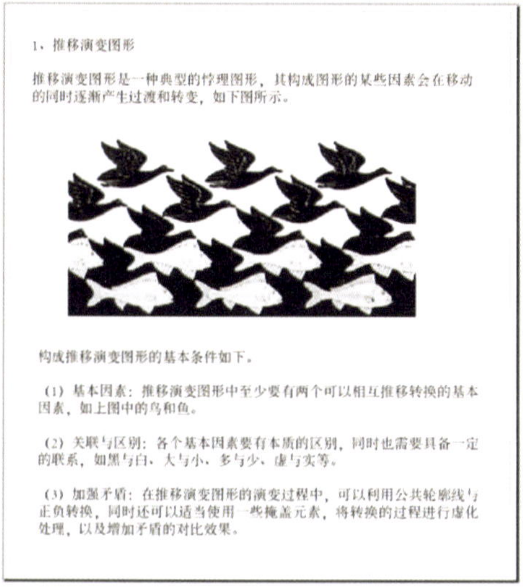

图 13-6　打开图像文件

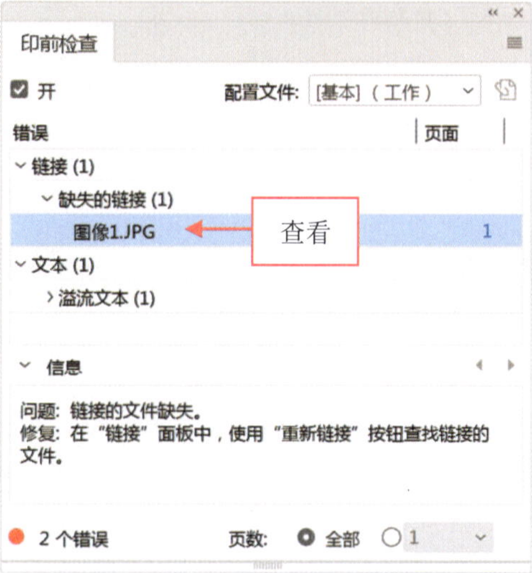

图 13-7　查看相关的错误信息

Step03 首先解决链接缺失的问题，单击“窗口”|“链接”命令，弹出“链接”面板，双击红色图标，如图 13-8 所示。

Step04 弹出相应对话框，重新选择相应的图像文件，如图 13-9 所示。

图 13-8　双击红色图标

图 13-9　重新选择相应的图像文件

Step05 单击“打开”按钮，即可重新链接成功，在“链接”面板中可以查看重新链接后的图像名称，如图 13-10 所示。

Step06 此时，在“印前检查”面板中将不再显示图像缺失链接的错误信息，只剩下溢流文本的问题。通过“信息”选项区中提供的解决方案，解决溢流文本的问题后，“印前检查”面板中将提示“无错误”，如图 13-11 所示，表示所有问题已全部解决。

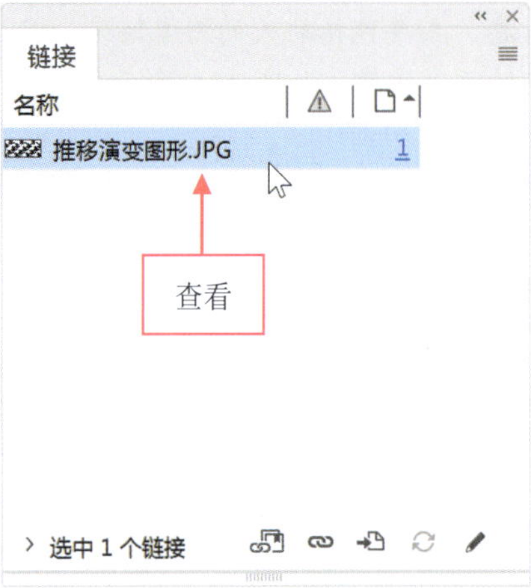

图 13-10　查看重新链接后的图像名称

图 13-11　面板中将提示“无错误”

13.1.4　设置印前检查选项

如果用户要设置印前检查选项，可单击“印前检查”面板右上角的面板属性按钮≡，在弹出的列表框中选择“印前检查选项”选项，如图 13-12 所示。执行上述操作后，弹出“印前检查选项”对话框，在其中可以设置配置文件的用法，以及打开文档时是否嵌入配置文件等信息，如图 13-13 所示。设置完成后，单击“确定”按钮即可。

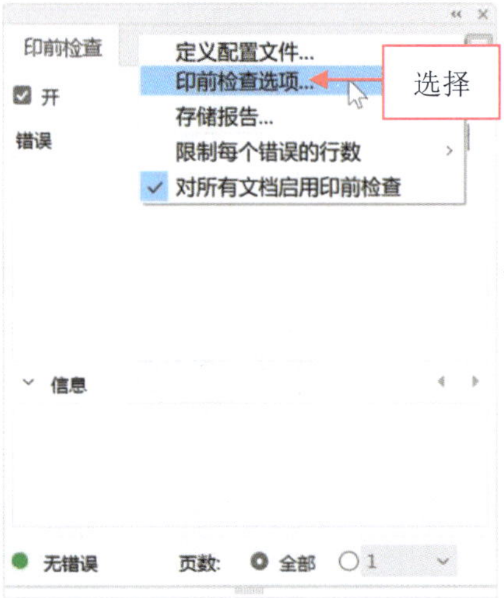

图 13-12　选择“印前检查选项”选项

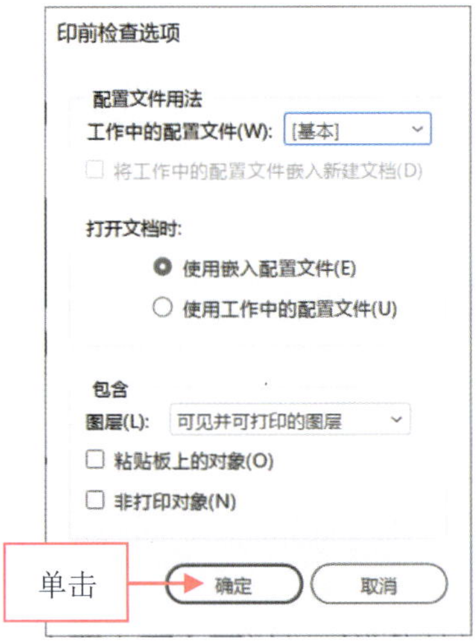

图 13-13　设置印前检查选项

13.2　文件的打印与输出

当文件的印前检查完成后，接下来用户可根据需要对排版文件的内容进行打印与输出操作。本节主要介绍打印与输出文件的操作方法。

13.2.1　设置打印机属性

在打印文件之前，首先需要选择相应的打印机，以及对打印机的属性进行相应设置，以根据要求完成文档的打印操作。下面介绍设置打印机属性的操作方法。

设置打印机属性

Step 01 打开图像文件（素材\第 13 章\服装色彩.indd），如图 13-14 所示。

Step 02 单击“文件”|“打印”命令，弹出“打印”对话框，在“打印机”列表框中可以选择相应的打印机设备，如图 13-15 所示。

图 13-14　打开图像文件

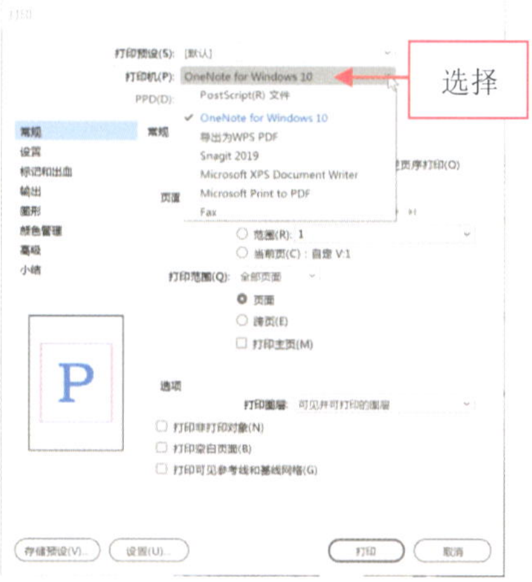

图 13-15　选择相应的打印机设备

Step 03 在左侧列表框中选择“设置”选项，在右侧可以设置打印的相应选项，如纸张大小、页面方向以及页面位置等，如图 13-16 所示。

Step 04 在左侧列表框中选择“颜色管理”选项，在右侧可以设置输出的颜色类型，如图 13-17 所示。用户可以在列表框中选择其他的选项，设置打印和输出的其他参数。

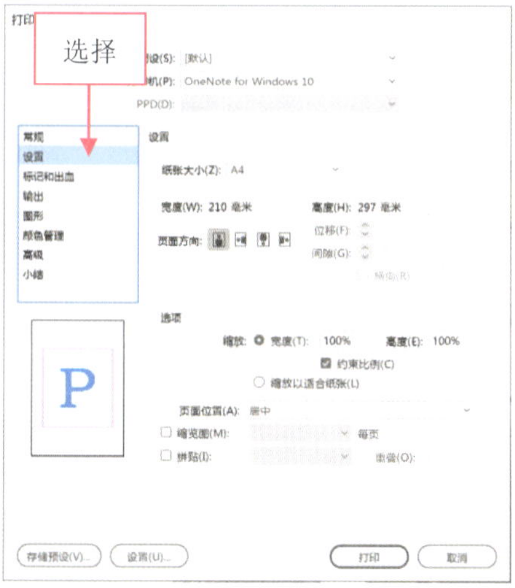

图 13-16　设置打印的相应选项

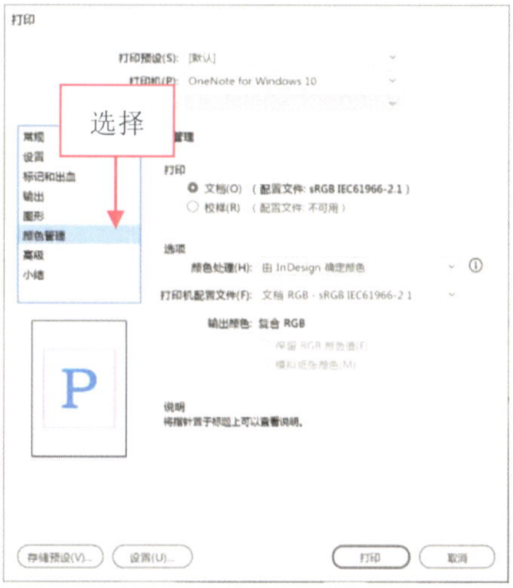

图 13-17　设置输出的颜色类型

13.2.2　打印预览

在“打印”对话框左下角的“P”字样处，表示打印预览的区域，默认情况下是标准视图。在该区域单击鼠标左键，即可切换至文本视图，其中列出了特定打印设置的数值，如图 13-18 所示。再次单击鼠标左键，即可切换至自定页面/单张视图，根据页面大小，显示不同打印设置的效果，如图 13-19 所示。

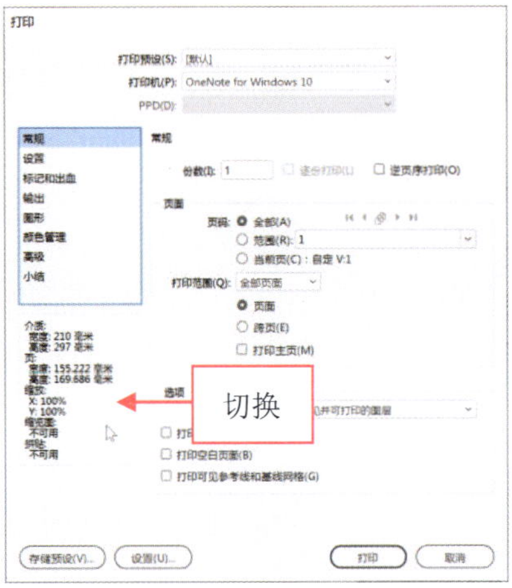

图 13-18　文本视图

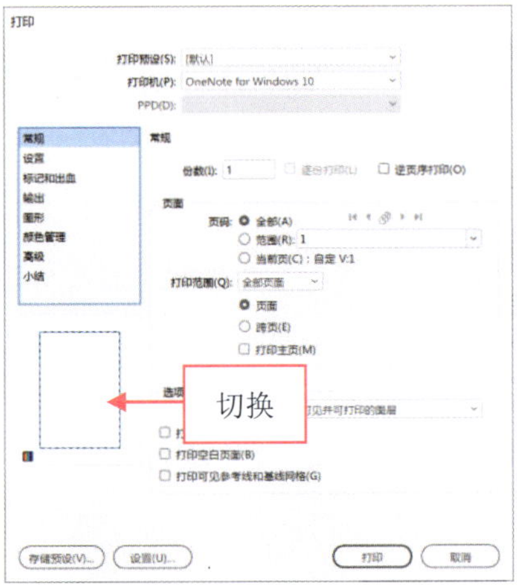

图 13-19　单张视图

13.2.3　打印文档

在“打印”对话框下方，单击“打印”按钮，即可开始打印文档。

如果在“印前检查”对话框中还有未解决的错误，此时会弹出“警告”对话框，提示有错误的内容，如图 13-20 所示。如果文档中没有错误了，将弹出“打印”对话框，显示正在打印页面，如图 13-21 所示。

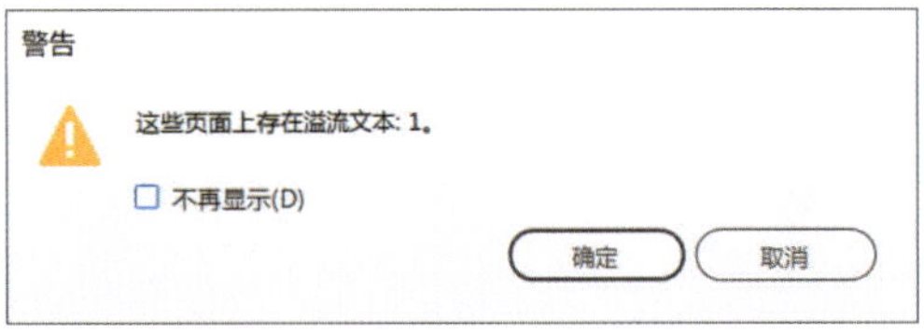

图 13-20　“警告”对话框

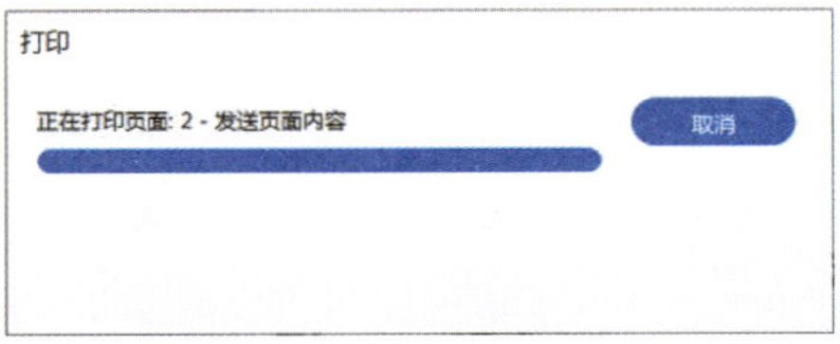

图 13-21　“打印”对话框

13.2.4　打印小册子

在 InDesign 2021 中，使用“打印小册子”命令可以打印小册子，可以创建打印机跨页以用于专业打印。操作方法很简单，只需在菜单栏中单击“文件”|“打印小册子”命令，弹出“打印小册子”对话框，在“设置”选项卡中可以设置打印的页码范围、小册子类型以及页面边距等选项，如图 13-22 所示。切换至“预览”选项卡，在其中可以预览打印的效果，如图 13-23 所示，单击下方的“打印”按钮，即可开始打印小册子。

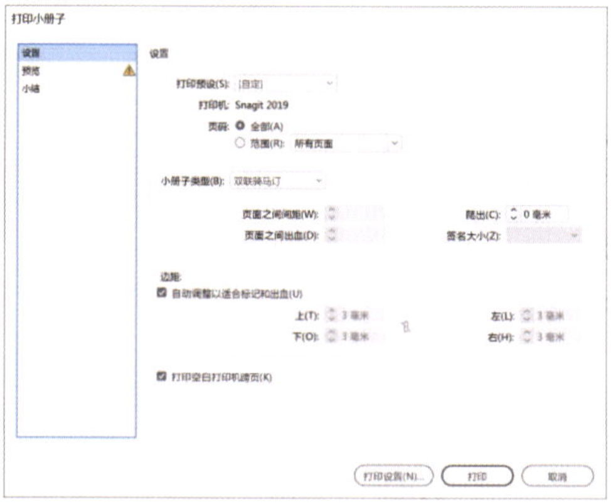

图 13-22　“设置”选项卡

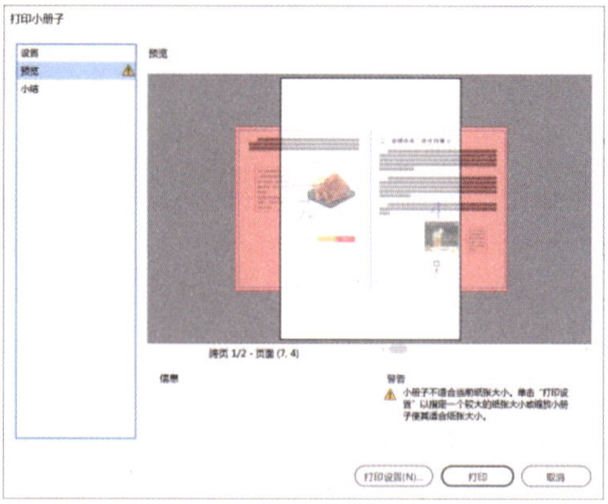

图 13-23　“预览”选项卡

13.3　导出为其他格式的文件

在 InDesign 2021 中，用户还可以将文档导出为其他格式的文件，如 PDF 文件、交互式 PDF 文件以及 XML 文件等，本节将进行详细讲解。

13.3.1　导出为 PDF 文件

导出为 PDF 文件

PDF 是 portable document format 的缩写，是一种优秀的电子文件格式，支持跨平台和媒体文件的交换，很适合电子书的类型。下面介绍将文档导出为 PDF 文件的操作方法。

Step 01　打开图像文件（素材\第 13 章\输出文件.indd），如图 13-24 所示。

Step 02　在菜单栏中，单击“文件”|“导出”命令，如图 13-25 所示。

图 13-24　打开图像文件

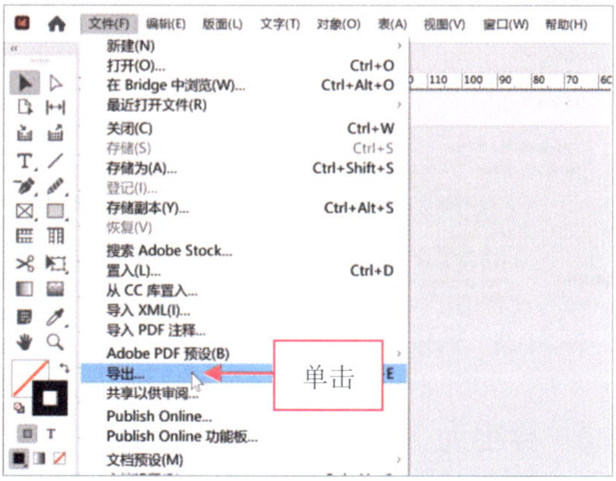

图 13-25　单击“导出”命令

Step 03　弹出“导出”对话框，在其中设置“保存类型”为“Adobe PDF（打印）”，并设置文件的保存名称，如图 13-26 所示。

Step 04 单击“保存”按钮，弹出“导出 Adobe PDF”对话框，各选项为默认设置，单击“导出”按钮，如图 13-27 所示，即可导出 PDF 文件。

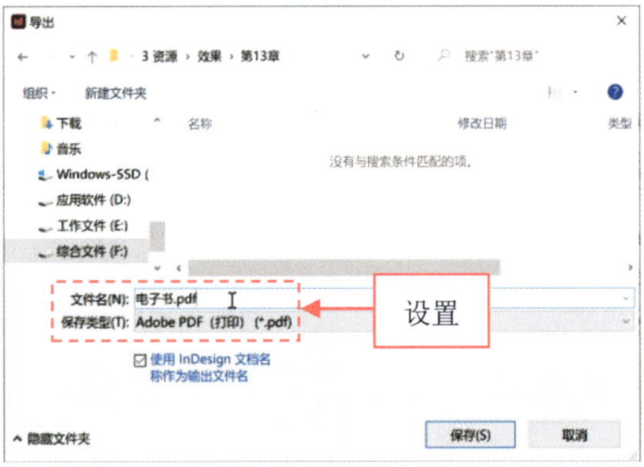

图 13-26　设置保存类型与文件名

图 13-27　单击“导出”按钮

13.3.2　导出为交互式 PDF

在 InDesign 2021 中，用户还可以将文件导出为包含交互功能的 Adobe PDF 文档，只需在“导出”对话框的“保存类型”列表框中，选择“Adobe PDF（交互）”选项，如图 13-28 所示。单击“保存”按钮，弹出“导出至交互式 PDF”对话框，各选项为默认设置，单击“导出”按钮，如图 13-29 所示，即可导出交互式 PDF 文件。

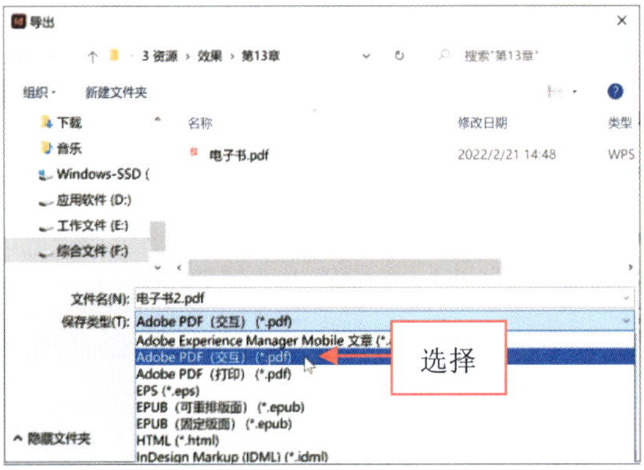

图 13-28　选择“Adobe PDF（交互）”选项

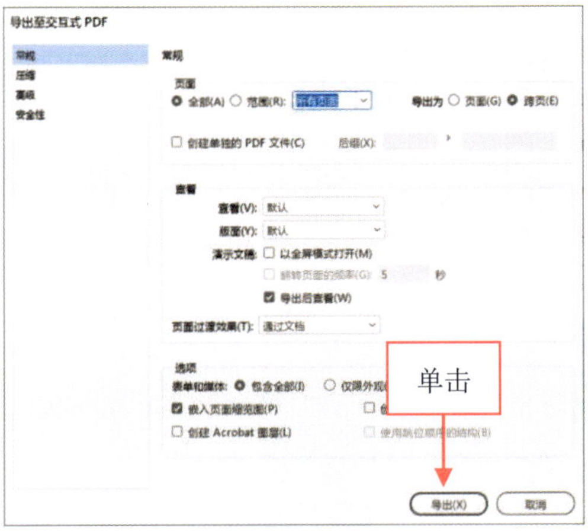

图 13-29　单击“导出”按钮

13.3.3　导出为 XML 文件

XML（全称为 extensible markup language）即可扩展标记语言，是 Internet 环境中跨平台的、依赖于内容的技术，是当前处理结构化文档信息的有力工具。在 InDesign 2021 中，用户可根据需要将文件导出为 XML 格式。

只需在“导出”对话框的“保存类型”列表框中，选择 XML 选项，如图 13-30 所示。单击“保存”按钮，弹出“导出 XML”对话框，各选项为默认设置，单击“导出”按钮，如图 13-31 所示，即可导出 XML 文件。

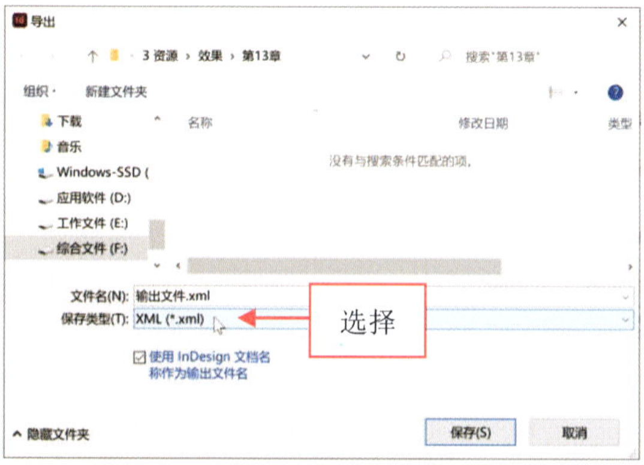

图 13-30　选择 XML 选项

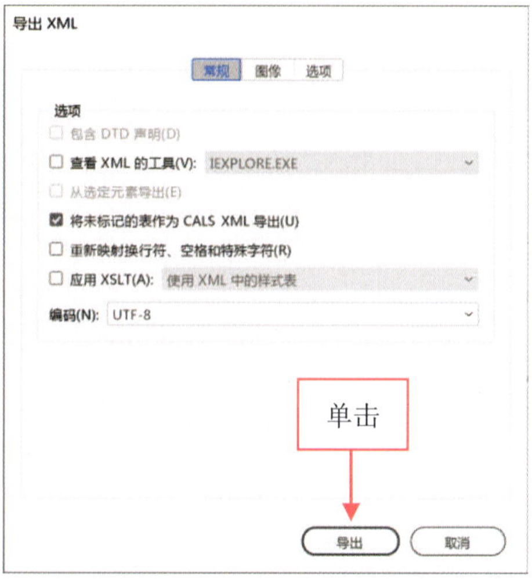

图 13-31　单击“导出”按钮

本章小结

本章主要介绍了打印与输出文件的操作方法，首先介绍了文件的印前检查，包括打印文件的预检、定义配置文件、解决印前检查错误以及设置印前检查选项等内容；然后介绍了文件的打印与输出，包括设置打印机属性、打印预览、打印文档以及打印小册子等内容；最后介绍了导出为其他格式的文件，包括导出为 PDF、导出为交互式 PDF 以及导出为 XML 文件等内容。通过本章内容的学习，希望读者熟练掌握打印与输出文件的相关内容。

课后习题

为了帮助读者更好地掌握所学知识，本节将通过上机习题，帮助读者进行简单的知识回顾和补充。

1．使用“印前检查”面板做好文件的印前预检。

2．对文档进行打印设置与打印操作。

3．将文档导出为 PDF 文件。

第 14 章 综合案例实战

通过前面章节的学习，相信读者已经掌握了 InDesign 2021 的基本使用方法。本章将通过三个综合案例，对 InDesign 2021 的主要功能作一个总结，帮助读者将前面章节所学的内容进行融会贯通，以达到灵活运用、举一反三的目的。

本章重点

- 展架设计：思慕西餐厅优惠广告
- 海报设计：奥奔汽车宣传海报
- 书籍设计：手机摄影内容排版

14.1　展架设计：思慕西餐厅优惠广告

本实例主要介绍展架的设计方法，通过背景设计、网格设计以及广告文字设计，使制作的展架更加专业、美观。本实例的最终效果如图 14-1 所示。

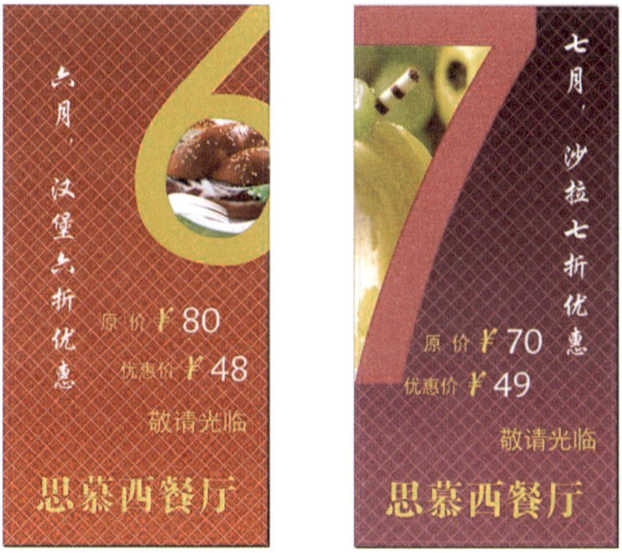

14-1　展架设计：思慕西餐厅优惠广告

14.1.1　制作第一个展架背景

制作第一个展架背景

首先介绍第一个展架的背景图案设计方法，具体操作步骤如下。

Step 01　按【Ctrl + N】组合键，弹出“新建文档”对话框，在右侧设置文档的“宽度”为 150 毫米、“高度”为 300 毫米，如图 14-2 所示。

Step 02　单击“边距和分栏”按钮，弹出“新建边距和分栏”对话框，在其中设置各参数，如图 14-3 所示。单击“确定”按钮，新建空白文档。

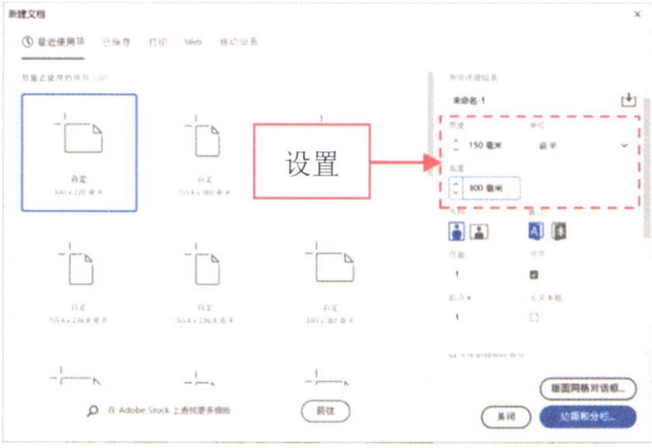

图 14-2　设置宽度和高度

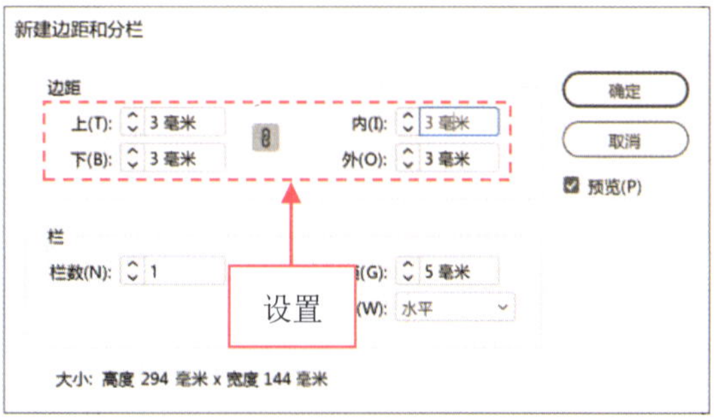

图 14-3　设置“边距”参数

Step 03 选取矩形工具，绘制一个矩形，为矩形填充深红色（CMYK 参数值分别为 39%、100%、100%、4%），如图 14-4 所示，然后保存文件，并命名为“思慕西餐厅优惠广告”。

Step 04 新建一个同样大小的文档，选取直线工具，绘制一条斜线，设置“描边”颜色为粉红色（CMYK 参数值分别为 0%、57%、22%、0%）、“描边粗细”为 2 点，如图 14-5 所示。

Step 05 选择绘制的斜线，按住【Ctrl + Shift + Alt】组合键的同时，按住鼠标左键并向下拖动，复制一条斜线，如图 14-6 所示。

图 14-4　为矩形填充深红色

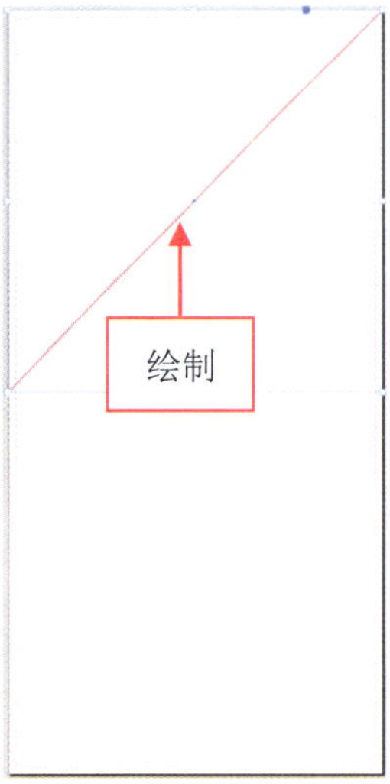

图 14-5　绘制一条斜线

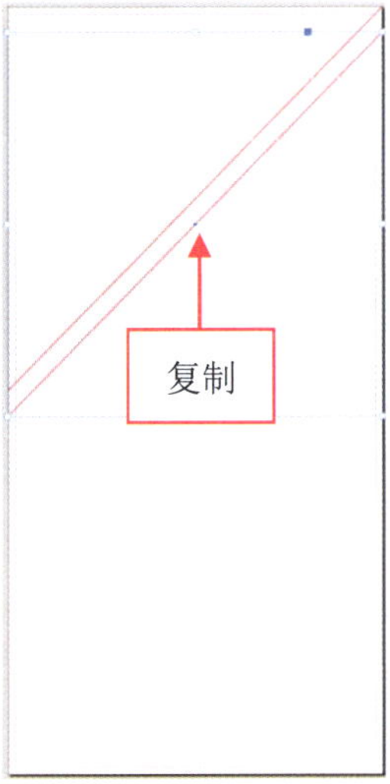

图 14-6　复制一条斜线

Step 06 多次按【Ctrl + Alt + 4】组合键，对斜线进行多次复制操作，效果如图 14-7 所示。

Step 07 用与上同样的操作方法，复制版面上方的斜线效果，如图 14-8 所示。

Step 08 选择所有斜线，按【Ctrl + C】组合键复制对象，单击“编辑”|“原位粘贴”命令，原位粘贴素材；单击“对象”|“变换”|“水平翻转”命令，对斜线进行水平翻转，然后移至合适位置，效果如图 14-9 所示，然后保存文件，并命名为“网格背景”。

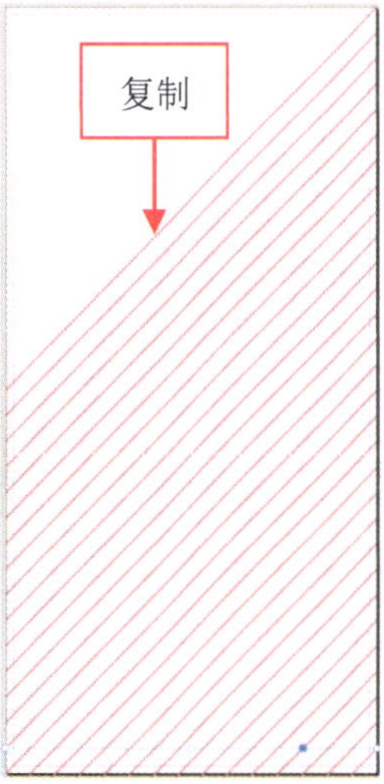

图 14-7　多次变换斜线

图 14-8　制作上方斜线

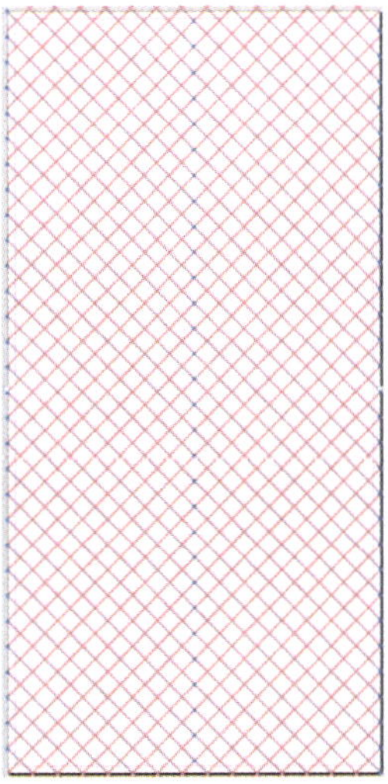

图 14-9　复制并水平翻转

Step 09 切换至“思慕西餐厅优惠广告”文档窗口，新建“图层 2”图层，按【Ctrl＋D】组合键，弹出“置入”对话框，选择刚保存的“网格背景”文档，如图 14-10 所示。

Step 10 单击“打开”按钮，将“网格背景”素材置入文档窗口中，与矩形背景重合。单击“对象”|“效果”|“透明度”命令，弹出“效果”对话框，设置“不透明度”为 50%，单击“确定”按钮，设置网格的透明度效果，如图 14-11 所示。

图 14-10　选择刚保存的文档

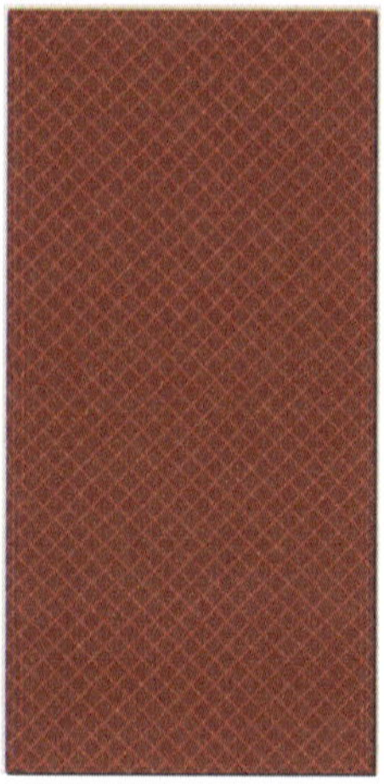

图 14-11　设置素材的透明度

Step 11 新建“图层 3”图层，绘制一个与背景相同大小的矩形，填充黑色（CMYK 参数值分别为 0%、0%、0%、100%）到灰色（CMYK 参数值分别为 38%、30%、28%、0%）的渐变色，效果如图 14-12 所示。

Step 12 单击“对象”|“效果”|“透明度”命令，弹出“效果”对话框，设置“模式”为“叠加”，单击“确定”按钮，更改图形的混合模式，效果如图 14-13 所示。

Step 13 按【Ctrl＋D】组合键，置入素材文件（素材\第 14 章\数字 6.indd），如图 14-14 所示。

图 14-12　创建渐变填充

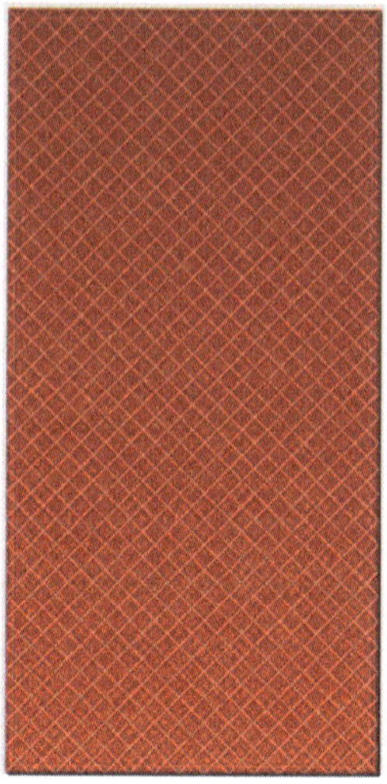

图 14-13　设置混合模式

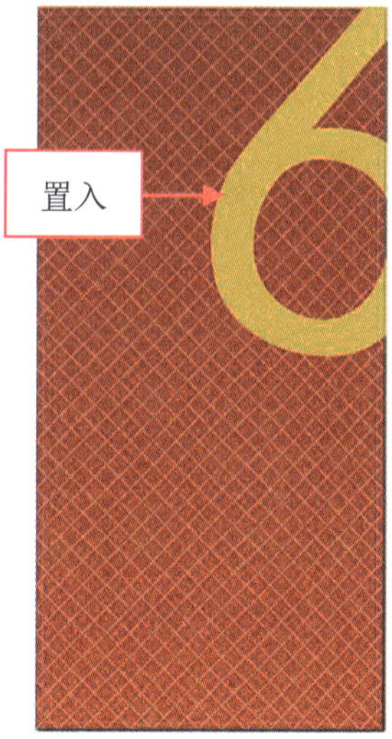

图 14-14　置入素材

Step 14 使用钢笔工具在数字中绘制一个闭合路径，如图 14-15 所示。

Step 15 按【Ctrl + D】组合键，在路径中置入图片素材（素材\第 14 章\面包.jpg），如图 14-16 所示。

Step 16 选择置入的素材，单击鼠标右键，在弹出的快捷菜单中选择“适合” | “按比例填充框架”选项，即可调整图像大小，效果如图 14-17 所示。

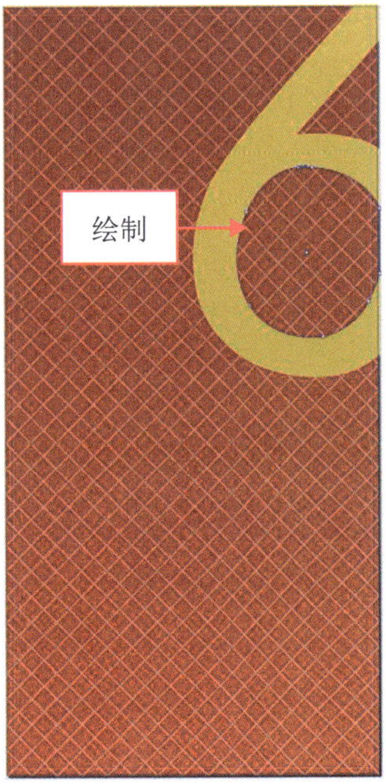

图 14-15　绘制一个闭合路径

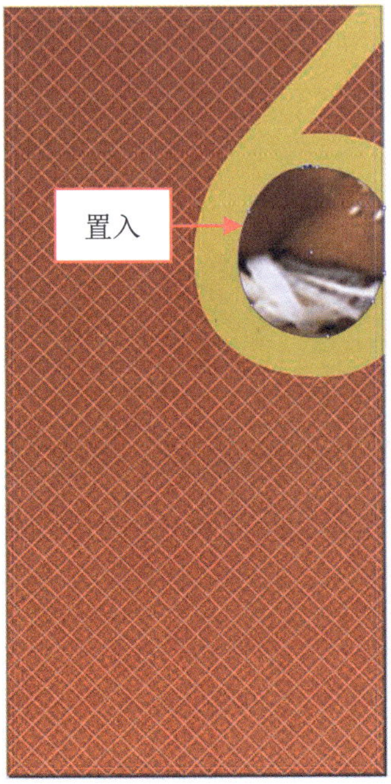

图 14-16　置入图片素材

图 14-17　调整大小和位置

> ▶ 专家指点
>
> 在 InDesign 2021 中，用户可以在任意的闭合路径中置入对象，超过闭合路径边缘的对象内容无法显示出来，这样可以制作出任何形状的图像效果。

14.1.2　制作第二个展架背景

制作好第一个展架背景后，接下来制作第二个展架背景，具体操作步骤如下。

制作第二个展架背景

Step 01 新建页面，参照 14.1.1 的操作方法，制作第二页的网格背景效果，为矩形填充深紫色（CMYK 参数值分别为 62%、100%、68%、44%）到紫色（CMYK 参数值分别为 34%、85%、35%、0%）的渐变色，效果如图 14-18 所示。

Step 02 按【Ctrl + D】组合键，置入素材文件（素材\第 14 章\数字 7.indd），如图 14-19 所示。

Step 03 使用钢笔工具在数字左侧的空白处绘制一个闭合路径，运用直接选择工具选择该路径，如图 14-20 所示。

Step 04 按【Ctrl + D】组合键，在路径中置入图片素材（素材\第 14 章\蛋糕.jpg），如图 14-21 所示。

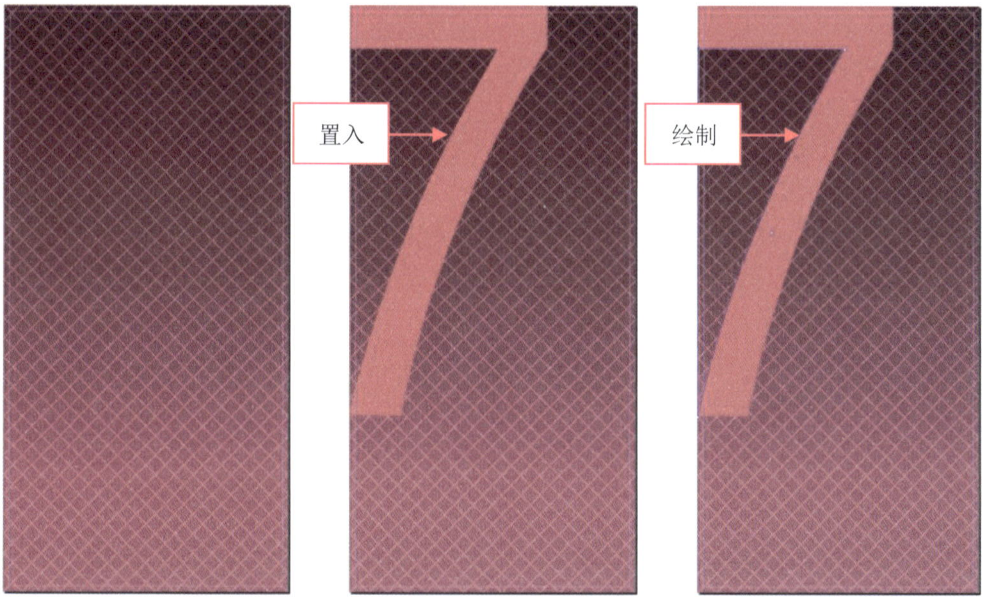

图 14-18　制作网格背景效果　　图 14-19　置入图片素材　　图 14-20　绘制闭合路径

Step 05　选择置入的图片素材，按住鼠标左键并拖动，调整素材的显示位置，效果如图 14-22 所示。至此，第二个展架背景制作完成。

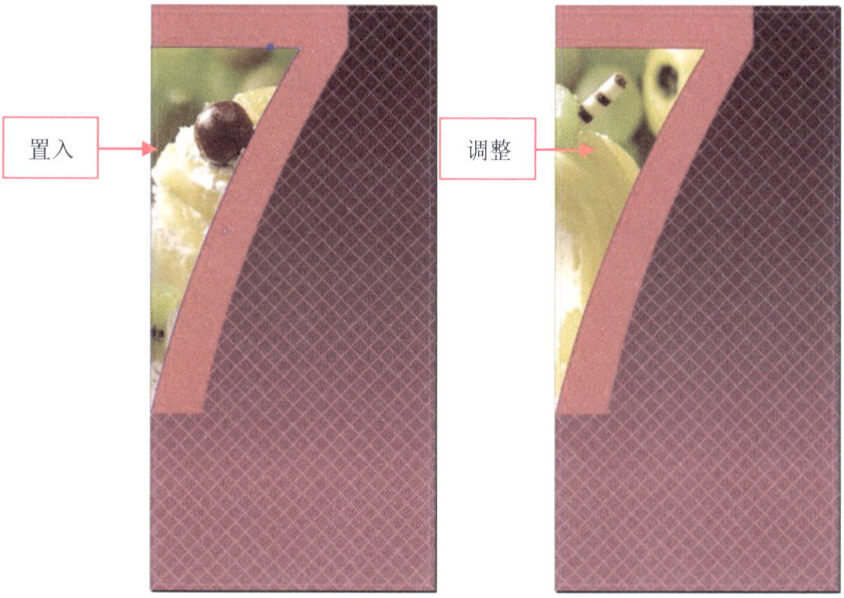

图 14-21　置入图片素材　　图 14-22　调整素材的显示位置

14.1.3　制作展架的广告文字

展架的背景制作完成后，接下来制作展架的广告文字效果，用来宣传企业或产品的相关信息。下面介绍制作展架广告文字的操作方法。

制作展架的广告文字

Step 01 在工具箱中，选取直排文字工具，如图 14-23 所示。

Step 02 在文档窗口中输入相应文本内容，设置“字体”为“华为行楷”、“字体大小”为 50 点、“字符间距”为 80、字体颜色为白色，文字效果如图 14-24 所示。

Step 03 运用文字工具输入文本“原价¥80”，“原价”文本的“字体”为“黑体”、“字体大小”为 30 点、颜色为黄色（CMYK 参数值分别为 6%、9%、67%、0%）；“¥80”文本的“字体”为“华文新魏”、“字体大小”为 55 点，并设置相应颜色，效果如图 14-25 所示。

Step 04 对刚输入的文本进行复制操作，并更改文本内容，效果如图 14-26 所示。

Step 05 运用文字工具输入文本“敬请光临”，设置“字体”为“黑体”、“字体大小”为 40 点、颜色为黄色（CMYK 参数值分别为 6%、9%、67%、0%），效果如图 14-27 所示。

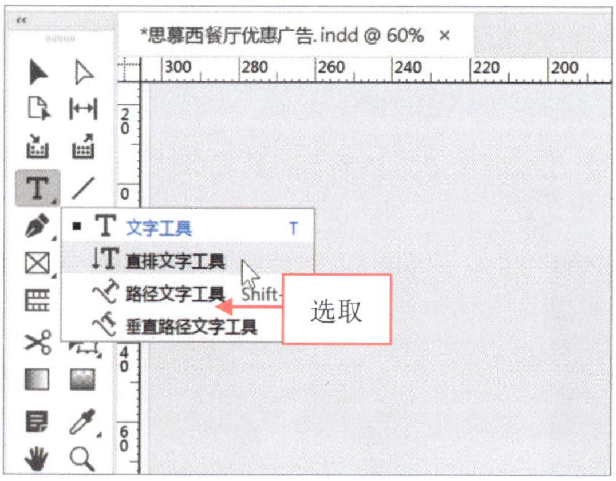

图 14-23　选取直排文字工具

图 14-24　输入相应文本内容

图 14-25　输入文本“原价¥80”

图 14-26　复制并更改文本

图 14-27　输入“敬请光临”

▶ 专家指点

在 InDesign 2021 中，文本的属性包括字体、字号、下划线、字符间距、行距、文字样式以及旋转角度等，用户可以根据不同版面布局的需要，通过调整文本的属性来实现各种特殊的字型效果。用户可以在“属性”面板中设置文本的属性，还可以通过“字符”面板设置文本的属性。

Step06 运用文字工具输入文本“思慕西餐厅”，设置字体的类型、大小以及颜色，效果如图 14-28 所示。

Step07 将前面制作的文本进行复制操作，并粘贴到第 2 页的文档窗口中，调整文本的位置，如图 14-29 所示。

Step08 更改文本的内容，最终效果如图 14-30 所示。至此，完成思慕西餐厅优惠广告的展架设计。

图 14-28　输入“思慕西餐厅”

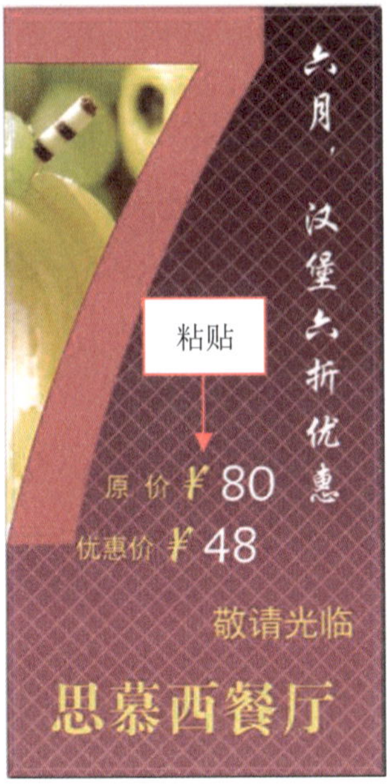

图 14-29　复制并粘贴文本

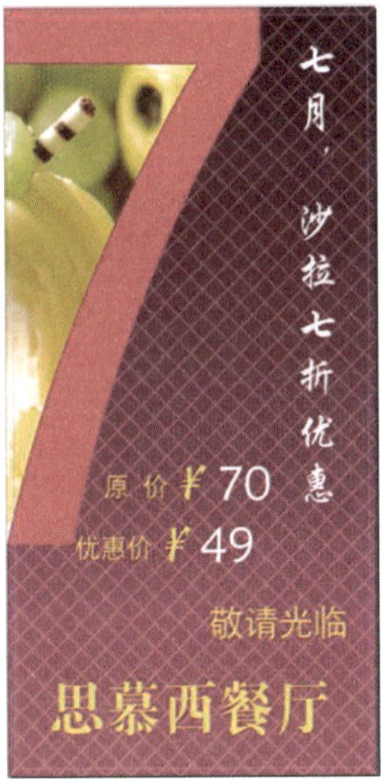

图 14-30　更改文本的内容

▶ 专家指点

在 InDesign 2021 中，用户不仅可以通过“编辑”菜单下的“复制”与“粘贴”命令来复制与粘贴文本，还可以按住【Ctrl + Alt】组合键的同时按住文本并拖动，也可以快速复制文本内容。

14.2　海报设计：奥奔汽车宣传海报

海报是最广泛的广告宣传之一，具有传播信息及时、成本费用低、制作简便等优点，有利于企业视觉形象的传达，并具有审美作用。本实例的最终效果如图 14-31 所示。

图 14-31　海报设计：奥奔汽车宣传海报

14.2.1　制作汽车主图效果

制作汽车主图效果

为海报设计主图效果可以宣传企业的产品，聚集观众的视线，这个主图一般是企业的主打产品。下面介绍制作汽车主图效果的操作方法。

Step 01 按【Ctrl + N】组合键，弹出“新建文档”对话框，在右侧设置文档的“宽度”为 248 毫米、“高度”为 163 毫米，如图 14-32 所示。

Step 02 单击“边距和分栏”按钮，弹出“新建边距和分栏”对话框，在其中设置各参数，如图 14-33 所示。单击“确定”按钮，新建空白文档。

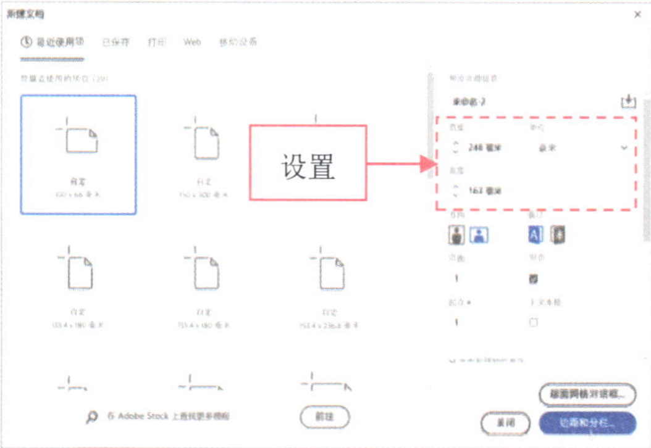

图 14-32　设置宽度和高度

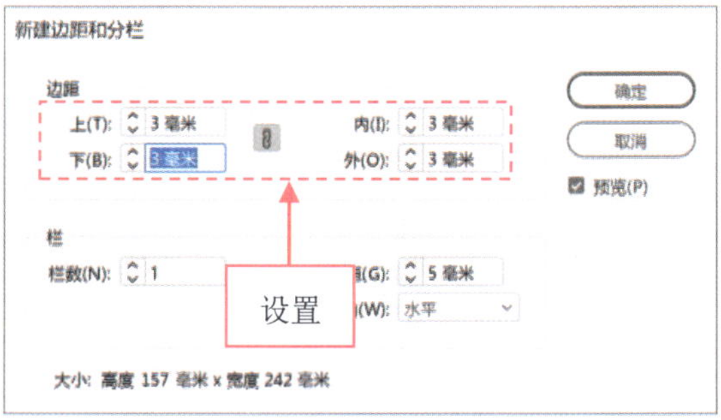

图 14-33　设置“边距”参数

Step 03 按【Ctrl + D】组合键，弹出“置入”对话框，选择需要置入的图片素材（素材\第 14 章\奥奔汽车.jpg），如图 14-34 所示。

Step 04 单击“打开”按钮，此时鼠标右下角显示图片缩略图，在合适位置上单击鼠标左键，即可置入图片素材，主图效果如图 14-35 所示。

图 14-34　选择需要置入的图片素材

图 14-35　置入图片素材后的效果

Step 05 按【Ctrl + D】组合键，弹出“置入”对话框，选择需要置入的标志素材（素材\第 14 章\汽车标志.png），如图 14-36 所示。

Step 06 单击“打开”按钮，在合适位置上单击鼠标左键，即可置入“汽车标志”素材，效果如图 14-37 所示。至此，汽车的主图效果制作完成。

图 14-36　选择需要置入的标志素材

图 14-37　置入“汽车标志”素材的效果

14.2.2　制作局部展示效果

用户在制作海报广告的过程中，不仅要有主图吸引顾客的视线，还要有产品细节的展示，方便顾客更清楚的了解产品。下面介绍制作汽车局部展示效果的操作方法。

制作局部展示效果

Step 01 按【Ctrl + D】组合键，弹出“置入”对话框，选择需要置入的图片素材（素材\第 14 章\部件 1.jpg），如图 14-38 所示。

Step 02 单击“打开”按钮，在合适位置上单击鼠标左键，即可置入图片素材，效果如图 14-39 所示。

Step 03 单击“窗口”|“描边”命令，弹出“描边”面板，在其中设置描边的“粗细”为 2 点，如图 14-40 所示。

Step 04 在工具箱中设置“描边”颜色为白色，为图片添加描边效果，使图片更加美观，效果如图 14-41 所示。

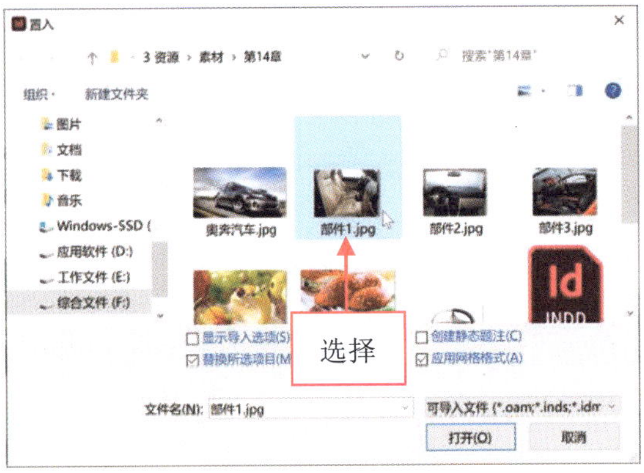

图 14-38　选择需要置入的图片素材

图 14-39　置入图片素材后的效果

图 14-40　设置“粗细”为 2

图 14-41　设置“描边”颜色为白色

Step 05　用与上同样的操作方法，按【Ctrl + D】组合键，再次置入图片素材（素材\第 14 章\部件 2.jpg），如图 14-42 所示。

Step 06　为图片添加白色的描边样式，效果如图 14-43 所示。

图 14-42　再次置入图片素材（1）

图 14-43　添加白色的描边样式（1）

Step 07 用与上同样的操作方法，按【Ctrl + D】组合键，再次置入图片素材（素材\第 14 章\部件 3.jpg），如图 14-44 所示。

Step 08 为图片添加白色的描边样式，效果如图 14-45 所示。至此，汽车的局部展示效果制作完成。

图 14-44　再次置入图片素材（2）

图 14-45　添加白色的描边样式（2）

14.2.3　制作海报文字效果

将汽车的主图与局部展示图片制作完成后，接下来需要制作汽车海报的文字效果，对产品的特点进行宣传，让顾客记住产品的特点。下面介绍制作海报文字效果的操作方法。

制作海报文字效果

Step 01 选取文字工具，输入文字“奥奔汽车”，设置“字体”为“黑体”、“字体大小”为 14 点，效果如图 14-46 所示。

Step 02 继续输入文字“时尚与奢华”，设置“字体”为“黑体”、“字体大小”为 30 点、“字符间距”为 100，效果如图 14-47 所示。

图 14-46　输入文字“奥奔汽车”

图 14-47　输入文字“时尚与奢华”

Step 03 选取切变工具，在文字的中间位置单击鼠标左键，然后双击切变工具，弹出“切变”对话框，设置“切变角度”为 20°，单击“确定”按钮，即可设置文本的倾斜效果，如图 14-48 所示。

Step 04 对“时尚与奢华”文本内容进行复制与粘贴操作，并更改文本的内容，效果如图 14-49 所示。

图 14-48　设置文本的倾斜效果

图 14-49　复制、粘贴并更改文本

Step 05 运用文字工具在版面的右侧输入相应文本内容，设置“字体”为“黑体”、“字体大小”为 11 点、“行距”为 15 点，效果如图 14-50 所示。

Step 06 用与上同样的操作方法，在文档窗口的下方输入相应文本内容，设置“字体”为“黑体”、“字体大小”为 9 点，效果如图 14-51 所示。

图 14-50　输入相应文本内容（1）

图 14-51　输入相应文本内容（2）

Step 07 用与上同样的操作方法，在左侧第一幅图片的下方输入相应文本内容，设置“字体”为“黑体”、“字体大小”为 9 点，效果如图 14-52 所示。

Step 08 将文本内容复制并粘贴到下方合适位置，更改文本内容，效果如图 14-53 所示。至此，汽车海报文字效果制作完成。

图 14-52　输入相应文本内容（3）

图 14-53　复制、粘贴并更改文本内容

14.3　书籍设计：手机摄影内容排版

书籍排版是 InDesign 2021 的核心功能，该软件专门用于印刷品和数字出版物版面的设计，内置的排版和设计功能十分强大。本实例主要介绍手机摄影书籍内容排版的方法，最终效果如图 14-54 所示。

图 14-54　书籍设计：手机摄影内容排版

14.3.1　制作书籍双页版式

进行书籍排版前，首先需要对页面进行设置，如页码和页眉样式等，具体操作步骤如下。

制作书籍双页版式

Step 01 按【Ctrl + N】组合键，弹出“新建文档”对话框，在右侧设置文档的“宽度”为 209 毫米、“高度”为 290 毫米，如图 14-55 所示。

Step 02 单击“边距和分栏”按钮，弹出“新建边距和分栏”对话框，在其中设置各参数，如图 14-56 所示。单击“确定”按钮，新建空白文档。

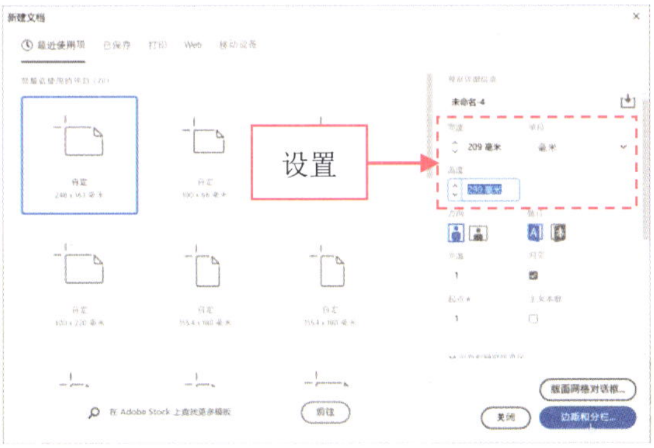

图 14-55　设置宽度和高度

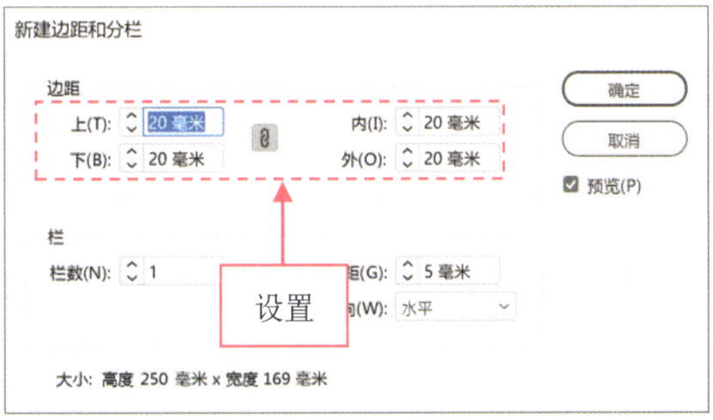

图 14-56　设置“边距”参数

Step 03 在“页面”面板中，单击面板底部的“新建页面”按钮⊞，即可新建页面，如图 14-57 所示。

Step 04 选择“A-主页”右侧的第 2 页，如图 14-58 所示，双击鼠标左键，进入主页编辑界面，在该界面中可以设计页眉的样式，使其应用于所有版面中。

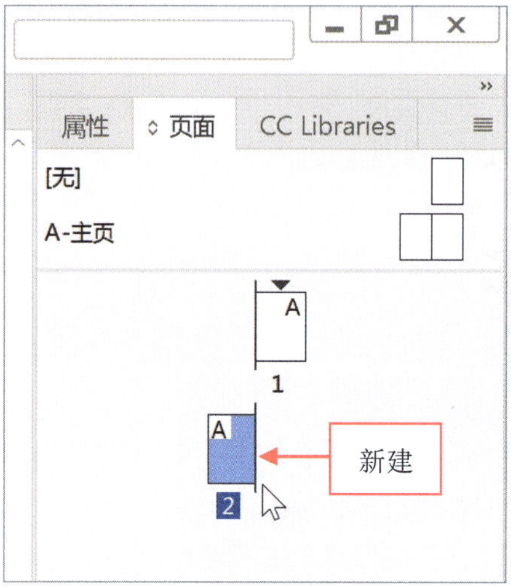

图 14-57　新建页面

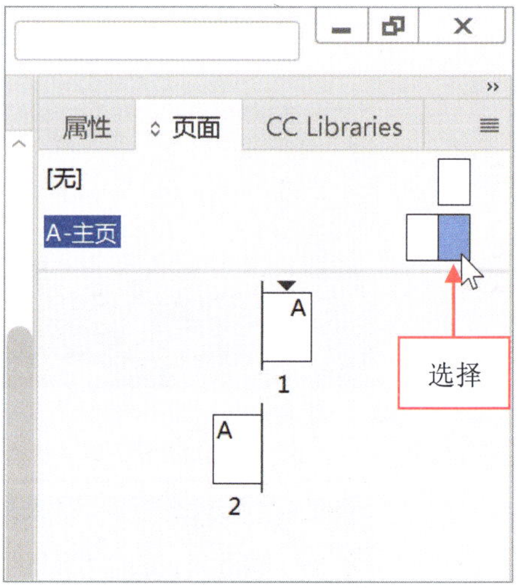

图 14-58　双击“A-主页”的第 2 页

Step 05 按【Ctrl + D】组合键，弹出“置入”对话框，选择需要置入的图片素材（素材\第 14 章\页眉样式.JPG），如图 14-59 所示。

Step 06 单击“打开”按钮，在合适位置上单击鼠标左键，即可置入图片素材，对素材的大小进行调整，效果如图 14-60 所示。

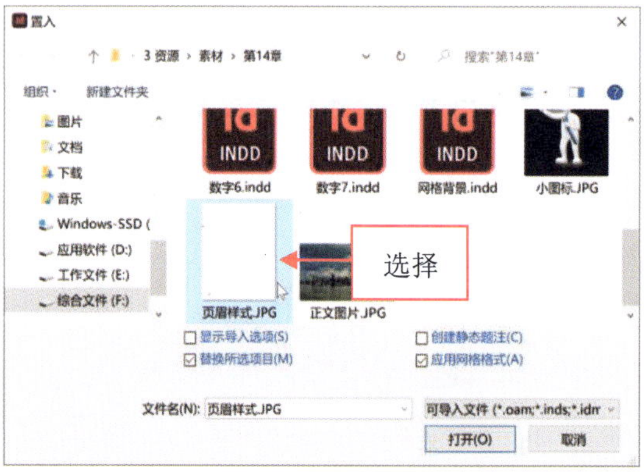

图 14-59　选择图片素材

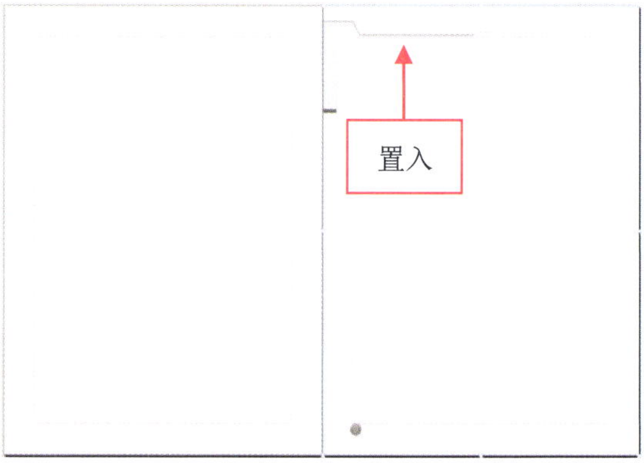

图 14-60　置入图片素材

Step 07 双击第一页，返回到页面中，接下来为版面设置页码。在菜单栏中单击“版面”|“页码和章节选项”命令，如图 14-61 所示。

Step 08 弹出“页码和章节选项”对话框，选中“起始页码”单选按钮，在右侧数值框中输入 22，如图 14-62 所示，表示这一个书籍文件从第 22 页开始。

Step 09 设置完成后，单击“确定”按钮，即可设置版面的页码，在“页面”面板中可以查看设置的页码效果，如图 14-63 所示。

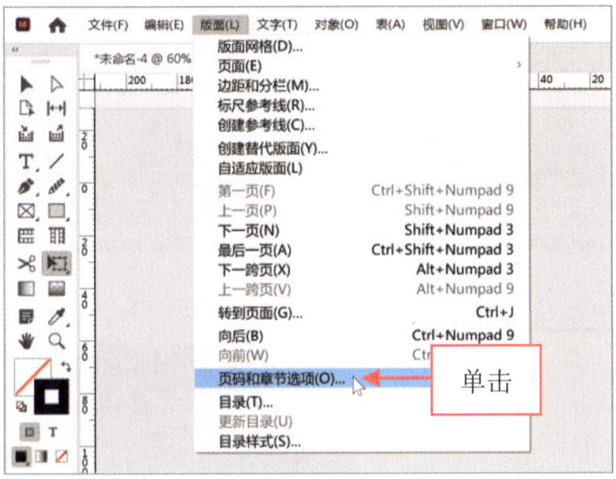

图 14-61　单击“页码和章节选项”命令

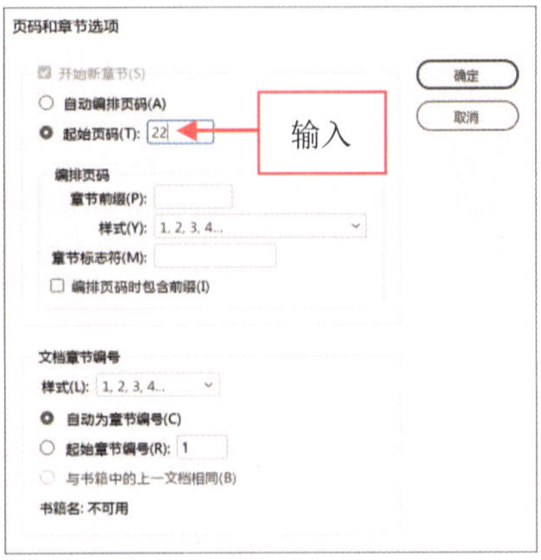

图 14-62　在数值框中输入 22

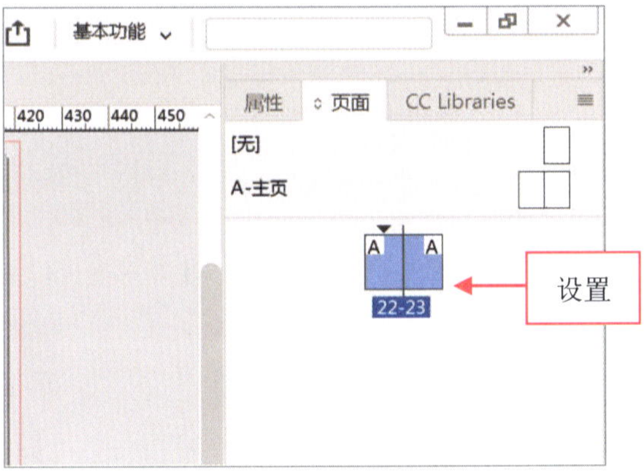

图 14-63　查看设置的页码效果

14.3.2　制作书籍扉页效果

制作书籍扉页效果

在版面设计中，书籍的扉页至关重要，通过扉页内容读者可以了解这一章的大概内容。下面介绍制作书籍扉页效果的操作方法。

Step 01 按【Ctrl + D】组合键，弹出“置入”对话框，选择需要置入的图片素材（素材\第 14 章\扉页图片.JPG），单击“打开”按钮，在合适位置上单击鼠标左键，即可置入图片素材，调整图片的大小和位置，效果如图 14-64 所示。

Step 02 选取矩形工具，在文档窗口中的合适位置创建矩形条，设置“填色”为黑色，如图 14-65 所示。

Step 03 用与上同样的操作方法，在下方继续创建矩形对象，设置“填色”为黑色，效果如图 14-66 所示。

Step 04 在黑色的大矩形上，继续创建矩形对象，设置“填充”为无、“描边”为白色，如图 14-67 所示。

Step 05 在“属性”面板的“外观”选项区中，设置“描边粗细”为 3 点、“描边样式”为“点线”、“边角粗细”为 15 毫米、“边角样式”为“圆角”，如图 14-68 所示。

图 14-64　置入图片素材（1）

图 14-65　创建矩形条

图 14-66　创建矩形对象（1）

▶ 专家指点

当用户需要创建相同的矩形对象时，首先选择相应矩形对象，按住【Ctrl + Alt】组合键的同时按住矩形并拖动，即可快速复制图形。

Step 06 设置完成后，即可查看圆角矩形的描边样式，效果如图 14-69 所示。

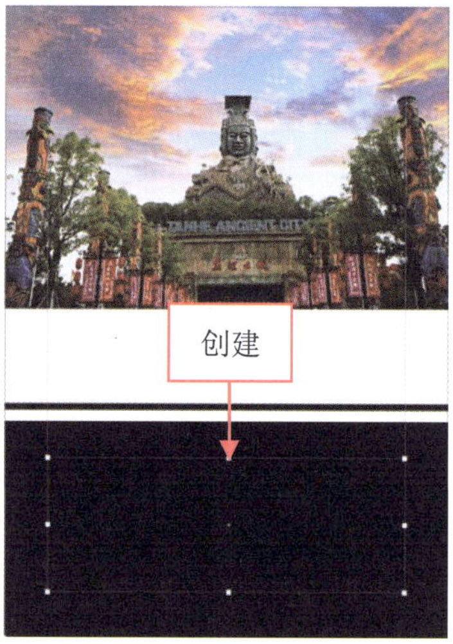

图 14-67　创建矩形对象（2）

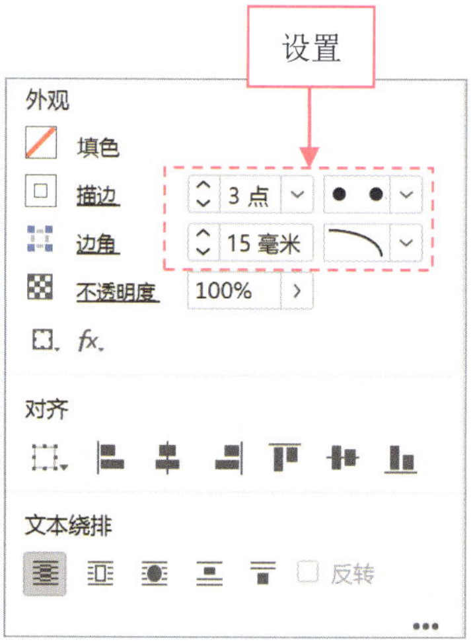

图 14-68　设置矩形的属性

图 14-69　预览圆角矩形效果

Step 07 按【Ctrl + D】组合键，弹出“置入”对话框，选择需要置入的图片素材（素材\第 14 章\小图标.JPG），单击“打开”按钮，在合适位置上单击鼠标左键，即可置入图片素材，调整图片的大小和位置，效果如图 14-70 所示。

Step 08 选取文字工具，输入文字“第 5 章”，设置“字体”为“黑体”、“字体大小”为 42 点，效果如图 14-71 所示。

Step 09 用与上同样的操作方法，在文档窗口中的其他位置输入相应的文本内容，设置字体与字体大小，效果如图 14-72 所示。至此，书籍扉页效果制作完成。

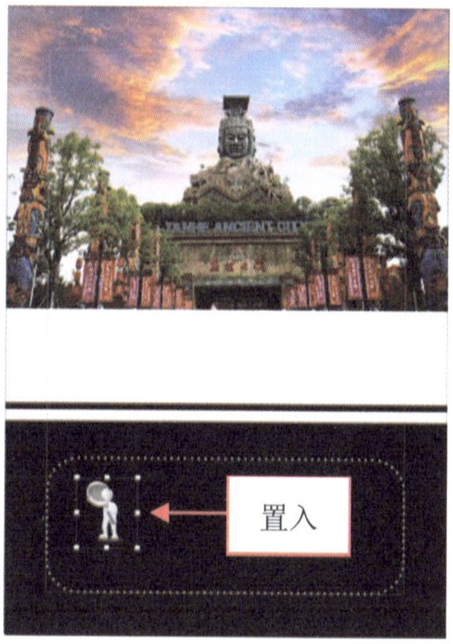

图 14-70　置入图片素材（2）

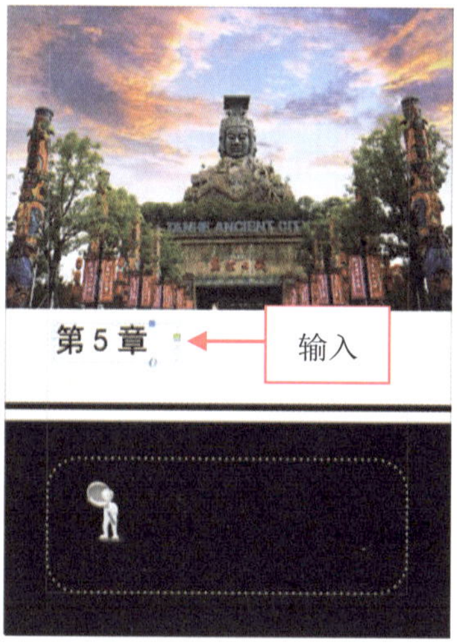

图 14-71　输入文字“第 5 章”

图 14-72　创建其他文本内容

14.3.3　制作书籍正文内容

扉页制作完成后，接下来对书籍的正文进行排版，通过专业的设计，使版面更加美观。下面介绍制作书籍正文内容的操作方法。

制作书籍正文内容

Step 01 选取文字工具，在版面的上方创建长条文本框，输入相应标题内容，设置“字体”为“黑体”、“字体大小”为 25 点、“基线偏移”为-2 点，效果如图 14-73 所示。

Step 02 选择创建的文本框，在工具箱中设置“填色”为灰色（CMYK 参数值分别为 25%、19%、19%、0%），填充文本框，效果如图 14-74 所示。

Step 03 运用文字工具，在标题下方创建文本框，输入相应正文内容，或者从其他应用程序中将文本复制过来，设置“字体大小”为 15 点，效果如图 14-75 所示。

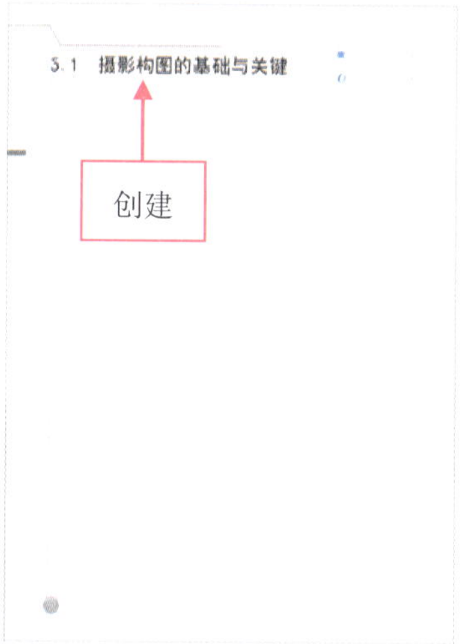

图 14-73　输入相应标题内容

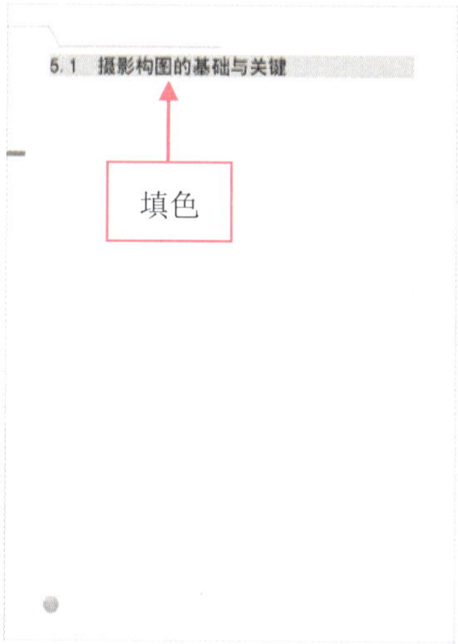

图 14-74　填充文本框

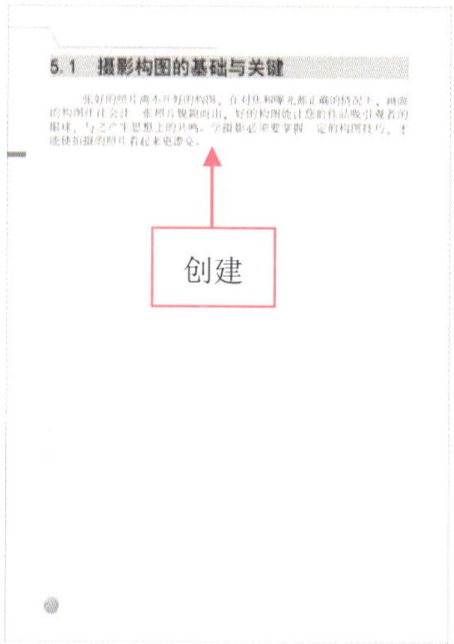

图 14-75　输入相应正文内容

Step 04 用与上同样的操作方法，在文档窗口中的其他位置创建相应的标题与正文内容，效果如图 14-76 所示。

Step 05 在文档窗口中选择需要重点突出显示的文本内容，设置“填色”为红色（CMYK 参数值分别为 0%、100%、100%、0%），效果如图 14-77 所示。

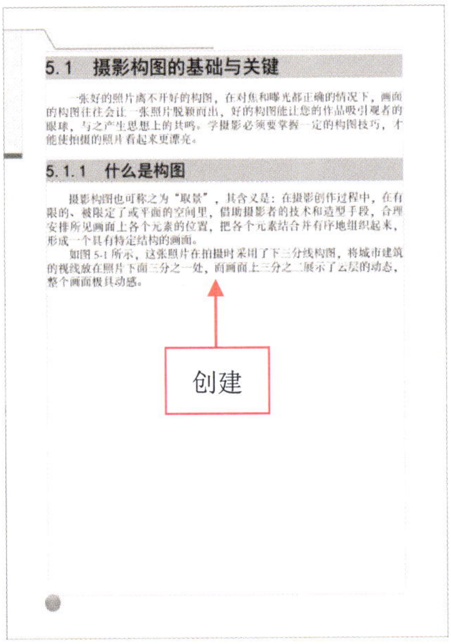

图 14-76　创建标题与正文内容

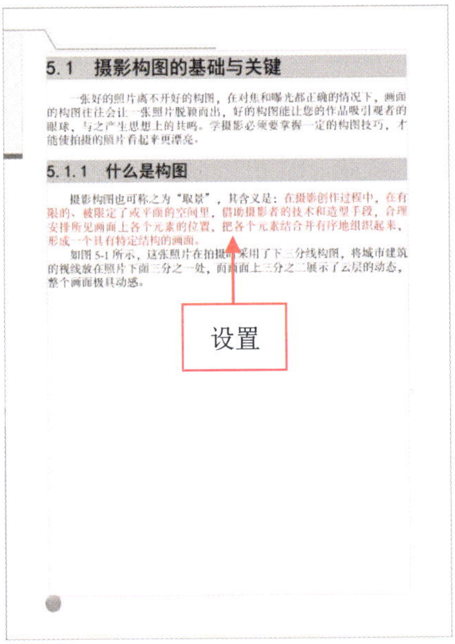

图 14-77　设置重点突出的文本内容

Step 06 按【Ctrl + D】组合键，置入图片素材（素材\第 14 章\正文图片.JPG），调整图片的大小和位置，效果如图 14-78 所示。

Step 07 运用文字工具在图片下方创建文本框，输入相应注释内容，如图 14-79 所示。

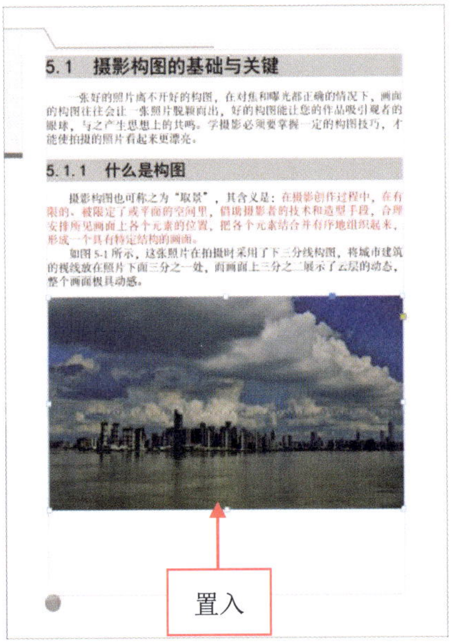

图 14-78　置入图片素材

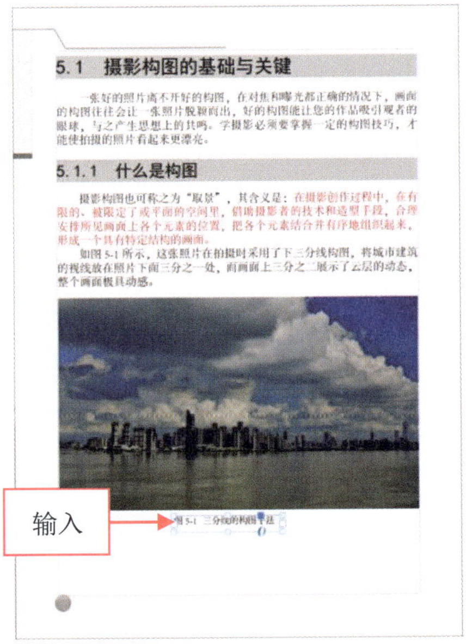

图 14-79　输入相应注释内容

Step 08 用与上同样的操作方法，在图片下方创建相应的正文内容，效果如图 14-80 所示。

Step 09 在“页面”面板中，双击“A-主页”右侧的空白页面，进入主页页面，使用文字工具在页面左下角位置添加一个文本框，单击“文字”|“插入特殊字符”|“标志符”|“当前页码”命令，即可在主页的文本框中插入一个字母，这个字母表示当前页面的页码。返回到页面中，可以看到页码变成了数字，效果如图 14-81 所示。

Step 10 再次双击“A-主页”右侧的空白页面，进入主页页面，运用文字工具在版面上方创建一个文本框，输入相应章名内容，表示页眉，效果如图 14-82 所示。至此，书籍正文内容制作完成。

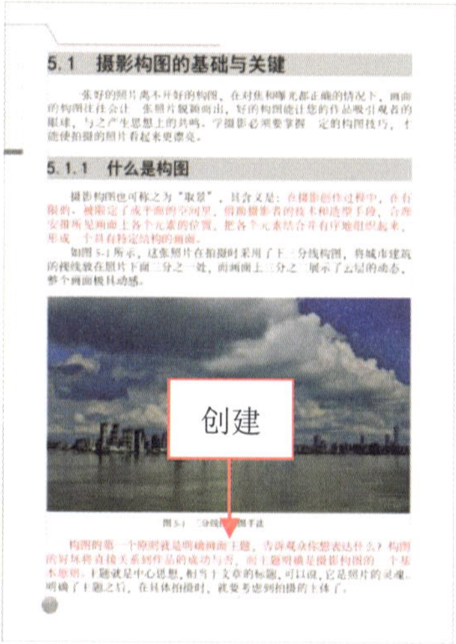

图 14-80　创建正文内容

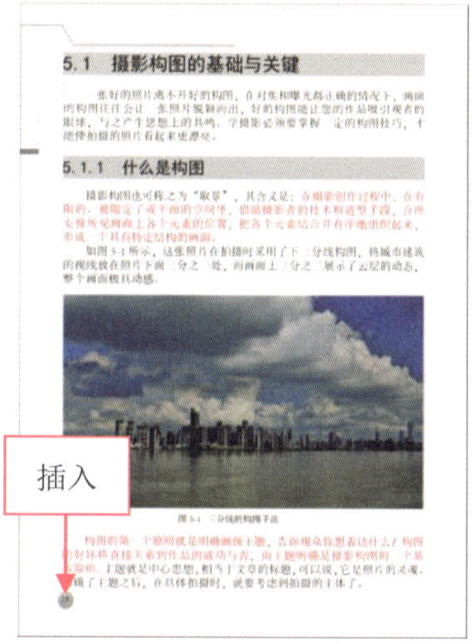

图 14-81　在页面中插入页码

图 14-82　在页眉区域输入文本

本章小结

本章主要介绍了展架设计、海报设计以及书籍设计的方法，主要包括思慕西餐厅优惠广告、奥奔汽车宣传海报以及手机摄影内容排版等，具有很强的实用性和代表性。通过本章的学习，读者可以边学边操作，提高实际应用技能，熟练掌握 InDesign 2021 的排版与设计功能。